新世纪普通高等教育电子信息类课程规划教材

电磁场与电磁波

主　编　李宏民　闵　力

副主编　李照宇　粟向军

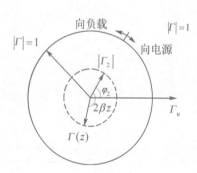

大连理工大学出版社

图书在版编目(CIP)数据

电磁场与电磁波 / 李宏民，闵力主编. -- 大连：
大连理工大学出版社，2022.1
新世纪普通高等教育电子信息类课程规划教材
ISBN 978-7-5685-3196-2

Ⅰ.①电… Ⅱ.①李… ②闵… Ⅲ.①电磁场－高等
学校－教材②电磁波－高等学校－教材 Ⅳ.①O441.4

中国版本图书馆 CIP 数据核字(2021)第 194487 号

大连理工大学出版社出版
地址:大连市软件园路 80 号　邮政编码:116023
发行:0411-84708842　邮购:0411-84708943　传真:0411-84701466
E-mail:dutp@dutp.cn　URL:http://dutp.dlut.edu.cn
大连永盛印业有限公司印刷　　　大连理工大学出版社发行

幅面尺寸:185mm×260mm　印张:15.25　字数:352 千字
2022 年 1 月第 1 版　　　　　2022 年 1 月第 1 次印刷

责任编辑:王晓历　　　　　　　　责任校对:陈稳旭
封面设计:张　莹

ISBN 978-7-5685-3196-2　　　　　　定　价:49.80 元

前　言

　　电磁场与电磁波课程是电子科学与技术、微电子科学与工程、电子信息工程、光电信息科学与工程等专业的基础课程，是一门有关电磁场与电磁波的基本属性、描述方法、运动规律、与物质相互作用的应用性课程。通过课程理论学习与实践训练，学生将深入认识宏观电磁场与电磁波的基本概念和规律，为后续课程的学习，以及今后从事现代通信、电磁兼容和天线等方面的工作或研究打下良好的理论基础。

　　2015 年，教育部、国家发展改革委、财政部联合出台了《关于引导部分地方普通本科高校向应用型转变的指导意见》，给地方本科高校转型发展指明了方向。2018 年，全国部分理工类地方本科院校联盟（简称"G12 联盟"），为加强专业间的交流与合作，聚集各高校本科教育教学改革成果，实现应用型课程教材建设资源共享，提升联盟高校本科人才培养的质量，成立了 G12 联盟应用型课程教材建设委员会。受 G12 联盟应用型课程教材建设委员会的委托，编者编写了本教材。

　　本教材针对地方高校培养具有鲜明特色的技术技能型人才的目标，融入 CDIO 工程教育理念，并针对相关知识点，设置丰富、形象的 CDIO 项目实例，力图激发学生学习兴趣的同时，提升学生工程实践能力、创新能力、团队沟通能力和合作能力，以及分析解决实际电磁工程问题的能力。

　　本教材注重基本概念和经典理论的介绍，压缩或删减了传统教材中比较烦琐的数学推证过程；为让学生对电磁理论融会贯通的同时，深刻领会电磁元件（如天线、滤波器等）的设计过程，编者不仅设置了典型的电磁仿真实验，而且还加入了一些工程设计与应用案例，这是本教材最重要的特色。

新世纪

为响应教育部全面推进高等学校课程思政建设工作的要求,本教材融入思政目标元素,逐步培养学生正确的思政意识,树立肩负建设国家的重任,从而实现全员、全过程、全方位育人。学生树立爱国主义情感,能够积极学习电磁场与电磁波知识,立志成为社会主义事业建设者和接班人。

本教材由湖南理工学院李宏民、闵力任主编;湖南理工学院李照宇、粟向军任副主编;常熟理工学院范瑜,成都工业学院贺拾贝参与了编写。具体编写分工如下:李宏民编写第1章的第1.1节,李照宇编写第1章的第1.2节,闵力编写第1章的第1.3节;李照宇编写第2、第3、第4章;闵力编写第5、第6章;粟向军编写第7、第8章;范瑜、贺拾贝提供了部分素材及案例。全书由李宏民、闵力统稿并定稿。

在编写本教材的过程中,编者参考、引用和改编了国内外出版物中的相关资料以及网络资源,在此表示深深的谢意!相关著作权人看到本教材后,请与出版社联系,出版社将按照相关法律的规定支付稿酬。

限于水平有限,书中错误及不安之处,恳请读者批评指正。

编　者

2022 年 1 月

所有意见和建议请发往:dutpbk@163.com

欢迎访问高教数字化服务平台:http://hep.dutpbook.com

联系电话:0411-84708445　84708462

目　　录

第 1 章　概　　论 ……………………………………………………………… 1

1.1　电磁技术的发展历史与应用现状 ……………………………………… 1

1.2　工程数学基础——矢量分析 …………………………………………… 3

1.3　电磁工程设计与仿真常用软件 ………………………………………… 13

习题 1 …………………………………………………………………………… 15

第 2 章　静电场 ………………………………………………………………… 17

2.1　电荷与电荷密度 ………………………………………………………… 17

2.2　库仑定律与电场强度 …………………………………………………… 19

2.3　真空中的静电场基本方程 ……………………………………………… 22

2.4　介质中的静电场基本方程 ……………………………………………… 25

2.5　电　　位 ………………………………………………………………… 31

2.6　静电场的边值问题及唯一性定理 ……………………………………… 36

2.7　分离变量法 ……………………………………………………………… 41

2.8　镜像法 …………………………………………………………………… 46

2.9　静电场的能量 …………………………………………………………… 48

习题 2 …………………………………………………………………………… 49

第 3 章　恒定磁场 ……………………………………………………………… 52

3.1　电流与电流密度 ………………………………………………………… 52

3.2　磁感应强度与安培力定律 ……………………………………………… 55

3.3　真空中的恒定磁场基本方程 …………………………………………… 59

3.4　介质中的恒定磁场基本方程 …………………………………………… 62

3.5　矢量磁位 ………………………………………………………………… 67

3.6　恒定磁场的边值关系 …………………………………………………… 72

3.7　标量磁位 ………………………………………………………………… 74

3.8　恒定磁场的能量 ………………………………………………………… 77

习题 3 …………………………………………………………………………… 78

第 4 章　时变电磁场 …………………………………………………………… 81

4.1　电磁感应定律 …………………………………………………………… 81

4.2　位移电流 ………………………………………………………………… 84

4.3　时变电磁场的基本方程 ………………………………………………… 86

4.4　时变电磁场的位函数 …………………………………………………… 89

4.5　电磁能量守恒定律 ……………………………………………………… 91

4.6　时谐电磁场 ··· 94

习题 4 ··· 97

第 5 章　平面电磁波 ··· 100

5.1　理想介质中的平面电磁波 ··· 101

5.2　导电媒质中的平面电磁波 ··· 105

5.3　平面电磁波垂直入射 ··· 109

5.4　平面电磁波斜向入射 ··· 115

5.5　电磁波的极化与群速 ··· 119

习题 5 ··· 123

第 6 章　导行电磁波 ··· 127

6.1　导行波电磁场及传播 ··· 127

6.2　矩形波导 ··· 130

6.3　圆形波导 ··· 135

6.4　同轴波导 ··· 141

6.5　谐振腔与传输线 ··· 144

习题 6 ··· 155

第 7 章　电磁波的辐射与接收 ··· 158

7.1　基本振子的辐射 ··· 158

7.2　接收天线基本理论 ·· 164

7.3　天线的基本概念及电参数 ··· 167

7.4　对称振子天线 ··· 178

7.5　阵列天线 ··· 190

7.6　移动通信天线简介 ·· 196

习题 7 ··· 205

第 8 章　电磁场与电磁波工程设计与应用案例 ························· 206

8.1　矩形波导内的场与波仿真 ··· 206

8.2　手机双频 PIFA 天线设计 ·· 214

8.3　耦合线带通滤波器设计 ·· 226

习题 8 ··· 237

参考文献 ··· 238

第1章

概 论

电磁场(Electromagnetic Field)是由带电粒子的运动而产生的一种物理场。处于电磁场的带电粒子会受到电磁场的作用力。电磁场与带电粒子(电荷或电流)之间的相互作用可以用麦克斯韦方程组和洛伦兹力定律来描述。

电磁场可以被视为电场和磁场的联结。追根究底,电场是由电荷产生的,磁场是由移动的电荷(电流)产生的。对于耦合的电场和磁场,根据法拉第电磁感应定律,电场会随着含时磁场而改变;根据麦克斯韦-安培方程,磁场会随着时变电场而改变;这样,形成了传播于空间的电磁波。例如,无线电波或红外线是一种较低频率的电磁波,紫外光或 X 射线是一种较高频率的电磁波。

电磁场涉及的基本相互作用是电磁相互作用,属于自然界四个基本作用之一。另外三个分别是重力相互作用、弱相互作用和强相互作用。电磁场可被视为一种连续平滑的场,以类波动的方式传播于空间;从量子力学角度,电磁场是量子化的,是由许多个单独粒子构成的。

1.1 电磁技术的发展历史与应用现状

1.1.1 发展背景及历史简介

电磁领域的每一项重大发现,都会对整个人类文明的进步和发展产生深远的影响。公元前 4 世纪,中国人发现了磁石吸铁的现象,并制造了世界上第一个指南针。1600 年,英国人吉尔伯特作为历史上第一个对电磁现象进行系统研究的学者,出版了名著《论磁》。1733 年,法国人迪费发现所有物体都可摩擦起电。1747 年,美国的富兰克林定义了正电和负电,总结了电荷守恒定律。1785 年,法国物理学家库仑借助扭秤实验得出静电作用力公式。

1800 年,意大利物理学家伏特发明电堆。在此基础上,1820 年丹麦物理学家奥斯特发现了电流的磁效应,这使得电流的测量成为可能。同年,在电流磁效应的启发下,法国物理学家安培通过实验总结出了安培定律。也是在 1820 年,法国物理学家毕奥和萨伐尔通过实验总结出了毕奥-萨伐尔定律,并在数学家拉普拉斯的帮助下给出了数学表示公式。从此,电和磁有了联系,人们开始了电磁学的新阶段。

1831 年,英国物理学家法拉第发现了电磁感应现象,证实了电现象和磁现象的统一性。1855 年,麦克斯韦在第一篇重要论文《论法拉第的力线》中,推导出电场和磁场之间的定量关系,以及电流间的作用力和电磁感应定律的定量公式。1862 年,麦克斯韦发表了第二篇重要论文《论物理力线》,讨论了磁体之间、能够产生磁感应的物质之间以及电流之间的作用力,构建了一个"分子旋涡和电粒子"模型,并由此引入了"位移电流"的概念。1864 年,麦克斯韦发表了第三篇重要论文《电磁场的动力学理论》,明确提出电磁场的概念,认为电磁场可以存在于物质及真空之中,导出了电磁场能量密度公式、总能量方程和电磁场方程(包括电位移方程、电弹性方程、全电流方程、磁力方程、电流方程、电动力方程、电弹力方程、电阻方程、自由电荷方程、连续性方程等 20 个方程)。随后一年,他将电磁近距作用和电动力学规律结合在一起,用方程组概括了电磁规律,建立了电磁场理论。这是继牛顿力学之后,物理学实现了第二次理论大综合。

1873 年,麦克斯韦出版了科学名著《电磁学通论》,系统、全面、完美地阐述了电磁场理论。他计算出了电磁波的传播速度,从理论上证明了光是一种电磁波。1888 年,德国物理学家赫兹在实验室实现了电磁波的发送和接收,证明了电磁波具有反射、折射、干涉、衍射等性质,并验证了麦克斯韦理论。至此,物理学实现了电、磁、光的综合,即第三次理论大综合。

随后一年,赫兹给出了麦克斯韦方程组简化的对称形式,包括四个矢量方程,其基本形式一直沿用至今。

1.1.2 研究现状及应用领域

现代科学技术的许多方面都与电磁场有关,电磁场理论已经应用到了通信、医疗、工业、军事等多个领域。

在通信领域,历史上最初用铜线传输信号,产生了电工类的多个行业;后来采用波导传输线传送微波信号,开创了雷达、通信、导航等应用技术。现如今已开始利用光纤进行信号传输,目前第四代移动通信系统正在向下一代移动通信系统演进,国际互联网、移动互联网和多媒体通信技术得到了极大发展,物联网技术也迅速崛起。在 21 世纪,电磁通信将向着宽带化、智能化、个人化的综合业务数字网技术方向发展。

在生物医学领域,电磁仿生技术可将生物系统的构造和生物活动的过程、机理融合至电磁防护模式,产生了一种新型电磁防护研究领域。电磁式生物芯片技术将电场和磁场的作用结合在一起,利用计算机控制芯片上的生化反应,广泛用于医学诊断治疗;通过电磁重建、核磁共振成像、X 射线层析成像等电磁技术,为组织损伤和临床进一步诊断提供了更加直接有效的途径。

在工业领域,在应用于雷达、通信之后,微波技术开始用于工、农业生产加工,在食品、材料、塑料、陶瓷领域得到广泛普及和应用。目前正在开发电磁勘探方法,通过地面观测和空间观测,实现立体、四维探测,可广泛应用于地壳上地幔深部结构探测,为地壳、岩石圈结构、演化和动力学研究提供重要数据。电磁感应无极灯是近年来国内外电光源界着力研发的高新技术产品。它不设电极,以高频感应磁场的方式将能量耦合到灯泡内,使灯泡内的气体雪崩电离形成等离子体,辐射出紫外线,灯泡内壁的荧光粉受紫外线激发而发出可见光。这种新光源的寿命理论上可达 10 万小时,是高压钠灯与带电极荧光灯的寿命的 10 倍以上,且光通量不易衰减,还能自身调光节约能源。此外,电磁技术可用于材料组织和性能改善,具有无污染、操作方便和效果显著等优点,已逐渐成为金属材料熔炼、熔体提纯、组织细化、控制熔体凝固与成型以及制造复合材料的一种重要手段。

在军事领域,电子对抗技术以电磁波为武器阻碍对方通信。例如,电磁炸弹通过 γ 射线冲击大气层内的氧气和氮气,制造出高电压的电磁脉冲,使得电子信息系统被摧毁;电磁枪、电磁炮是运用电磁力加速弹丸的电磁发射装置,电磁炮可用于摧毁空间的卫星和导弹,还可以拦截由舰只和装甲车发射的导弹。激光武器利用激光束来直接攻击敌方目标。采用微波产生热量的"热枪"武器,可使人体体温升高至 40.6~41.7 ℃,让敌人发烧甚至死亡。通过使用频率非常低的电磁辐射,还可以使人及动物处于昏迷状态,达到作战效果。电磁波传输技术使传统的飞行器推进技术发生变革,例如,加拿大科学家试制出世界上第一架无人驾驶的微波飞机,实现了无油空中飞行。美国也研制出以微波为动力的大型无人驾驶飞机。据报道,日本正在研究利用微波向宇宙飞船输送电能。

随着电子技术、计算机及信息科学的发展,现代科学技术表现出学科交叉融合发展的趋势,一些新型研究领域不断涌现。例如,电磁场、无线技术与其他学科的相互融合,形成了微波集成电路、智能天线、电磁兼容与环境电磁学、生物电磁学、材料电磁学、地震电磁学、太赫兹技术应用等新兴边缘学科。在现代科学技术和新型学科发展的推动下,电磁理论技术正在以其独特的魅力不断地丰富和发展。

1.2 工程数学基础——矢量分析

电磁场是分布在空间的矢量场,矢量分析是描述电磁场在空间的分布与变化规律的基本数学语言。本节首先介绍矢量运算的定义和基本法则,其次介绍几种常用的正交坐标系,然后着重讨论标量场的梯度、矢量场的散度和旋度的概念及其运算法则,最后介绍亥姆霍兹定理。

1.2.1 矢量运算

在电磁场研究中常用的物理量分为两类,一类是只有大小的标量,比如电荷量 q、电荷密度 ρ、电位 φ、电压 U 和能量 W 等;一类是既有大小又有方向的矢量,比如电场 $\vec{E}$、磁场 $\vec{B}$、电流密度 $\vec{J}$、磁位 $\vec{A}$、能流密度 $\vec{S}$ 等。

对于矢量 $\vec{A}$,如图 1-1 所示,在几何上可以用一条有方向的线段来表示,其中线段长度表示矢量的大小(又称矢量 $\vec{A}$ 的模或者长度,记作 $|\vec{A}|$ 或者 A),线段末端的箭头表示矢量的方向。

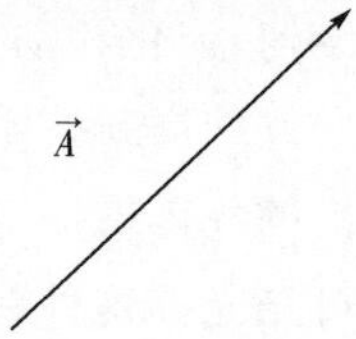

图 1-1 矢量的几何表示

标量 k 与矢量 $\vec{A}$ 的数乘 $k\vec{A}$ 为一个矢量,其大小为 $|k|A$,方向在 $k>0$ 时与 $\vec{A}$ 同向,在 $k<0$ 时与 $\vec{A}$ 反向。比如 $2\vec{A}$ 就表示一个与 $\vec{A}$ 同方向、大小是 $\vec{A}$ 的两倍的矢量;$-\vec{A}/2$ 表示一个与 $\vec{A}$ 反方向、大小是 $\vec{A}$ 的一半的矢量。

与矢量 $\vec{A}$ 同方向且大小为 1 的矢量称为 $\vec{A}$ 方向上的单位矢量,记作 $\hat{e}_A$。根据数乘的定义,可知

$$\hat{e}_A = \frac{\vec{A}}{A} \tag{1-1}$$

矢量 $\vec{A}$ 可以表示成

$$\vec{A} = A\hat{e}_A \tag{1-2}$$

对于两个矢量 $\vec{A}$ 和 $\vec{B}$,可以给它们定义如下的运算法则:

(1)矢量加法。如图 1-2 所示,两个矢量相加满足三角形法则,将矢量 $\vec{B}$ 的起点移动到矢量 $\vec{A}$ 的终点,从 $\vec{A}$ 的起点指向 $\vec{B}$ 的终点的矢量即两矢量之和 $\vec{A}+\vec{B}$。

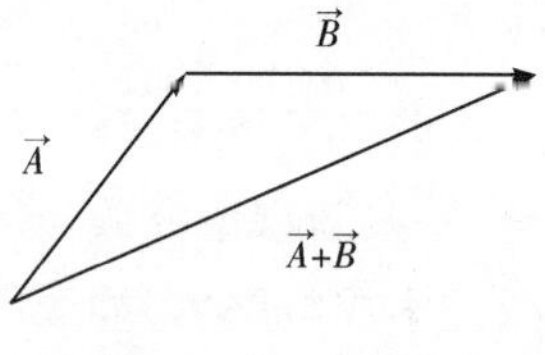

矢量的加法服从交换律

$$\vec{A}+\vec{B} = \vec{B}+\vec{A} \tag{1-3}$$

图 1-2 矢量的加法

以及结合律

$$(\vec{A}+\vec{B})+\vec{C} = \vec{A}+(\vec{B}+\vec{C}) \tag{1-4}$$

(2)矢量减法。矢量 $\vec{A}-\vec{B}$ 定义为 $\vec{A}$ 与 $-\vec{B}$ 之和,即

$$\vec{A}-\vec{B} = \vec{A}+(-\vec{B}) \tag{1-5}$$

如图 1-3 所示,要画出 $\vec{A}-\vec{B}$,可以先画出 $-\vec{B}$,然后用三角形法则画出 $\vec{A}$ 与 $-\vec{B}$ 之和,也可以使两个矢量的起点重合,由 $\vec{B}$ 的终点指向 $\vec{A}$ 的终点的矢量即两矢量之差 $\vec{A}-\vec{B}$。

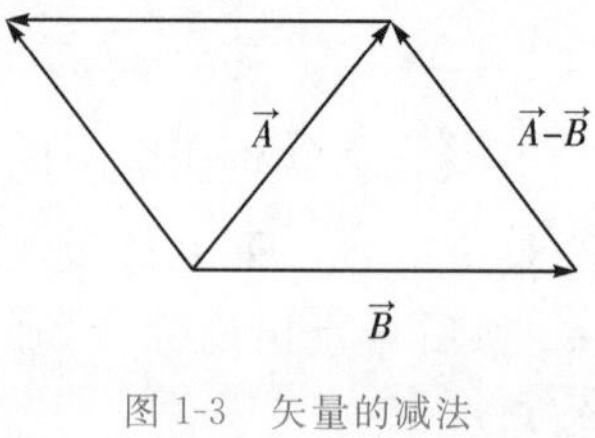

(3)矢量点乘。两个矢量的点乘 $\vec{A}\cdot\vec{B}$ 为标量,定义为 $\vec{A}$ 和 $\vec{B}$ 的大小与它们之间较小的夹角 θ 的余弦之积,即

图 1-3 矢量的减法

$$\vec{A}\cdot\vec{B} = |\vec{A}||\vec{B}|\cos\theta \tag{1-6}$$

如图 1-4 所示,矢量点乘 $\vec{A}\cdot\vec{B}$ 的几何意义为 $\vec{A}$ 在 $\vec{B}$ 方向上的投影长度与 $\vec{B}$ 的长度

之积,或者 $\vec{B}$ 在 $\vec{A}$ 方向上的投影长度与 $\vec{A}$ 的长度之积。将一个矢量点乘一个单位矢量就得到矢量在该单位矢量方向的投影长度。

矢量的点乘服从交换律

$$\vec{A} \cdot \vec{B} = \vec{B} \cdot \vec{A} \qquad (1\text{-}7)$$

以及分配律

$$\vec{A} \cdot (\vec{B} + \vec{C}) = \vec{A} \cdot \vec{B} + \vec{A} \cdot \vec{C} \qquad (1\text{-}8)$$

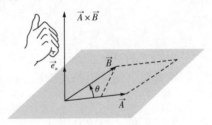

图 1-4 矢量点乘的几何意义

(4)矢量叉乘。两个矢量的叉乘 $\vec{A} \times \vec{B}$ 为矢量,其大小定义为矢量 $\vec{A}$ 和 $\vec{B}$ 的大小与它们之间较小夹角 θ 的正弦之积,即有

$$|\vec{A} \times \vec{B}| = |\vec{A}| \, |\vec{B}| \sin\theta \qquad (1\text{-}9)$$

其几何意义为以 $\vec{A}$ 和 $\vec{B}$ 为两邻边的平行四边形的面积。如图 1-5 所示,叉乘的方向垂直于 $\vec{A}$ 和 $\vec{B}$ 所在平面,且满足右手螺旋法则,即将右手四指从 $\vec{A}$ 往 θ 的方向卷向 $\vec{B}$ 时,右手大拇指的方向即 $\vec{A} \times \vec{B}$ 的方向。

矢量的叉乘服从反交换律

$$\vec{A} \times \vec{B} = -\vec{B} \times \vec{A} \qquad (1\text{-}10)$$

以及分配律

$$\vec{A} \times (\vec{B} + \vec{C}) = \vec{A} \times \vec{B} + \vec{A} \times \vec{C} \qquad (1\text{-}11)$$

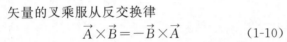

图 1-5 矢量的叉乘

1.2.2 正交坐标系

(1)直角坐标系。直角坐标系的三个坐标变量为 x、y 和 z。对于空间的某点 P,从原点 O 向 P 作位置矢量 $\overrightarrow{OP}$,则 P 点的 x、y 和 z 坐标就分别为 $\overrightarrow{OP}$ 在 x、y 和 z 坐标轴上的投影长度。若点 P 的坐标为 (x_0, y_0, z_0),则过 P 点可以确定三个坐标面,分别为平面 $x = x_0$、平面 $y = y_0$ 和平面 $z = z_0$,如图 1-6 所示。

三个坐标面交于 P 点,且由三个坐标面的交线可以确定三条过 P 点的坐标线,其中,坐标线 x 为平面 $y = y_0$ 和平面 $z = z_0$ 相交的直线;坐标线 y 为平面 $x = x_0$ 和平面 $z = z_0$ 相交的直线;坐标线 z 为平面 $x = x_0$ 和平面 $y = y_0$ 相交的直线。在 P 点沿着坐标线可以作出三个坐标单位矢量 $\vec{e}_x$、$\vec{e}_y$ 和 $\vec{e}_z$,各自指向坐标变量 x、y 和 z 增加的方向。坐标单位矢量之间相互垂直,且满足右手螺旋法则,即

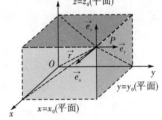

图 1-6 直角坐标系

$$\vec{e}_x \times \vec{e}_y = \vec{e}_z, \quad \vec{e}_y \times \vec{e}_z = \vec{e}_x, \quad \vec{e}_z \times \vec{e}_x = \vec{e}_y \qquad (1\text{-}12)$$

对于直角坐标系,在空间任意一点的坐标单位矢量 $\vec{e}_x$、$\vec{e}_y$ 和 $\vec{e}_z$ 分别为平行于 x 轴、y 轴和 z 轴的单位矢量,是不随点的坐标变化而变化的常矢量。

在直角坐标系中,任一矢量 $\vec{A}$ 可展开成分量形式

$$\vec{A}=A_x\vec{e}_x+A_y\vec{e}_y+A_z\vec{e}_z \tag{1-13}$$

其中 $A_x=\vec{A}\cdot\vec{e}_x$、$A_y=\vec{A}\cdot\vec{e}_y$ 和 $A_z=\vec{A}\cdot\vec{e}_z$ 三个分量分别等于矢量 $\vec{A}$ 在三个坐标单位矢量方向上的投影长度。

矢量 $\vec{A}=A_x\vec{e}_x+A_y\vec{e}_y+A_z\vec{e}_z$ 和矢量 $\vec{B}=B_x\vec{e}_x+B_y\vec{e}_y+B_z\vec{e}_z$ 之和为

$$\vec{A}+\vec{B}=(A_x+B_x)\vec{e}_x+(A_y+B_y)\vec{e}_y+(A_z+B_z)\vec{e}_z \tag{1-14}$$

$\vec{A}$ 和 $\vec{B}$ 的点乘为

$$\vec{A}\cdot\vec{B}=A_xB_x+A_yB_y+A_zB_z \tag{1-15}$$

$\vec{A}$ 和 $\vec{B}$ 的叉乘为

$$\vec{A}\times\vec{B}=\vec{e}_x(A_yB_z-A_zB_y)+\vec{e}_y(A_zB_x-A_xB_z)+\vec{e}_z(A_xB_y-A_yB_x)$$
$$=\begin{vmatrix} \vec{e}_x & \vec{e}_y & \vec{e}_z \\ A_x & A_y & A_z \\ B_x & B_y & B_z \end{vmatrix} \tag{1-16}$$

在直角坐标系中的点 $P(x,y,z)$ 的位置矢量 $\vec{r}$ 可表示为

$$\vec{r}=x\vec{e}_x+y\vec{e}_y+z\vec{e}_z \tag{1-17}$$

位置矢量 $\vec{r}$ 的微分为线元矢量

$$\mathrm{d}\vec{r}=\mathrm{d}x\vec{e}_x+\mathrm{d}y\vec{e}_y+\mathrm{d}z\vec{e}_z \tag{1-18}$$

与三个坐标单位矢量 $\vec{e}_x$、$\vec{e}_y$ 和 $\vec{e}_z$ 垂直的面元分别表示为

$$\mathrm{d}S_x=\mathrm{d}y\mathrm{d}z,\quad \mathrm{d}S_y=\mathrm{d}x\mathrm{d}z,\quad \mathrm{d}S_z=\mathrm{d}x\mathrm{d}y \tag{1-19}$$

体元表示为

$$\mathrm{d}V=\mathrm{d}x\mathrm{d}y\mathrm{d}z \tag{1-20}$$

（2）圆柱坐标系。圆柱坐标系的三个坐标变量为 ρ、φ 和 z。对于空间的某点 P，从 P 向 xy 平面作垂足 P'，则 ρ 坐标就等于从原点 O 指向 P' 的位置矢量 $\overrightarrow{OP'}$ 的长度，φ 坐标等于 $\overrightarrow{OP'}$ 与 x 轴之间的夹角，z 坐标等于 PP' 的长度即 P 点到 xy 平面的距离。

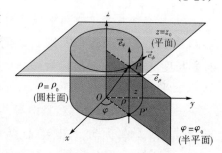

图 1-7 圆柱坐标系

如图 1-7 所示，若点 P 的坐标为 (ρ_0,φ_0,z_0)，则过 P 点的坐标面分别是以 z 轴为中心轴的圆柱面 $\rho=\rho_0$、从 z 轴发出的半平面 $\varphi=\varphi_0$ 以及平面 $z=z_0$。

过 P 点的坐标线 ρ 为半平面 $\varphi=\varphi_0$ 和平面 $z=z_0$ 相交的射线；坐标线 φ 为圆柱面 $\rho=\rho_0$ 和平面 $z=z_0$ 相交的圆周线；坐标线 z 为圆柱面 $\rho=\rho_0$ 和半平面 $\varphi=\varphi_0$ 相交的直线。在 P 点沿着坐标线作出的三个坐标单位矢量 $\vec{e}_\rho$、$\vec{e}_\varphi$ 和 $\vec{e}_z$ 各自指向坐标变量 ρ、φ 和 z 增加的方向。坐标单位矢量之间相互垂直，且满足右手螺旋法则，即

$$\vec{e}_\rho\times\vec{e}_\varphi=\vec{e}_z,\vec{e}_\varphi\times\vec{e}_z=\vec{e}_\rho,\vec{e}_z\times\vec{e}_\rho=\vec{e}_\varphi \tag{1-21}$$

和直角坐标系不一样的是，圆柱坐标系中的坐标单位矢量 $\vec{e}_\rho$ 和 $\vec{e}_\varphi$ 在不同的位置其方向可能不同，是随空间点的坐标变化而变化的变矢量。

在圆柱坐标系中,在空间某点的矢量 $\vec{A}$ 可按当地的坐标单位矢量展开成分量形式

$$\vec{A} = A_\rho \vec{e}_\rho + A_\varphi \vec{e}_\varphi + A_z \vec{e}_z \qquad (1-22)$$

其中 $A_\rho = \vec{A} \cdot \vec{e}_\rho$、$A_\varphi = \vec{A} \cdot \vec{e}_\varphi$ 和 $A_z = \vec{A} \cdot \vec{e}_z$ 三个分量分别等于矢量 $\vec{A}$ 在三个坐标单位矢量方向上的投影长度。

在圆柱坐标系中的点 $P(\rho, \varphi, z)$ 的位置矢量 $\vec{r}$ 表示为

$$\vec{r} = \rho \vec{e}_\rho + z \vec{e}_z \qquad (1-23)$$

线元矢量为

$$d\vec{r} = d\rho \vec{e}_\rho + \rho d\varphi \vec{e}_\varphi + dz \vec{e}_z \qquad (1-24)$$

与三个坐标单位矢量 $\vec{e}_\rho$、$\vec{e}_\varphi$ 和 $\vec{e}_z$ 垂直的面元分别表示为

$$dS_\rho = \rho d\varphi dz, \ dS_z = \rho d\rho d\varphi, \ dS_\varphi = d\rho dz \qquad (1-25)$$

体元表示为

$$dV = \rho d\rho d\varphi dz \qquad (1-26)$$

(3)球坐标系。球坐标系的三个坐标变量为 r、θ 和 φ。对于空间的某点 P,r 坐标等于从原点 O 指向 P 的位置矢量 $\overrightarrow{OP}$ 的长度,θ 坐标等于 $\overrightarrow{OP}$ 与 z 轴之间的夹角,从 P 向 xy 平面作垂足 P',φ 坐标等于 $\overrightarrow{OP'}$ 与 x 轴之间的夹角。

如图 1-8 所示,若点 P 的坐标为 $(r_0, \theta_0, \varphi_0)$,则过 P 点的坐标面分别是以原点为中心的球面 $r = r_0$、以 z 轴为中心轴的圆锥面 $\theta = \theta_0$ 以及从 z 轴发出的半平面 $\varphi = \varphi_0$。

过 P 点的坐标线 r 为圆锥面 $\theta = \theta_0$ 和半平面 $\varphi = \varphi_0$ 相交的射线;坐标线 θ 为球面 $r = r_0$ 和半平面 $\varphi = \varphi_0$ 相交的半圆周线;坐标线 φ 为球面 $r = r_0$ 和圆锥面 $\theta = \theta_0$ 相交的圆周线。在 P 点沿着坐标线作出的三个坐标单位矢量 $\vec{e}_r$、$\vec{e}_\theta$ 和 $\vec{e}_\varphi$ 各自指向坐标变量 r、θ 和 φ 增加的方向。坐标单位矢量之间相互垂直,且满足右手螺旋法则,即

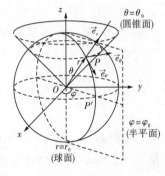

图 1-8 球坐标系

$$\vec{e}_r \times \vec{e}_\theta = \vec{e}_\varphi, \ \vec{e}_\theta \times \vec{e}_\varphi = \vec{e}_r, \ \vec{e}_\varphi \times \vec{e}_r = \vec{e}_\theta \qquad (1-27)$$

球坐标系中的三个坐标单位矢量 $\vec{e}_r$、$\vec{e}_\theta$ 和 $\vec{e}_\varphi$ 在不同的位置其方向可能不同,都是随空间点的坐标变化而变化的变矢量。

在球坐标系中,在空间某点的矢量 $\vec{A}$ 可按当地的坐标单位矢量展开成分量形式

$$\vec{A} = A_r \vec{e}_r + A_\theta \vec{e}_\theta + A_\varphi \vec{e}_\varphi \qquad (1-28)$$

其中 $A_r = \vec{A} \cdot \vec{e}_r$、$A_\theta = \vec{A} \cdot \vec{e}_\theta$ 和 $A_\varphi = \vec{A} \cdot \vec{e}_\varphi$ 三个分量分别等于矢量 $\vec{A}$ 在三个坐标单位矢量方向上的投影长度。

在球坐标系中的点 $P(r, \theta, \varphi)$ 的位置矢量 $\vec{r}$ 可表示为

$$\vec{r} = r \vec{e}_r \qquad (1-29)$$

线元矢量是

$$d\vec{r} = dr \vec{e}_r + r d\theta \vec{e}_\theta + r \sin\theta d\varphi \vec{e}_\varphi \qquad (1-30)$$

与三个坐标单位矢量 $\vec{e}_r$、$\vec{e}_\theta$ 和 $\vec{e}_\varphi$ 垂直的面元分别表示为

$$\mathrm{d}S_r = r^2 \sin\theta\,\mathrm{d}\theta\mathrm{d}\varphi,\ \mathrm{d}S_\theta = r\sin\theta\,\mathrm{d}r\mathrm{d}\varphi,\ \mathrm{d}S_\varphi = r\,\mathrm{d}r\mathrm{d}\theta \qquad (1\text{-}31)$$

体元表示为

$$\mathrm{d}V = r^2 \sin\theta\,\mathrm{d}r\mathrm{d}\theta\mathrm{d}\varphi \qquad (1\text{-}32)$$

1.2.3 矢量场论基础

1. 标量场的方向导数和梯度

标量场的方向导数是一个标量,它反映了标量场沿某个特定方向的空间变化率。如图 1-9 所示,设 M_0 为空间中的一点,则标量场 u 在 M_0 点沿 $\vec{l}$ 方向的方向导数定义为:

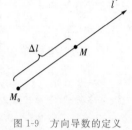

$$\frac{\partial u}{\partial l} = \lim_{\Delta l \to 0} \frac{u(M) - u(M_0)}{\Delta l} \qquad (1\text{-}33)$$

图 1-9 方向导数的定义

其中,M 为从 M_0 出发指向 $\vec{l}$ 方向的射线上的一点,Δl 为 M 与 M_0 之间的距离。由于从一点出发标量场沿着不同方向的变化率可能不同,因此在空间中同一点不同方向的方向导数也会不同。

标量场的梯度是一个矢量,它的方向指向标量场变化率最大的方向,而其大小就等于其最大变化率。标量场的梯度一般记作 $\mathrm{grad}\,u$,根据方向导数的定义,在 M_0 点处的梯度的大小就等于在该点处的最大方向导数,方向为取得最大方向导数的方向,设此方向上的单位矢量为 $\vec{e}_m$,则有

$$\mathrm{grad}\,u = \left(\frac{\partial u}{\partial l}\right)_{\max} \vec{e}_m \qquad (1\text{-}34)$$

如图 1-10 所示,标量场的梯度具有两个重要的性质:(1)标量场在空间某点处的梯度垂直于过该点的等值面;(2)标量场在空间某点处沿任意方向 $\vec{l}$ 的方向导数等于梯度在此方向上的投影,即有

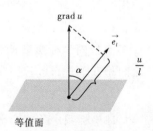

$$\frac{\partial u}{\partial l} = (\mathrm{grad}\,u) \cdot \vec{e}_l \qquad (1\text{-}35)$$

其中 $\vec{e}_l$ 为方向 $\vec{l}$ 上的单位矢量。

图 1-10 梯度的性质

在直角坐标系中,标量场 u 的梯度的计算式为

$$\mathrm{grad}\,u = \frac{\partial u}{\partial x}\vec{e}_x + \frac{\partial u}{\partial y}\vec{e}_y + \frac{\partial u}{\partial z}\vec{e}_z \qquad (1\text{-}36)$$

引入哈密顿算子"∇",在直角坐标系中,其表达形式为

$$\nabla = \vec{e}_x \frac{\partial}{\partial x} + \vec{e}_y \frac{\partial}{\partial y} + \vec{e}_z \frac{\partial}{\partial z} \qquad (1\text{-}37)$$

哈密顿算子是矢量微分算子,利用它可以将梯度表示为

$$\mathrm{grad}\,u = \left(\frac{\partial}{\partial x}\vec{e}_x + \frac{\partial}{\partial y}\vec{e}_y + \frac{\partial}{\partial z}\vec{e}_z\right)u = \nabla u \qquad (1\text{-}38)$$

在圆柱坐标系和球坐标系中，梯度的计算式分别为

$$\nabla u = \vec{e}_\rho \frac{\partial u}{\partial \rho} + \vec{e}_\varphi \frac{1}{\rho}\frac{\partial u}{\partial \varphi} + \vec{e}_z \frac{\partial u}{\partial z} \tag{1-39}$$

$$\nabla u = \vec{e}_r \frac{\partial u}{\partial r} + \vec{e}_\theta \frac{1}{r}\frac{\partial u}{\partial \theta} + \vec{e}_\varphi \frac{1}{r\sin\theta}\frac{\partial u}{\partial \varphi} \tag{1-40}$$

2. 矢量场的通量和散度

设 S 为一空间曲面，dS 为曲面 S 上的面元，取一个与此面元相垂直的单位矢量 $\vec{e}_n$，则称矢量

$$\mathrm{d}\vec{S} = \mathrm{d}S\vec{e}_n \tag{1-41}$$

为面元矢量。如图 1-11 所示，面元矢量方向 $\vec{e}_n$ 的取法分为两种情况：若 S 为开曲面，则 $\vec{e}_n$ 与 S 边界的绕行方向满足右手螺旋法则；若 S 为闭合曲面，则 $\vec{e}_n$ 指向外法线方向。

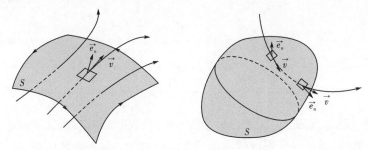

图 1-11　面元矢量和通量的定义

矢量场 $\vec{v}$ 穿过曲面 S 的通量定义为

$$\Psi = \int \mathrm{d}\Psi = \int \vec{v} \cdot \mathrm{d}\vec{S} \tag{1-42}$$

若 S 为闭合曲面，则写成

$$\Psi = \oint_s \mathrm{d}\Psi = \oint_s \vec{v} \cdot \mathrm{d}\vec{S} \tag{1-43}$$

从图 1-11 可以看到，在闭合曲面上的任一面元处，若 $\vec{v} \cdot \mathrm{d}\vec{S} > 0$，则 $\vec{v}$ 在此处是穿出曲面的；若 $\vec{v} \cdot \mathrm{d}\vec{S} < 0$，则 $\vec{v}$ 是进入曲面的；若 $\vec{v} \cdot \mathrm{d}\vec{S} = 0$，则 $\vec{v}$ 与曲面相切。在整块曲面 S 上，若 $\oint_s \vec{v} \cdot \mathrm{d}\vec{S} > 0$，则穿出闭合曲面 S 的通量多于进入的通量，S 内有正通量源；若 $\oint_s \vec{v} \cdot \mathrm{d}\vec{S} < 0$，则穿出闭合曲面 S 的通量少于进入的通量，S 内有负通量源；若 $\oint_s \vec{v} \cdot \mathrm{d}\vec{S} = 0$，则穿出闭合曲面 S 的通量等于进入的通量，S 内无通量源。

矢量场的散度是一个标量，它反映了矢量场在一个点附近的通量密度。设 P 为空间中的一点，则矢量场 $\vec{v}$ 在 P 点的散度定义为：在 P 点处作一个包围该点的任意闭合曲面 S，当 S 所包围的体积 ΔV 以任意方式趋近于 0 时，$\vec{v}$ 穿过 S 的通量 $\Delta\Psi$ 与体积 ΔV 的比值之极限称为矢量场 $\vec{v}$ 在 P 点处的散度，记作 $\mathrm{div}\,\vec{v}$，即有

$$\mathrm{div}\,\vec{v} = \nabla \cdot \vec{v} = \lim_{\Delta V \to 0} \frac{\Delta\Psi}{\Delta V} = \lim_{\Delta V \to 0} \frac{\oint_s \vec{v} \cdot \mathrm{d}\vec{S}}{\Delta V} \tag{1-44}$$

矢量场的散度描述了矢量场的通量源的分布特性。如图 1-12 所示,在空间中的某点,若散度大于 0,则说明此点是矢量场的正源,总体上矢量场从该点是发出的;若散度小于 0,则说明此点是矢量场的负源,总体上矢量场在该点是汇聚的;若散度等于 0,则说明此点无源,矢量场在该点进出平衡。

$$\nabla \cdot \vec{v} = 0 \qquad\qquad \nabla \cdot \vec{v} = \rho > 0 \qquad\qquad \nabla \cdot \vec{v} = -\rho < 0$$
（无源）　　　　　　　　（正源）　　　　　　　　（负源）

图 1-12　散度的含义

在直角坐标系、圆柱坐标系和球坐标系中,矢量场 $\vec{v}$ 散度的计算式分别为

$$\text{div } \vec{v} = \nabla \cdot \vec{v} = \frac{\partial v_x}{\partial x} + \frac{\partial v_y}{\partial y} + \frac{\partial v_z}{\partial z} \tag{1-45}$$

$$\nabla \cdot \vec{v} = \frac{1}{\rho}\frac{\partial}{\partial \rho}(\rho v_\rho) + \frac{1}{\rho}\frac{\partial v_\varphi}{\partial \varphi} + \frac{\partial v_z}{\partial z} \tag{1-46}$$

$$\nabla \cdot \vec{v} = \frac{1}{r^2}\frac{\partial}{\partial r}(r^2 v_r) + \frac{1}{r\sin\theta}\frac{\partial}{\partial \theta}(\sin\theta v_\theta) + \frac{1}{r\sin\theta}\frac{\partial v_\varphi}{\partial \varphi} \tag{1-47}$$

高斯定理(或散度定理)是矢量分析中的一个非常重要的定理,其表述是:矢量场在闭合曲面上的面积分,等于矢量场散度在该闭合曲面包围的体积内的体积,即

$$\oint_S \vec{v} \cdot d\vec{S} = \int_V (\nabla \cdot \vec{v}) dV \tag{1-48}$$

其中,式子右侧的体积分是在体积 V 内进行的,而左侧的面积分在体积 V 的边界面 S 上进行。

3. 矢量场的环量和旋度

如图 1-13 所示,矢量场 $\vec{v}$ 沿场中的一条闭合路径 C 的曲线积分

$$\Gamma = \oint_C \vec{v} \cdot d\vec{r} \tag{1-49}$$

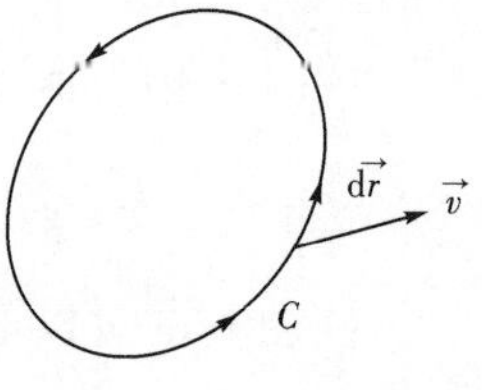

图 1-13　环量的定义

称为矢量场 $\vec{v}$ 沿闭合路径 C 的环量。其中 $d\vec{r}$ 为路径上的线元矢量,其大小为 dr,方向沿着路径 C 的切线方向。

环量描述了矢量场的旋涡强度。当矢量场沿一条闭合曲线的环量不为 0 时,说明在该闭合曲线包围的曲面内存在矢量场的旋度源,环量的绝对值越大,旋度源的强度越大。

矢量场的环量面密度是一个标量,它反映了矢量场在一个点附近沿某个特定方向的面元上的旋度源强度。在矢量场 $\vec{v}$ 中的任一点 M 处作一个面元 ΔS,取 $\hat{e}_n$ 为此面元的法向单位矢量。当面元 ΔS 保持以 $\hat{e}_n$ 为法向方向而向点 M 无限缩小时,矢量场沿面元边界 C 之正向的环量 $\Delta\Gamma$ 与面积 ΔS 之比值的极限称为矢量场 $\vec{v}$ 在点 M 处沿方向 $\hat{e}_n$ 的环量面密度,记作 $\text{rot}_n \vec{v}$,即有

$$\text{rot}_n \vec{v} = \frac{\Delta \Gamma}{\Delta S} = \lim_{\Delta S \to 0} \frac{\oint_C \vec{v} \cdot \mathrm{d}\vec{l}}{\Delta S} \tag{1-50}$$

矢量场 $\vec{v}$ 在点 M 处的旋度是一个矢量,记作 rot $\vec{v}$(或记作 curl $\vec{v}$),它的方向沿着使环量面密度取得最大值的面元法线方向,大小等于该环量面密度最大值。如图 1-14 所示,旋度的一个重要性质是:矢量场 $\vec{v}$ 在点 M 处沿方向 $\vec{e}_n$ 的环量面密度 $\text{rot}_n \vec{v}$ 等于旋度 rot $\vec{v}$ 在该方向上的投影,即有

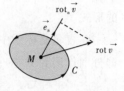

图 1-14　旋度的性质

$$\text{rot}_n \vec{v} = (\text{rot} \ \vec{v}) \cdot \vec{e}_n \tag{1-51}$$

在直角坐标系中,矢量场 $\vec{v}$ 的旋度的计算式为

$$\text{rot} \ \vec{v} = \nabla \times \vec{v} = \begin{vmatrix} \vec{e}_x & \vec{e}_y & \vec{e}_z \\ \dfrac{\partial}{\partial x} & \dfrac{\partial}{\partial y} & \dfrac{\partial}{\partial z} \\ v_x & v_y & v_z \end{vmatrix} \tag{1-52}$$

在柱坐标系中,计算式为

$$\text{rot} \ \vec{v} = \nabla \times \vec{v} = \frac{1}{\rho} \begin{vmatrix} \vec{e}_\rho & \rho \vec{e}_\varphi & \vec{e}_z \\ \dfrac{\partial}{\partial \rho} & \dfrac{\partial}{\partial \varphi} & \dfrac{\partial}{\partial z} \\ v_\rho & \rho v_\varphi & v_z \end{vmatrix} \tag{1-53}$$

在球坐标系中,计算式为

$$\text{rot} \ \vec{v} = \nabla \times \vec{v} = \frac{1}{r^2 \sin \theta} \begin{vmatrix} \vec{e}_r & r\vec{e}_\theta & r\sin \theta \vec{e}_\varphi \\ \dfrac{\partial}{\partial r} & \dfrac{\partial}{\partial \theta} & \dfrac{\partial}{\partial \varphi} \\ v_r & rv_\theta & r\sin \theta v_\varphi \end{vmatrix} \tag{1-54}$$

斯托克斯定理(或旋度定理)也是矢量分析中的重要定理,其表述是:矢量场在闭合曲线上的线积分,等于矢量场旋度在该闭合曲线包围的曲面内的面积分,即

$$\oint_C \vec{v} \cdot \mathrm{d}\vec{r} = \int_S \nabla \times \vec{v} \cdot \mathrm{d}\vec{S} \tag{1-55}$$

其中,式子右侧的面积分是在曲面 S 上进行的,而左侧的线积分在曲面 S 的边界线 C 上进行。

4. 拉普拉斯运算

对标量场 u 取梯度再求散度的运算,称为标量场的拉普拉斯运算,用拉普拉斯算子 "∇^2" 来表示,即有

$$\nabla^2 u = \nabla \cdot (\nabla u) \tag{1-56}$$

在直角坐标系中,代入梯度和散度的计算式,有

$$\nabla^2 u = \nabla \cdot (\nabla u) = \frac{\partial^2 u}{\partial x^2} + \frac{\partial^2 u}{\partial y^2} + \frac{\partial^2 u}{\partial z^2} \tag{1-57}$$

因此,拉普拉斯算子可写成

$$\nabla^2 = \frac{\partial^2}{\partial x^2} + \frac{\partial^2}{\partial y^2} + \frac{\partial^2}{\partial z^2} \tag{1-58}$$

的形式。

在直角坐标系中,对矢量场 $\vec{F}$ 的拉普拉斯运算定义为将拉普拉斯算子作用到 $\vec{F}$ 上,即分别作用到 $\vec{F}$ 各个分量上,即有

$$\begin{aligned}
\nabla^2 \vec{F} &= \nabla^2 F_x \hat{e}_x + \nabla^2 F_y \hat{e}_y + \nabla^2 F_z \hat{e}_z \\
&= \left(\frac{\partial^2 F_x}{\partial x^2} + \frac{\partial^2 F_x}{\partial y^2} + \frac{\partial^2 F_x}{\partial z^2} \right) \hat{e}_x + \left(\frac{\partial^2 F_y}{\partial x^2} + \frac{\partial^2 F_y}{\partial y^2} + \frac{\partial^2 F_y}{\partial z^2} \right) \hat{e}_y + \\
&\quad \left(\frac{\partial^2 F_z}{\partial x^2} + \frac{\partial^2 F_z}{\partial y^2} + \frac{\partial^2 F_z}{\partial z^2} \right) \hat{e}_z
\end{aligned} \tag{1-59}$$

可以证明

$$\nabla^2 \vec{F} = \nabla(\nabla \cdot \vec{F}) - \nabla \times (\nabla \times \vec{F}) \tag{1-60}$$

上式也常用作对矢量场拉普拉斯运算的定义式。在圆柱坐标系和球坐标系中,要求对矢量场的拉普拉斯运算,不能像在直角坐标系中一样将拉普拉斯算子直接作用在矢量场的各个分量上,而是要将梯度、散度和旋度的计算式代入上式求得。

5. 无散场

一个矢量场 $\vec{v}$,如果它在空间的散度处处为 0,即 $\nabla \cdot \vec{v} \equiv 0$,则称其为无散场。无散场 $\vec{v}$ 具有下述三个重要性质:

(1) $\vec{v}$ 通过任何闭合曲面的通量等于 0,即有

$$\oint_S \vec{v} \cdot \mathrm{d}\vec{S} = 0 \tag{1-61}$$

(2) $\vec{v}$ 通过以闭合曲线 C 为边界的所有曲面的通量均相同,即若 S_1 和 S_2 是共边界的任意两个曲面,则有

$$\oint_{S_1} \vec{v} \cdot \mathrm{d}\vec{S} = \oint_{S_2} \vec{v} \cdot \mathrm{d}\vec{S} \tag{1-62}$$

(3) $\vec{v}$ 可以表示为某个矢量场的旋度,即存在矢量场 $\vec{A}$,使得

$$\vec{v} = \nabla \times \vec{A} \tag{1-63}$$

6. 无旋场

一个矢量场 $\vec{v}$,如果它在空间的旋度处处为 0,$\nabla \times \vec{v} \equiv 0$,则称其为无旋场。无旋场 $\vec{v}$ 具有下述三个重要性质:

(1) $\vec{v}$ 通过任何闭合曲线 C 的环量等于 0,即

$$\oint_C \vec{v} \cdot \mathrm{d}\vec{r} = 0 \tag{1-64}$$

(2) $\vec{v}$ 的曲线积分 $\int_P^Q \vec{v} \cdot \mathrm{d}\vec{r}$ 与路径无关,只与起点 P 和终点 Q 有关。即如果 L_1 和 L_2 是共起点和终点的任意两条路径,则有

$$\int_{L_1} \vec{v} \cdot d\vec{r} = \int_{L_2} \vec{v} \cdot d\vec{r} \tag{1-65}$$

(3)$\vec{v}$可以表示为某个标量场的梯度，即存在标量场 φ，使得

$$\vec{v} = \nabla\varphi \tag{1-66}$$

1.2.4　亥姆霍兹定理

若矢量场 $\vec{F}$ 在无限空间中处处单值，且其导数连续有界，源分布在有限区域中，则当矢量场的散度、旋度及边界条件给定后，该矢量场被唯一确定，并可表示为

$$\vec{F}(\vec{r}) = -\nabla u(\vec{r}) + \nabla \times \vec{A}(\vec{r}) \tag{1-67}$$

其中

$$u(\vec{r}) = \frac{1}{4\pi}\int_V \frac{\nabla' \cdot \vec{F}(\vec{r}')}{|\vec{r} - \vec{r}'|}dV' - \frac{1}{4\pi}\oint_S \frac{\vec{e}_n' \cdot \vec{F}(\vec{r}')}{|\vec{r} - \vec{r}'|}dS' \tag{1-68}$$

$$\vec{A}(\vec{r}) = \frac{1}{4\pi}\int_V \frac{\nabla' \times \vec{F}(\vec{r}')}{|\vec{r} - \vec{r}'|}dV' - \frac{1}{4\pi}\oint_S \frac{\vec{e}_n' \times \vec{F}(\vec{r}')}{|\vec{r} - \vec{r}'|}dS' \tag{1-69}$$

亥姆霍兹定理表明，矢量场 $\vec{F}$ 可以用一个标量函数的梯度和一个矢量函数的旋度之和来表示。其中标量函数由 $\vec{F}$ 的散度和 $\vec{F}$ 在边界 S 上的法向分量完全确定，而矢量函数则由 $\vec{F}$ 的旋度和 $\vec{F}$ 在边界 S 上的切向分量完全确定。

因而研究矢量场总是从场的散度和旋度两方面入手，或从闭合面的通量和闭合回路的环流入手，得到矢量场的基本方程，根据边界条件解决问题。

1.3　电磁工程设计与仿真常用软件

电磁工程设计与仿真常用软件有通用性较强的公共软件，如 Mathematica 和 MATLAB 等，以及具有较强可视化功能的专业软件，如 CST、HFSS、Ansoft 和 COMSOL 等。下面，我们简要地介绍一下两款电磁仿真设计最常用的 MATLAB 软件和 HFSS 软件。

1.3.1　MATLAB

MATLAB 是 matrix & laboratory 两个词的组合，意为矩阵工厂（矩阵实验室）。MATLAB 是美国 MathWorks 公司出品的商业数学软件，用于科学计算、算法开发、数据可视化以及数据分析的高级技术计算语言和交互式环境。它将数值分析、矩阵计算、科学数据可视化以及非线性动态系统的建模和仿真等诸多强大功能集成在一个易于使用的视窗环境中，为科学研究、工程设计以及必须进行有效数值计算的众多科学领域提供了一种全面的解决方案，并在很大程度上摆脱了传统非交互式程序设计语言（如 C、Fortran）的编辑模式，代表了当今国际科学计算软件的先进水平。

MATLAB将适合迭代分析和设计过程的桌面环境与直接表达矩阵和数组运算的编程语言相结合,包含交互式应用程序,具有较强的扩展能力,只需更改少量代码就能扩展在群集、GPU和云上运行的分析,无须重写代码或学习大数据编程和内存溢出技术。MATLAB代码可直接用于生产,因此可以直接部署到云和企业系统,并与数据源和业务系统集成。能自动将MATLAB算法转换为C/C++和HDL代码,从而在嵌入式设备上运行。MATLAB工具箱经过专业开发、严格测试并拥有完善的帮助文档,可进行专业开发。可与基于模型的设计集成,例如,MATLAB与Simulink配合以支持基于模型的设计,用于多域仿真、自动生成代码,以及嵌入式系统的测试和验证。

MATLAB在数据分析、无线通信、深度学习、计算机视觉、信号处理、量化金融和风险管理、机器人、控制系统等领域有着卓越的表现。

1.3.2 HFSS

高频电磁仿真设计软件HFSS(High Frequency Structure Simulator)是美国Ansoft公司开发的全波三维电磁仿真软件,其功能强大、界面友好、计算结果准确,具有自动化的设计流程,是业界公认的三维电磁场设计与分析的工业标准。

HFSS以其卓越的仿真精度和可靠性,快捷的仿真速度,方便易用的操作界面,稳定成熟的自适应网格剖分技术,成为高频结构设计的首选工具和行业标准,已经广泛地应用于航空、航天、电子、半导体、计算机、网络、传播、通信等多个领域,可高效地设计各种高频结构和程序,包括射频和微波部件、天线和天线阵及天线罩、高速互连结构、电真空器件,研究目标特性和系统/部件的电磁兼容/电磁干扰特性,从而降低设计成本和素材,减少设计周期。

HFSS提供了简洁直观的用户设计界面、精确自适应的场解器、功能强大后处理器,能计算任意形状三维无源结构的S参数和全波电磁场。HFSS软件拥有强大的天线设计功能,它可以计算天线参量,如增益、方向性、远场方向图剖面、远场3D图和3 dB带宽;绘制极化特性,包括球形场分量、圆极化场分量、第三定义场分量和轴比。使用HFSS,可以计算:①基本电磁场数值解和开边界问题,近远场辐射问题;②端口特征阻抗和传输常数;③S参数和相应端口阻抗的归一化S参数;④结构的本征模或谐振解。而且,由Ansoft HFSS和Ansoft Designer构成的Ansoft高频解决方案,是目前唯一以物理原型为基础的高频设计解决方案,提供了从系统到电路直至部件级的快速而精确的设计手段,覆盖了高频设计的所有环节。

HFSS设计流程可以归纳为:选择求解类型→创建设计模型→分配边界条件和端口激励→求解设置→运行仿真分析→数据后处理查看分析结果。HFSS可准确地仿真材料的色散特性,得到归一化相速与频率关系,以及结构中的电磁场分布,包括H场和E场;并能够仿真计算天线的二维、三维远场/近场辐射方向图、天线增益、轴比、半功率波瓣宽度、内部电磁场分布、天线阻抗、电压驻波比、S参数等,以及各种射频/微波部件的电磁特性,得到S参数、传播特性、高功率击穿特性,优化部件的性能指标,并进行容差分析,可快速完成设计并把握各类器件的电磁特性,包括波导器件、滤波器、转换器、耦合器、功率分配/合成器、铁氧体环行器和隔离器、腔体等。

习题1

1-1 给定两矢量 $\vec{A}=2\vec{e}_x+3\vec{e}_y+4\vec{e}_z$ 和 $\vec{B}=4\vec{e}_x-5\vec{e}_y+6\vec{e}_z$,求它们之间的夹角,以及 $\vec{A}$ 在 $\vec{B}$ 上的分量。

1-2 已知无限长线电荷的电场的矢量形式为

$$\vec{E}=\frac{\eta}{2\pi\varepsilon_0}\frac{\left[\vec{r}-(\vec{r}\cdot\vec{e}_z)\vec{e}_z\right]}{\left|\vec{r}-(\vec{r}\cdot\vec{e}_z)\vec{e}_z\right|^2}$$

写出在直角坐标系中该电场的分量形式。

1-3 给定两矢量 $\vec{A}=2\vec{e}_x+3\vec{e}_y+4\vec{e}_z$ 和 $\vec{B}=4\vec{e}_x-5\vec{e}_y+6\vec{e}_z$,求 $\vec{A}\times\vec{B}$ 在 $\vec{C}=\vec{e}_x+\vec{e}_y-\vec{e}_z$ 上的分量。

1-4 已知无限长线电流的磁场的矢量形式为

$$\vec{B}=\frac{\mu_0 I}{2\pi}\frac{\vec{e}_z\times\vec{r}}{\left|\vec{r}-(\vec{r}\cdot\vec{e}_z)\vec{e}_z\right|\cdot\left|\vec{e}_z\times\vec{r}\right|}$$

写出在直角坐标系中该磁场的分量形式。

1-5 已知 P 点的圆柱坐标为 $(2,\pi/4,0)$,请写出在 P 点处的圆柱坐标单位矢量在直角坐标系中的分量形式。

1-6 已知 P 点的球坐标为 $(2,\pi/4,\pi/2)$,请写出在 P 点处的球坐标单位矢量在直角坐标系中的分量形式。

1-7 已知标量场 $u=x^2+2y^2+3z^2+3x-2y-6z$,求梯度为 0 的点的位置。

1-8 记球面 $x^2+y^2+z^2=3$ 上的点 $P(1,1,1)$ 处的法向单位矢量为 $\vec{e}_n$,求标量场 $\varphi=r+3$ 在 P 点处沿法向 $\vec{e}_n$ 的方向导数。

1-9 已知矢量场 $\vec{v}=3xz^2\vec{e}_x+(y+2)\vec{e}_y+(z^2-3z)\vec{e}_z$,求 $\vec{v}$ 通过图题1-9所示正方体(中心在原点 O,边长为2)的右侧面的通量。

1-10 利用高斯定理,求上题中的矢量场 $\vec{v}$ 通过图题1-9所示正方体表面的通量。

1-11 已知矢量场 $\vec{v}=3x\vec{e}_x+z^3\vec{e}_y+2y\vec{e}_z$,求 $\vec{v}$ 沿着图题1-11所示正方形(位于 yz 平面,中心在原点 O,边长为2)的环量。

1-12 已知矢量场 $\vec{v}=3x\vec{e}_x+z^3\vec{e}_y+2y\vec{e}_z$,求 $\vec{v}$ 在点 $(1,1,1)$ 处沿着 $\vec{e}_r$ 方向的环量面密度。

1-13 利用斯托克斯定理,求矢量场 $\vec{v}=(y+2z)\vec{e}_x+(3z+4x)\vec{e}_y+(5x+6y)\vec{e}_z$ 沿图题1-13所示三角形 ABC 的环量。

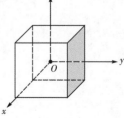

图题1-9

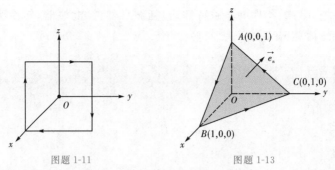

图题 1-11	图题 1-13

1-14 空间电位分布 φ 和电荷分布 ρ 满足泊松方程 $\nabla^2 \varphi = -\rho/\varepsilon_0$，若已知电位

$$\varphi = \begin{cases} A\ln r + B & (r > R_0) \\ Cr^2 + D & (r < R_0) \end{cases}$$

其中 $r = \sqrt{x^2 + y^2}$ 为场点到 z 轴距离，A、B、C、D 和 R_0 均为常数。求电荷分布。

1-15 已知矢量场 $\vec{v} = x^2 y z \vec{e}_x + (xy^2 z + 1)\vec{e}_y - 2xyz^2 \vec{e}_z$，求 $\vec{v}$ 穿过图题 1-15 所示八分之一球面 ABC 的通量。（球面半径为 1）

1-16 求矢量场 $\vec{v} = y\vec{e}_x + x\vec{e}_y + \vec{e}_z$ 沿着图题 1-16 所示抛物线从原点 $O(0,0,0)$ 到点 $P(1,1,1)$ 的曲线积分。已知抛物线方程为

$$\begin{cases} 2z = x^2 + y^2 \\ x = y \end{cases}$$

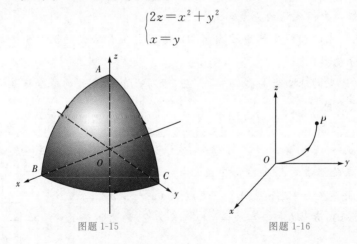

图题 1-15	图题 1-16

第2章

静电场

本章讨论静止且电荷量不随时间变化的电荷所产生的静电场的性质。首先引入电荷密度来描述电荷在空间的分布；其次从库仑定律出发，给出电场强度矢量的定义；接着讨论在真空中和介质中静电场所要满足的基本方程；然后引入电位作为辅助物理量，从电场基本方程推导出电位所要满足的泊松方程与拉普拉斯方程；最后几节依次介绍了静电场和电位在介质边界面上所要满足的边值关系和边界条件、求解静电场边值问题的分离变量法、镜像法以及静电场的能量等。

2.1 电荷与电荷密度

静止电荷周围会产生电场，电荷是电场的源。本节介绍电荷的基本性质并引入电荷密度的定义。

2.1.1 电荷

电荷是物质的基本属性之一。自然界存在两种电荷：正电荷和负电荷。在实验中能检测到的最小电荷量是质子和电子的电荷量，称为基本电荷量，其值 $e = 1.602 \times 10^{-19}$ C。质子带正电，其电荷量为 e；电子带负电，其电荷量为 $-e$。任何带电体的电荷量只能是一个基本电荷量的整数倍，即带电体的电荷以离散方式分布。电荷遵循电荷守恒定律：在一个与外界没有电荷交换的体系内，正、负电荷的代数和在任何物理过程中始终保持不变。

2.1.2 电荷密度

电荷在空间的分布一般情况下是不均匀的。受带电体形状、导电性质和外部电场等因素影响，在空间中有的位置电荷较为密集，而在有的位置电荷较为稀疏。为了描述电荷在空间的分布情况,需要引入电荷密度的概念。如图 2-1 所示,对于体分布的电荷,要描述空间某点处的电荷密度,可以取一个小的闭合曲面包围该点,若其中的电荷量为 Δq,所包围的体积为 ΔV,则此处的电荷体密度 ρ 定义为当曲面无限缩小,或者说体积 ΔV 趋于 0 时,比值 $\Delta q/\Delta V$ 的极限值,即有

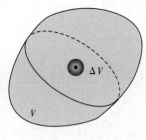

图 2-1　电荷体密度

$$\rho = \lim_{\Delta V \to 0} \frac{\Delta q}{\Delta V} = \frac{dq}{dV} \tag{2-1}$$

在实际物理问题中,有时电荷分布在很薄的曲面(比如导体球面)上。若曲面的厚度相对于曲面的面积可以忽略,在数学处理上可认为电荷是分布在二维曲面上。如图 2-2 所示,要描述电荷分布所在曲面上某点的电荷密度,在曲面上取一段闭合线元包围该点,若其中的电荷量为 Δq,所包围的面积为 ΔS,则此处的电荷面密度 σ 定义为当闭合线元无限缩小,或者说所围面积 ΔS 趋向于 0 时,比值 $\Delta q/\Delta S$ 的极限值,即有

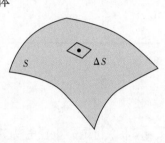

图 2-2　电荷面密度

$$\sigma = \lim_{\Delta S \to 0} \frac{\Delta q}{\Delta S} = \frac{dq}{dS} \tag{2-2}$$

若电荷分布在细导线上,且导线的横截面尺寸相对于长度可以忽略时,可认为电荷分布在一维曲线上。如图 2-3 所示,要描述电荷分布所在曲线上某点的电荷密度,可以在该点处取一段线元,若其中的电荷量为 Δq,线元的长度为 Δl,则此处的电荷线密度 η 定义为当线元无限缩小,或者说线段长度 Δl 趋向于 0 时,比值 $\Delta q/\Delta l$ 的极限值,即有

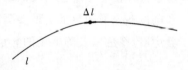

图 2-3　电荷线密度

$$\eta = \lim_{\Delta l \to 0} \frac{\Delta q}{\Delta l} = \frac{dq}{dl} \tag{2-3}$$

根据上述定义,于空间的任一位置 $\vec{r}'$,可求得该处的电荷密度 $\rho(\vec{r}')$。电荷密度函数 $\rho(\vec{r}')$ 为一个标量场,描述了空间中的电荷分布。

如果已知空间的电荷密度函数 $\rho(\vec{r}')$,则对于体分布的电荷,可用体积分求得一定体积 V 内的电荷量为

$$q = \int_V \rho(\vec{r}') dV' \tag{2-4}$$

对于面分布的电荷,可用面积分求得一定面积 S 内的电荷量为

$$q = \int_S \rho(\vec{r}') dS' \tag{2-5}$$

对于线分布的电荷,可用线积分求得一定线段 l 内的电荷量为

$$q = \int_l \rho(\vec{r}') dl' \tag{2-6}$$

【例 2-1】 已知半径为 a 的导体球面上分布着面电荷密度为 $\rho = \rho_0 \cos\theta$ 的电荷,式中 ρ_0 为常数,试计算球面上的总电荷量。

解 根据式(2-5),球面上的总电荷量可由在球面上的面积分计算得出

$$q = \int_S \rho\, \mathrm{d}S'$$

使用球坐标系,将 $\rho = \rho_0 \cos\theta$ 和面元表达式 $\mathrm{d}S' = r^2 \sin\theta\, \mathrm{d}\varphi\, \mathrm{d}\theta$ 代入上式,得到

$$q = \int_S \rho_0 \cos\theta\, r^2 \sin\theta\, \mathrm{d}\varphi\, \mathrm{d}\theta = \rho_0 a^2 \int_0^{2\pi} \left[\int_0^{\pi} \cos\theta \sin\theta\, \mathrm{d}\theta \right] \mathrm{d}\varphi = 0$$

即球面上的总电荷量为 0。

2.2 库仑定律与电场强度

电荷之间存在相互作用力,根据现代电磁场理论,电荷之间的相互作用是通过场来传递的。本节先讨论描述静电力的基本实验定律即库仑定律,然后在此基础上引入电场强度的定义。

2.2.1 库仑定律

在 1785 年,法国科学家库仑通过实验得出:真空中两个静止的点电荷之间的相互作用力(称为静电力或库仑力)同它们的电荷量的乘积成正比,与它们的距离的平方成反比,作用力的方向在它们的连线上,同性电荷相斥,异性电荷相吸。此规律被称为库仑定律,其矢量表达式可以写为

$$\vec{F} = \frac{1}{4\pi\varepsilon_0} \frac{q'q}{R^2} \vec{e}_R = \frac{1}{4\pi\varepsilon_0} \frac{q'q}{R^3} \vec{R} = \frac{1}{4\pi\varepsilon_0} \frac{q'q}{|\vec{r}-\vec{r}'|^3} (\vec{r}-\vec{r}') \tag{2-7}$$

如图 2-4 所示,其中 $\vec{R}$ 为由点电荷 q' 指向点电荷 q 的位移矢量,$\vec{e}_R$ 为沿着此方向的单位矢量,$\vec{r}'$ 和 $\vec{r}$ 分别为 q' 和 q 的位置矢量。$\varepsilon_0 \approx \frac{1}{36\pi} \times 10^{-9} \approx 8.85 \times 10^{-12}$ F/m,称为真空电容率或真空介电常数。

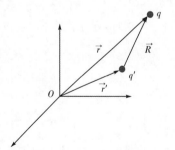

图 2-4 库仑定律

点电荷的静电力服从叠加原理,即如果真空中有 N 个点电荷 $q_1, q_2, \cdots, q_N$,其位置矢量分别为 $\vec{r}_1', \vec{r}_2', \cdots, \vec{r}_N'$,则位于 $\vec{r}$ 处的点电荷 q 受到的作用力等于其余每个点电荷对 q 的作用力的叠加,表示为

$$\vec{F} = \frac{q}{4\pi\varepsilon_0} \sum_{i=1}^{N} \frac{q_i}{|\vec{r}-\vec{r}_i'|^3} (\vec{r}-\vec{r}_i') \tag{2-8}$$

对于电荷连续分布的带电体,也可以利用库仑定律和叠加原理来求得它对于任一点电荷的静电力。以体分布的电荷为例,已知其电荷密度分布 ρ,若要求它对于位置矢量为

$\vec{r}$ 的点电荷 q 的静电力,根据积分的思想,可将带电体分割为无限多的体元,任一体元都可看成一个点电荷,若某一体元的位置矢量为 $\vec{r}'$,则此体元中的电荷量为 $\rho(\vec{r}')\mathrm{d}V$,对于点电荷 q 的静电力为

$$\mathrm{d}\vec{F} = \frac{q}{4\pi\varepsilon_0} \frac{\rho(\vec{r}')\mathrm{d}V'}{|\vec{r}-\vec{r}'|^3}(\vec{r}-\vec{r}') \tag{2-9}$$

利用叠加原理,带电体对于点电荷 q 的静电力 $\vec{F}$ 等于所有体元的静电力的叠加,在数学上,其形式为体积分

$$\vec{F} = \int_V \mathrm{d}\vec{F} = \frac{q}{4\pi\varepsilon_0} \int_V \frac{\rho(\vec{r}')\mathrm{d}V'}{|\vec{r}-\vec{r}'|^3}(\vec{r}-\vec{r}') \tag{2-10}$$

同理,面分布的电荷施加于点电荷 q 的静电力 $\vec{F}$ 的计算公式为面积分

$$\vec{F} = \frac{q}{4\pi\varepsilon_0} \int_S \frac{\rho(\vec{r}')\mathrm{d}S'}{|\vec{r}-\vec{r}'|^3}(\vec{r}-\vec{r}') \tag{2-11}$$

线分布的电荷施加于点电荷 q 的静电力 $\vec{F}$ 的计算公式为线积分

$$\vec{F} = \frac{q}{4\pi\varepsilon_0} \int_l \frac{\rho(\vec{r}')\mathrm{d}l'}{|\vec{r}-\vec{r}'|^3}(\vec{r}-\vec{r}') \tag{2-12}$$

【例 2-2】 在一条直线上等距分布有三个点电荷 q_1,q_2 和 q_3,它们的带电荷量满足什么条件时,能够保持静止平衡状态?

解 如图 2-5 所示,选取坐标轴 z 正向向右。要使这三个点电荷都处于静止平衡状态,则它们各自所受的静电力应该为 0。

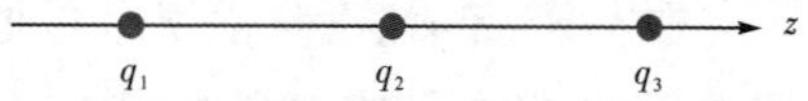

对于点电荷 q_1,受到的静电力 $\vec{F}_1$ 为点电荷 q_2 对它的静电力 $\vec{F}_{21}$ 和点电荷 q_3 对它的静电力 $\vec{F}_{31}$ 的叠加,即有

图 2-5 三个等距分布的点电荷

$$\vec{F}_1 = \vec{F}_{21} + \vec{F}_{31} = \frac{1}{4\pi\varepsilon_0}\frac{q_1 q_2}{l^2}(-\vec{e}_z) + \frac{1}{4\pi\varepsilon_0}\frac{q_1 q_3}{(2l)^2}(-\vec{e}_z) = 0$$

同理,对于点电荷 q_2 和 q_3,各自所受的静电力 $\vec{F}_2$ 和 $\vec{F}_3$ 都应为零,由此得到另两个关系式

$$\vec{F}_2 = \vec{F}_{12} + \vec{F}_{32} = \frac{1}{4\pi\varepsilon_0}\frac{q_1 q_2}{l^2}(\vec{e}_z) + \frac{1}{4\pi\varepsilon_0}\frac{q_2 q_3}{l^2}(-\vec{e}_z) = 0$$

$$\vec{F}_3 = \vec{F}_{13} + \vec{F}_{23} = \frac{1}{4\pi\varepsilon_0}\frac{q_1 q_3}{(2l)^2}(\vec{e}_z) + \frac{1}{4\pi\varepsilon_0}\frac{q_2 q_3}{l^2}(\vec{e}_z) = 0$$

联立上述三个式子可解得 $q_1 = q_3 = -4q_2$,所以只有在三个电荷的带电荷量满足此条件时才能保持静止平衡状态。

2.2.2 电场强度

按照现代电磁理论的观点,带电体周围存在电场,引入电场的任何带电体都受到电场的作用力,电荷之间的相互作用是通过电磁场来传递的,电磁场是物质的一种形态,具有能量、动量和质量。在静止状态下,点电荷 q' 之所以对点电荷 q 有静电力的作用,源于在

q' 的周围存在着静电场,而位于静电场中的 q 要受到电场的作用力,也就是说,两个静止点电荷之间的相互作用是通过静电场来传播的。q' 在场点 $\vec{r}$ 处的电场强度定义为在此处对 q 的静电力 $\vec{F}$ 与 q 的比值,即

$$\vec{E} = \frac{\vec{F}}{q} = \frac{1}{4\pi\varepsilon_0} \frac{q'}{|\vec{r} - \vec{r}'|^3}(\vec{r} - \vec{r}') \tag{2-13}$$

以上即点电荷的电场强度计算式。可以看到,电场强度 $\vec{E}$ 与点电荷 q' 的带电量、源点和场点的位置矢量有关,但是与放置于场点的点电荷 q 的带电量无关。

电场强度和静电力一样,也满足叠加原理。将式(2-8)代入式(2-13)中,可以得到点电荷系的电场强度

$$\vec{E} = \frac{1}{4\pi\varepsilon_0} \sum_{i=1}^{N} \frac{q_i}{|\vec{r} - \vec{r}'_i|^3}(\vec{r} - \vec{r}'_i) \tag{2-14}$$

对于体分布电荷的带电体,将式(2-10)代入式(2-13)中得其电场强度

$$\vec{E} = \frac{1}{4\pi\varepsilon_0} \int_V \frac{\rho(\vec{r}')\mathrm{d}V'}{|\vec{r} - \vec{r}'|^3}(\vec{r} - \vec{r}') \tag{2-15}$$

同理,由式(2-11)可得面分布电荷带电体的电场强度

$$\vec{E} = \frac{1}{4\pi\varepsilon_0} \int_S \frac{\rho(\vec{r}')\mathrm{d}S'}{|\vec{r} - \vec{r}'|^3}(\vec{r} - \vec{r}') \tag{2-16}$$

由式(2-12)可得线分布电荷带电体的电场强度

$$\vec{E} = \frac{1}{4\pi\varepsilon_0} \int_l \frac{\rho(\vec{r}')\mathrm{d}l'}{|\vec{r} - \vec{r}'|^3}(\vec{r} - \vec{r}') \tag{2-17}$$

【例 2-3】　电偶极子由一对相距很小距离 d 的带等值异号电量的点电荷组成,如图 2-6 所示。计算电偶极子的电场强度。

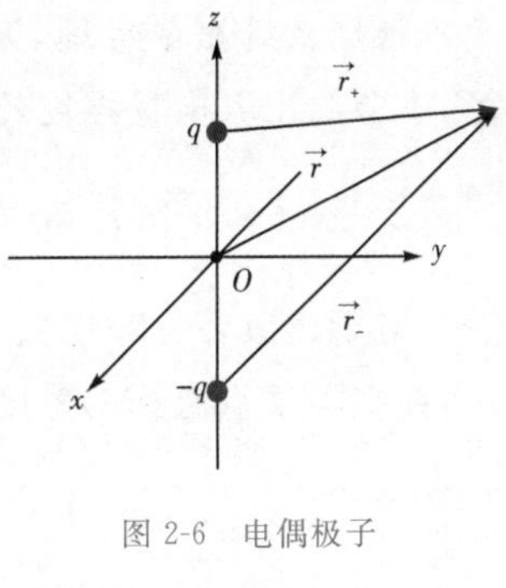

解　建立起直角坐标系,其原点在两电荷的中点,z 轴方向由负电荷 $-q$ 指向正电荷 $+q$。在此坐标系中,正电荷的位置矢量

$$\vec{r}'_+ = \frac{d}{2}\hat{e}_z$$

负电荷的位置矢量

$$\vec{r}'_- = -\frac{d}{2}\hat{e}_z$$

图 2-6　电偶极子

设场点位置在 $\vec{r} = x\hat{e}_x + y\hat{e}_y + z\hat{e}_z$ 处,正电荷 $+q$ 在此处的电场强度

$$\begin{aligned}
\vec{E}_+ &= \frac{q}{4\pi\varepsilon_0 |\vec{r}_+|^3}\vec{r}_+ = \frac{q}{4\pi\varepsilon_0[x^2 + y^2 + (z - d/2)^2]^{3/2}}\vec{r}_+ \\
&= \frac{q}{4\pi\varepsilon_0[r^2 - zd + d^2/4]^{3/2}}\vec{r}_+ \approx \frac{q}{4\pi\varepsilon_0[r^2 - zd]^{3/2}}\vec{r}_+ \\
&= \frac{q}{4\pi\varepsilon_0}r^{-3}\left[1 - \frac{zd}{r^2}\right]^{-3/2}\vec{r}_+ \approx \frac{q}{4\pi\varepsilon_0}r^{-3}\left(1 + \frac{3}{2}\frac{zd}{r^2}\right)\vec{r}_+
\end{aligned}$$

其中 $\vec{r}_+ = \vec{r} - \vec{r}'_+$ 为从 $+q$ 指向场点的位移矢量,在第一个约等号处用到了 $d \ll r$ 的近似,这一近似在场点离电偶极子较远即电偶极子距离 d 相对于场点距离 r 可以忽略时成立,因此也称为远场近似;在第二个约等号处用到 $(1-x)^\alpha \approx 1+\alpha x$ 的展开公式,此式在 x 为小量时成立。

类似地,负电荷 $-q$ 在场点处的电场强度

$$\vec{E}_- = \frac{q}{4\pi\varepsilon_0 |\vec{r}_-|^3}\vec{r}_- \approx \frac{q}{4\pi\varepsilon_0}r^{-3}\left(1-\frac{3}{2}\frac{zd}{r^2}\right)\vec{r}_-$$

在场点处的电场强度等于正、负电荷的电场强度的叠加

$$\vec{E} = \vec{E}_+ + \vec{E}_- = \frac{q}{4\pi\varepsilon_0}r^{-3}\left[\left(1+\frac{3}{2}\frac{zd}{r^2}\right)\left(\vec{r}-\frac{d}{2}\vec{e}_z\right)-\left(1-\frac{3}{2}\frac{zd}{r^2}\right)\left(\vec{r}+\frac{d}{2}\vec{e}_z\right)\right]$$

$$= \frac{q}{4\pi\varepsilon_0 r^3}\left(\frac{3zd}{r^2}\vec{r}-\vec{e}_z d\right)$$

引入电偶极矩矢量 $\vec{p}$,其方向由负电荷指向正电荷,大小等于电荷带的电量 q 乘以电偶极子距离 d,即 $\vec{p}=p\vec{e}_z=qd\vec{e}_z$,则上式中的电偶极子电场可写成矢量形式

$$\vec{E} = \frac{1}{4\pi\varepsilon_0 r^3}\left(\frac{3\vec{r}\cdot\vec{p}}{r^2}\vec{r}-\vec{p}\right)$$

写成矢量形式后对于电场的计算与坐标系的选取无关。

2.3 真空中的静电场基本方程

根据亥姆霍兹定理,矢量场由其散度、旋度和边界条件唯一地确定。静电场是矢量场,本节给出其电场强度的散度和旋度特性。

2.3.1 静电场的散度和旋度

对于连续体分布电荷,从电场强度计算式(2-15)出发,可以证明,对于真空中的静电场,在空间某点电场的散度等于在该点的电荷密度 ρ 与真空介电常数 ε_0 的比值,即有

$$\nabla\cdot\vec{E} = \frac{\rho}{\varepsilon_0} \tag{2-18}$$

这就是高斯定理的微分形式。它表明电荷是电场的通量源,电场线发自正电荷(或无限远),终于负电荷(或无限远),在无电荷处不中断。

对式(2-15)两边同时取旋度,可以证明真空中静电场的旋度恒为 0,即

$$\nabla\times\vec{E} = 0 \tag{2-19}$$

该式表明静电场是无旋场。在静电情形下电场线不会闭合,没有旋涡状结构。

【例 2-4】　已知空间电场分布为

$$\vec{E}(\vec{r}) = \begin{cases} \dfrac{\rho h |z|}{2\varepsilon_0 z}\vec{e}_z & (z>h \ \text{或} \ z<0) \\[3mm] \dfrac{\rho}{2\varepsilon_0}(2z-h)\vec{e}_z & (h \geqslant z \geqslant 0) \end{cases}$$

其中 ρ 和 h 均为常数。如图 2-7 所示,求中心在原点、边长为 $2h$ 的正方体内的电荷量。

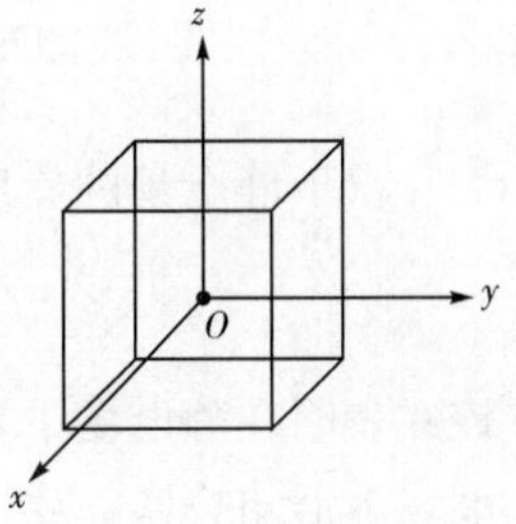

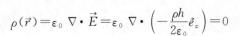

图 2-7　边长为 $2h$ 的正方体

　　解　要求正方体 V 内的电荷总量 Q,可先求得其中的电荷密度分布 ρ。本题中已知空间电场分布 $\vec{E}$,利用高斯定律有 $\rho=\varepsilon_0 \nabla \cdot \vec{E}$。

在 $z>h \geqslant 0$ 的区域,电荷密度

$$\rho(\vec{r}) = \varepsilon_0 \ \nabla \cdot \vec{E} = \varepsilon_0 \ \nabla \cdot \left(\frac{\rho h}{2\varepsilon_0}\vec{e}_z \right) = 0$$

在 $z<0$ 的区域,有

$$\rho(\vec{r}) = \varepsilon_0 \ \nabla \cdot \vec{E} = \varepsilon_0 \ \nabla \cdot \left(-\frac{\rho h}{2\varepsilon_0}\vec{e}_z \right) = 0$$

在 $h \geqslant z \geqslant 0$ 的区域,有

$$\rho(\vec{r}) = \varepsilon_0 \ \nabla \cdot \vec{E} = \varepsilon_0 \ \nabla \cdot \left[\frac{\rho}{2\varepsilon_0}(2z-h)\vec{e}_z \right] = \rho$$

所以在正方体中,只有上半部分充满均匀密度的电荷,下半部分没有电荷。正方体中的电荷总量

$$Q = \int_V \rho \, \mathrm{d}V = \rho \ \frac{V}{2} = \rho \ \frac{(2h)^3}{2} = 4\rho h^3$$

【例 2-5】　已知静电场的表达式为

$$\vec{E} = (2y+az)\vec{e}_x + (z+bx)\vec{e}_y + (-3x+cy)\vec{e}_z$$

求 a、b、c 三个参数的取值。

　　解　静电场应满足旋度为 0 的条件,即有

$$\nabla \times \vec{E} = \begin{vmatrix} \vec{e}_x & \vec{e}_y & \vec{e}_z \\[2mm] \dfrac{\partial}{\partial x} & \dfrac{\partial}{\partial y} & \dfrac{\partial}{\partial z} \\[2mm] 2y+az & z+bx & -3x+cy \end{vmatrix} = (c-1)\vec{e}_x + (a+3)\vec{e}_y + (b-2)\vec{e}_z = 0$$

得到 $a=-3, b=2, c=1$。

2.3.2　静电场的通量和环量

根据散度定理,对于任意闭合曲面 S,电场的通量

$$\oint_S \vec{E} \cdot \mathrm{d}\vec{S} = \int_V \nabla \cdot \vec{E} \, \mathrm{d}V$$

将式(2-18)代入上式右边,得到

$$\oint_S \vec{E} \cdot d\vec{S} = \frac{1}{\varepsilon_0} \int_V \rho \, dV = \frac{1}{\varepsilon_0} Q \tag{2-20}$$

这就是高斯定理的积分形式。它表明电场穿过闭合曲面的通量等于该闭合面包围的总电荷 Q 与真空介电常数 ε_0 之比。

根据斯托克斯定理,对于任意闭合曲线 C,电场的环量

$$\oint_C \vec{E} \cdot d\vec{l} = \int_S \nabla \times \vec{E} \cdot d\vec{S}$$

由于静电场的旋度恒为 0,所以有

$$\oint_C \vec{E} \cdot d\vec{l} = 0 \tag{2-21}$$

该式表明在静电场中,沿任意闭合曲线 C 的积分恒为 0。在物理上,这说明若将电荷在静电场中沿闭合路径移动一周,电场力将不做功。

【例 2-6】 若在图 2-7 中正方体的中心放置电荷量为 Q 的点电荷,求其电场通过正方体右侧面的通量。

解 根据高斯定理的积分形式,电场通过正方体所有六个侧面的总通量 Ψ_0 等于正方体中的总电荷量除以真空介电常数 ε_0,即有

$$\Psi_0 = \oint_S \vec{E} \cdot d\vec{S} = \frac{Q}{\varepsilon_0}$$

根据对称性,电场通过各个侧面的通量应该相等,所以在右侧面的通量 Ψ 应该等于总通量 Ψ_0 的六分之一,得到

$$\Psi = \frac{\Psi_0}{6} = \frac{Q}{6\varepsilon_0}$$

【例 2-7】 求无限大均匀带电平面的电场强度。

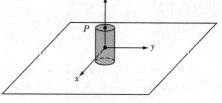

图 2-8 无限大均匀带电平面

解法 1 平面均匀带电,设其电荷面密度为常数 σ。要求空间某场点 P 处的电场强度,如图 2-8 所示建立起直角坐标系,其 xy 平面与带电平面重合,z 轴垂直于平面且经过 P 点。

在此坐标系中 P 点的位置矢量 $\vec{r} = h\vec{e}_z$,其中 h 为场点到平面的距离。在垂直于 z 轴的平面上面元 $dS' = dx' dy'$,其位置矢量 $\vec{r}' = x'\vec{e}_x + y'\vec{e}_y$,代入式(2-16)中即有

$$\vec{E} = \frac{1}{4\pi\varepsilon_0} \int_S \frac{\rho(\vec{r}') dS'}{|\vec{r} - \vec{r}'|^3} (\vec{r} - \vec{r}')$$

$$= \frac{\sigma}{4\pi\varepsilon_0} \int_S \frac{dx' dy'}{(x'^2 + y'^2 + h^2)^{3/2}} (h\vec{e}_z - x'\vec{e}_x - y'\vec{e}_y)$$

在上式中要得出电场强度的三个分量,需计算三个二重积分,但通过观察可发现,在 x 和 y 方向的二重积分下的函数是奇函数且积分上下限关于原点对称,积分结果为 0,所以电场的 x 分量和 y 分量为 0。电场强度只剩下 z 分量,有

$$\vec{E} = \vec{e}_z \frac{\sigma h}{4\pi\varepsilon_0} \int_S \frac{dx' dy'}{(x'^2 + y'^2 + h^2)^{3/2}}$$

$$= \vec{e}_z \frac{\sigma h}{4\pi\varepsilon_0} \int_{-\infty}^{+\infty} \int_{-\infty}^{+\infty} \frac{1}{(x'^2 + y'^2 + h^2)^{3/2}} \mathrm{d}x' \mathrm{d}y'$$

$$= \vec{e}_z \frac{\sigma}{2\varepsilon_0}$$

上式中二重积分的计算可以借助于符号辅助计算软件 Mathematica 或 Maple, 其值为 $2\pi/h$。

解法 2　无限大均匀带电平面关于 z 轴具有旋转对称性, 即把平面绕 z 轴任意旋转一个角度, 空间的电荷分布不发生任何变化, 因此空间的电场分布也不应发生变化。这一对称性要求在场点处的电场只有 z 方向上的分量, 而没有 x 和 y 方向上的分量, 即电场只能垂直于平面。设在场点处的电场为 $\vec{E} = E\vec{e}_z$。如图 2-8 所示, 取一个狭长的柱形闭合面, 其侧面垂直于平面, 底面平行于平面, 且上底面经过 P 点, 下底面经过 P 关于平面的对称点。由于电场平行于侧面, 在侧面的通量为 0, 所以在整个闭合面上的通量就等于在上下两个底面的通量之和, 有

$$\oint_S \vec{E} \cdot \mathrm{d}\vec{S} = 2ES$$

闭合面所包围的电荷总量等于它与平面相交的区域中的电荷量, 即有

$$Q = \sigma S$$

根据高斯定理的积分形式, 得到

$$2ES = \frac{\sigma S}{\varepsilon_0}$$

$$E = \frac{\sigma}{2\varepsilon_0}$$

所以在场点处的电场强度就为

$$\vec{E} = \frac{\sigma}{2\varepsilon_0} \vec{e}_z$$

从本题的两种解法可以看到, 对于具有某些对称性的电荷分布, 可以考虑使用高斯定理来求其电场, 这样可以避免较为复杂的积分运算。无限大带电平面的电场在空间是匀强电场, 其大小只与平面电荷密度 σ 有关, 而与场点的位置无关; 其方向垂直于平面, 在 $\sigma > 0$ 时指向两侧, 在 $\sigma < 0$ 时指向平面。在实际应用中, 一般把两块带等值异号电荷的带电平板组成平行电容板, 在电容板间两平板的电场互相叠加, 合电场大小为 σ/ε_0, 方向从正电板指向负电板; 在电容板外, 两平板的电场互相抵消, 合电场大小为 0。

2.4　介质中的静电场基本方程

在有介质存在时, 静电场将改变介质中的电荷分布, 产生附加电场, 进而改变原有的电场分布。本节将讨论在有介质存在时静电场的基本特性。

2.4.1 介质的极化

介质是由分子组成的,分子内部有带正电的原子核和绕核运动的带负电的电子。在一般情况下,介质分子中的电荷被束缚得很紧,不能自由移动,因此被称为束缚电荷。在外加电场的作用下,介质分子中的束缚电荷会发生位移,这一现象称为介质的极化。根据介质分子中束缚电荷的分布特征,可以将介质分子分成无极分子和有极分子两类。无极分子和有极分子中的正负电荷中心分布情况如图 2-9 所示。

图 2-9　无极分子(左)和有极分子(右)

当介质未加外在电场时,对于无极分子,如图 2-10 所示,其正负电荷中心互相重合,分子表现出电中性,在介质中任取一个闭合曲面,其中都不会有净电荷存在,介质内部没有宏观电荷分布。

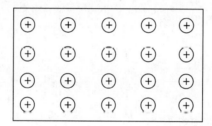

图 2-10　无外在电场的无极分子介质(示意图)

对于有极分子,如图 2-11 所示,其正负电荷中心不重合,构成一个电偶极子,但由于分子热运动,在介质中分子电偶极子的排列杂乱无章,其取向是无序的。在介质中任取一个闭合曲面,在曲面上任一面元附近负电荷留在曲面内(穿出)的电偶极子数量和正电荷留在曲面内(穿入)的电偶极子数量都应相等,对曲面内的净电荷总量没有贡献,因此闭合曲面内的净电荷总量也为 0,介质内部仍然没有宏观电荷分布。所以,在无外在电场时,介质整体上表现出电中性,无宏观电场存在。

给介质加上外在电场时,对于无极分子,其正负电荷中心分离,正电荷中心被电场排斥,而负电荷中心被电场吸引,形成一个取向与外在电场大体一致的电偶极子;对于有极分子,分子电偶极子受外在电场力矩的作用要发生转动,其转动取向与外在电场大体一致。通常,无极分子的极化称为位移极化,有极分子的极化称为取向极化。因此,在有外在电场存在时,介质中分子极化的结果是介质内部出现许多顺着外在电场方向排列的电偶极子,如图 2-12 所示。此时如果在介质内部取一个闭合曲面,在曲面上某一面元处穿出和穿入的电偶极子数量不相等,对曲面内的净电荷总量就有贡献。一般情况下,闭合曲

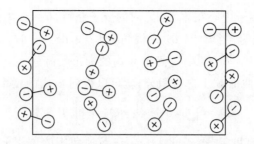

图 2-11　无外在电场的有极分子介质(示意图)

面内的净电荷总量不为 0,极化介质内部出现宏观极化电荷分布。由于电荷是电场的源,极化电荷的出现会产生极化电场,附加到原有的外在电场上,改变介质中的电场分布。

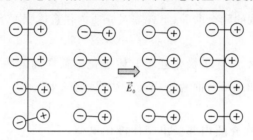

图 2-12　有外在电场的无极或有极分子介质(示意图)

　　介质极化后,介质中出现很多排列方向大致相同的电偶极子。为了衡量这种极化程度,定义极化强度 $\vec{P}$ 为单位体积中电偶极矩的矢量和,即

$$\vec{P} = \lim_{\Delta V \to 0} \frac{\sum_i \vec{p}_i}{\Delta V} \qquad (2\text{-}22)$$

式中 $\vec{p}_i$ 为第 i 个分子的电偶极矩。$\vec{P}$ 是一个矢量场,若在空间各点取值相同,则称介质是均匀极化的,否则就是非均匀极化的。

　　引入极化强度后,可进一步推导出极化强度与极化电荷的关系。如图 2-13 所示,在闭合曲面 S 上的一个面元 $\mathrm{d}S$ 处,设外法向单位矢量为 $\vec{e}_n$,分子数密度为 n,分子平均电偶极矩为 $\vec{p} = q\vec{d}$,其中 $\vec{d}$ 为从负电荷指向正电荷的位移矢量。这里为表述方便,设 $\vec{p}$ 和 $\vec{e}_n$ 之间的夹角为锐角。取一个斜柱体 $\mathrm{d}V$,$\mathrm{d}V$ 的底面平行于 $\mathrm{d}S$,且上、下底面离 $\mathrm{d}S$ 的距离各为 $(\vec{d} \cdot \vec{e}_n)/2$;$\mathrm{d}V$ 的侧面平行于 $\vec{e}_n$。当分子电偶极子的中心位于斜柱体 $\mathrm{d}V$ 中,就会有一个负电荷 $-q$ 位于 S 内,而另一个正电荷 q 位于 S 外,从而对 S 内的净电荷有贡献;反之,若分子电偶极子中心不在 $\mathrm{d}V$ 中,

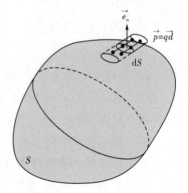

图 2-13　求体极化电荷密度

两个电荷要么都在 S 内,要么都在 S 外,对 S 内的净电荷无贡献。由此可计算出在 $\mathrm{d}S$ 处留在 S 内的净电荷总量为

$$\mathrm{d}Q = N(-q) = -n\mathrm{d}Vq = -n\mathrm{d}S(\vec{d} \cdot \vec{e}_n)q = -(nq\vec{d}) \cdot (\mathrm{d}S\vec{e}_n) = -\vec{P} \cdot \mathrm{d}\vec{S}$$

式中 $N=n\mathrm{d}V$ 为电偶极子中心在体元 $\mathrm{d}V$ 内的分子总数，$\vec{P}=N\vec{p}/\mathrm{d}V=n\vec{p}$ 为在 $\mathrm{d}S$ 处的极化强度。式中负号表明，当 $\vec{P}$ 与 $\mathrm{d}\vec{S}$ 成锐角，即 $\vec{P}\cdot\mathrm{d}\vec{S}>0$ 时，留在 S 内的为负电荷；当 $\vec{P}$ 与 $\mathrm{d}\vec{S}$ 成钝角，即 $\vec{P}\cdot\mathrm{d}\vec{S}<0$ 时，留在 S 内的为正电荷。

对 $\mathrm{d}Q$ 在整个闭合曲面 S 上进行积分，就可以得到 S 内的极化电荷总量

$$Q_P=\int_V\rho_P\mathrm{d}V=\oint_S\mathrm{d}Q=-\oint_S\vec{P}\cdot\mathrm{d}\vec{S} \qquad (2\text{-}23)$$

式中 ρ_P 为极化电荷体密度，根据式(2-4)，ρ_P 在 S 所包围的体积 V 内的体积分就是 S 内的总极化电荷 Q_P。根据高斯定理，上式右侧的面积分可以写成体积分形式，即有

$$\int_V\rho_P\mathrm{d}V=\int_V(-\nabla\cdot\vec{P})\mathrm{d}V$$

由于 S 是在介质内任取的闭合曲面，上式需对介质内任意体积 V 都成立，即得到

$$\rho_P=-\nabla\cdot\vec{P} \qquad (2\text{-}24)$$

式(2-23)和式(2-24)描述了极化强度与体极化电荷之间的关系，两者在物理上是等价的，不同的是数学上的形式，前者是积分表达式，而后者是微分表达式。

由于介质的极化，在介质内部会出现体极化电荷分布，此外，在两种介质的分界面上，还会出现面极化电荷分布。如图 2-14 所示，在介质 1 和介质 2 的分界面上的面元 $\mathrm{d}S$ 处，设极化电荷面密度为 σ_P，$\vec{e}_n$ 为从介质 1 指向介质 2 的法向单位矢量。

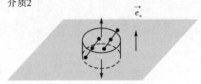

图 2-14　求面极化电荷密度

取一个薄柱体 V 包围 $\mathrm{d}S$，其上、下底面分别在两种介质中，紧贴边界面，侧面垂直于边界面，根据式(2-23)，柱体中的极化电荷量

$$Q_P=\sigma_P\mathrm{d}S=-\oint_S\vec{P}\cdot\mathrm{d}\vec{S}\approx-[\vec{P}_2\cdot\mathrm{d}S\vec{e}_n+\vec{P}_1\cdot\mathrm{d}S(-\vec{e}_n)]$$

由于 V 为薄柱体，极化强度 $\vec{P}$ 在 V 的侧表面的通量可忽略。整理上式得到

$$\sigma_P=\vec{e}_n\cdot(\vec{P}_1-\vec{P}_2) \qquad (2\text{-}25)$$

【例 2-8】 如图 2-15 所示，已知长方体介质内的极化强度分布为 $\vec{P}=2x\vec{e}_x+(y-1)\vec{e}_y$，外侧为真空，求长方体中的体极化电荷总量以及分布在右侧面的面极化电荷量。

解 要求得长方体中的体极化电荷总量，可先求出其中的极化电荷体密度。本题已知极化强度，根据式(2-24)，得到极化电荷体密度为

$$\rho_P=-\nabla\cdot\vec{P}=-\left[\frac{\partial}{\partial x}(2x)+\frac{\partial}{\partial y}(y-1)\right]=-3$$

图 2-15　长方体介质

所以在长方体内体极化电荷是均匀分布的，电荷总量

$$Q_P=\int_V\rho_P\mathrm{d}V=\rho_P\int_V\mathrm{d}V=\rho_PV=-3\times(2\times1\times1)=-6$$

28　| 电磁场与电磁波

要求得在右侧面的面极化电荷总量,就需求出其上的极化电荷面密度。根据式(2-25),得到极化电荷面密度为

$$\sigma_P = \vec{e}_n \cdot (\vec{P}_1 - \vec{P}_2) = \vec{e}_y \cdot (2x\vec{e}_x + \vec{e}_y) = 1$$

在右侧面上面极化电荷均匀分布,电荷量

$$Q_{右} = \int_S \sigma_P \, dS = \sigma_P \int_S dS = \sigma_P S = 1 \times (1 \times 1) = 1$$

2.4.2　介质中的高斯定理

空间的总电场等于自由电荷和极化电荷所产生电场的叠加,介质中的总电荷密度 ρ 等于自由电荷密度 ρ_f 加上极化电荷密度 ρ_P,即

$$\rho = \rho_f + \rho_P$$

将其代入真空中的高斯定理即式(2-18)中,得到

$$\nabla \cdot \vec{E} = \frac{\rho}{\varepsilon_0} = \frac{\rho_f + \rho_P}{\varepsilon_0} = \frac{\rho_f - \nabla \cdot \vec{P}}{\varepsilon_0}$$

将上式整理得

$$\nabla \cdot (\varepsilon_0 \vec{E} + \vec{P}) = \rho_f \tag{2-26}$$

定义电位移矢量

$$\vec{D} = \varepsilon_0 \vec{E} + \vec{P} \tag{2-27}$$

式(2-26)就可写成

$$\nabla \cdot \vec{D} = \rho_f \tag{2-28}$$

此即介质中高斯定理的微分形式,表明电位移矢量的散度源是自由电荷,电位移矢量线从正的自由电荷出发而终于负的自由电荷。利用散度定理可以写出其积分形式

$$\oint_S \vec{D} \cdot d\vec{S} = \int_V \rho_f \, dV = Q_f \tag{2-29}$$

对于任意电介质,其电位移矢量 $\vec{D} = \varepsilon_0 \vec{E} + \vec{P}$。对于各向同性线性介质,在电场的作用下发生极化时,其极化强度 $\vec{P}$ 与介质中的合成电场强度 $\vec{E}$ 成正比,即有

$$\vec{P} = \varepsilon_0 \chi_e \vec{E} \tag{2-30}$$

其中 χ_e 称为电介质的极化率,是一个正实数。将上式代入电位移矢量的定义式中有

$$\vec{D} = \varepsilon_0 \vec{E} + \varepsilon_0 \chi_e \vec{E} = \varepsilon_0 (1 + \chi_e) \vec{E} = \varepsilon_0 \varepsilon_r \vec{E} = \varepsilon \vec{E} \tag{2-31}$$

其中 $\varepsilon = \varepsilon_0 \varepsilon_r$ 称为绝对介电常数,ε_r 称为相对介电常数,且有

$$\varepsilon_r = \frac{\varepsilon}{\varepsilon_0} = 1 + \chi_e > 1 \tag{2-32}$$

【例 2-9】　如图 2-16 所示,在平行电容板中充满绝对介电常数为 ε 的均匀介质,已知金属板上的自由电荷面密度为 σ,金属板的面积为 S,板间距为 d,求:(1)介质中的电场强度 $\vec{E}$;(2)介质与金属板分界面上的极化电荷面密度 σ_P;(3)平行电容板的电容 C。

　　解　(1)利用对称性和真空中的高斯定理可求得中空的平行电容板间的电场为匀强

电场,$\vec{E}_0=\hat{e}_x\sigma/\varepsilon_0$,其中 $\hat{e}_x$ 为垂直于导体平板、从正极板指向负极板的单位矢量。在板间充满介质后,介质将在外电场 $\vec{E}_0$ 的作用下发生极化,由于是均匀极化,在介质内部不会有体极化电荷出现,但是在介质和导体平板的分界面上会出现面极化电荷。上、下两层面极化电荷产生的附加电场叠加到原有的外电场上,才是介质中的总电场强度 $\vec{E}$。对于本问题,对称性依然成立,因此电场强度 $\vec{E}$ 以及电位移矢量 $\vec{D}$ 都

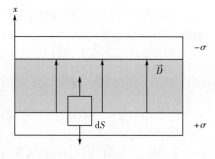

图 2-16　充满介质的平行电容板

垂直于导体平板。已知自由电荷面密度分布,但是极化电荷面密度和总电荷面密度是未知的。此时使用介质中的高斯定理更为方便。如图取柱形高斯面,其侧面垂直于极板,底面平行于极板,且上底面经过介质中的场点,下底面位于导体板中。则电位移矢量 $\vec{D}=D\hat{e}_x$ 经过高斯面的通量为

$$\oint_S \vec{D}\cdot \mathrm{d}\vec{S}=DS$$

其中包含的自由电荷量

$$Q_f=\sigma S$$

根据式(2-29)即有 $D=\sigma$,因此电位移矢量

$$\vec{D}=\sigma\hat{e}_x$$

由式(2 31)得电场强度

$$\vec{E}=\frac{\sigma}{\varepsilon}\hat{e}_x$$

由于介质的介电常数大于真空介电常数,即 $\varepsilon>\varepsilon_0$,所以填充介质后极板间的电场会小于真空时的电场,即 $\vec{E}<\vec{E}_0$。

(2)根据式(2-25),在介质与下极板的分界面处,极化电荷面密度

$$\sigma_P=\hat{e}_n\cdot(\vec{P}_1-\vec{P}_2)=\hat{e}_x\cdot\left[0-\left(1-\frac{\varepsilon_0}{\varepsilon}\right)\vec{D}\right]=\left(\frac{\varepsilon_0}{\varepsilon}-1\right)\sigma$$

其中,$\hat{e}_n$ 从下极板指向介质,$\vec{P}_1$ 和 $\vec{P}_2$ 分别为下极板和介质中的极化强度。

同理可得,在介质与上极板的分界面处,极化电荷面密度

$$\sigma_P=\hat{e}_n\cdot(\vec{P}_1-\vec{P}_2)=(-\hat{e}_x)\cdot\left[0-\left(1-\frac{\varepsilon_0}{\varepsilon}\right)\vec{D}\right]=\left(1-\frac{\varepsilon_0}{\varepsilon}\right)\sigma$$

其中,$\hat{e}_n$ 从上极板指向介质,$\vec{P}_1$ 和 $\vec{P}_2$ 分别为上极板和介质中的极化强度。

(3)平行电容板的电容 C 定义为板上所带电荷 Q 与板间电压 U 之比,即

$$C=\frac{Q}{U}=\frac{\sigma S}{Ed}$$

在极板间无填充介质时,电容

$$C_0=\frac{Q}{U}=\frac{\sigma S}{(\sigma/\varepsilon_0)d}=\frac{\varepsilon_0 S}{d}$$

在极板间有填充介质时,电容

$$C = \frac{Q}{U} = \frac{\sigma S}{(\sigma/\varepsilon)d} = \frac{\varepsilon S}{d}$$

从上面两式即可得到

$$C = \frac{\varepsilon}{\varepsilon_0} C_0 = \varepsilon_r C_0 > C_0$$

有填充介质时的电容总是会大于无填充介质时的电容。要增大电容器的电容,一个有效的方法就是在电容器极板间填充介质,且介质的相对介电常数越大越好。

2.5 电 位

静电场的无旋性是它的一个重要特性,由于无旋性,本节将引入一个标量场即电位函数来描述静电场。

2.5.1 电位的定义

由于静电场 $\vec{E}$ 是无旋场:$\nabla \times \vec{E} = 0$,根据无旋场的性质,可以得到如下结论:

(1)静电场 $\vec{E}$ 可表示为标量函数的梯度,即可写成

$$\vec{E} = \nabla(-\varphi) = -\nabla\varphi \tag{2-33}$$

的形式,式中的标量函数 φ 就称为静电场的电位,其单位为 V(伏特)。

(2)静电场 $\vec{E}$ 从空间的 P 点到 Q 点的曲线积分与路径无关,只与起点和终点的位置有关,并且有

$$\int_P^Q \vec{E} \cdot d\vec{l} = \varphi(P) - \varphi(Q) \tag{2-34}$$

此式的物理意义为将单位正电荷从 P 点沿任意路径移动到 Q 点,电场所做的功等于两点之间的电位差 $\varphi(P) - \varphi(Q)$。

电场 $\vec{E}$ 是实验上可测量的物理量,在空间场点的值是确定的;而电位 φ 是人为引入的辅助物理量,在空间场点的值并不唯一。若电位 φ 对应于一个真实电场分布 $\vec{E}$,设 C 为任意常数,则电位 $\varphi' = \varphi + C$ 对应的电场 $\vec{E}' = -\nabla(\varphi+C) = -\nabla\varphi = \vec{E}$,即电位 φ 和 φ' 描述了同一个电场分布 $\vec{E}$。为使空间场点的电位具有确定的值,需要规定某一固定点为电位参考点,设该点的电位为零。比如,若规定 Q 点为电位参考点,且 $\varphi(Q)=0$,则根据式(2-34),P 点处的电位为

$$\varphi(P) = \int_P^Q \vec{E} \cdot d\vec{l} \tag{2-35}$$

若电荷分布在有限的区域,一般选定无限远处为电位零点,则 P 点处的电位

$$\varphi(P) = \int_P^\infty \vec{E} \cdot d\vec{l} \tag{2-36}$$

对于点电荷 q,距离为 r 的场点 P 处电位可由上式计算得

$$\varphi(P) = \int_P^{\infty} \vec{E} \cdot \mathrm{d}\vec{l} = \int_r^{\infty} \left(\frac{1}{4\pi\varepsilon_0} \frac{q}{r^2} \vec{e}_r \right) \cdot (\mathrm{d}r\vec{e}_r) = \frac{q}{4\pi\varepsilon_0 r} \tag{2-37}$$

因此,若点电荷 q' 放置在源点 $\vec{r}'$ 处,则其在场点 $\vec{r}$ 处产生的电位就为

$$\varphi(\vec{r}) = \frac{1}{4\pi\varepsilon_0} \frac{q'}{R} = \frac{1}{4\pi\varepsilon_0} \frac{q'}{|\vec{r} - \vec{r}'|} \tag{2-38}$$

式中 R 为点电荷 q' 到场点的距离。

和电场一样,空间电位也满足叠加原理。若真空中有 N 个点电荷 $q_1, q_2, \cdots, q_N$,其位置矢量分别为 $\vec{r}'_1, \vec{r}'_2, \cdots, \vec{r}'_N$,则位于 $\vec{r}$ 处的场点的电位等于每个点电荷在此处的电位的叠加,表示为

$$\varphi = \frac{1}{4\pi\varepsilon_0} \sum_{i=1}^{N} \frac{q'_i}{R_i} = \frac{1}{4\pi\varepsilon_0} \sum_{i=1}^{N} \frac{q'_i}{|\vec{r} - \vec{r}'_i|} \tag{2-39}$$

对于体分布电荷,其电位可由体积分计算得

$$\varphi(\vec{r}) = \frac{1}{4\pi\varepsilon_0} \int_V \frac{\rho(\vec{r}')\mathrm{d}V'}{|\vec{r} - \vec{r}'|} \tag{2-40}$$

对于面分布电荷,其电位可由面积分计算得

$$\varphi(\vec{r}) = \frac{1}{4\pi\varepsilon_0} \int_S \frac{\rho(\vec{r}')\mathrm{d}S'}{|\vec{r} - \vec{r}'|} \tag{2-41}$$

对于线分布电荷,其电位可由线积分计算得

$$\varphi(\vec{r}) = \frac{1}{4\pi\varepsilon_0} \int_l \frac{\rho(\vec{r}')\mathrm{d}l'}{|\vec{r} - \vec{r}'|} \tag{2-42}$$

【例 2-10】 求均匀电场 $\vec{E}_0$ 的电位。

解 如图 2-17 所示,建立起直角坐标系,其 y 轴指向电场的方向,则均匀电场在此坐标系中可表示为 $\vec{E}_0 = E_0 \vec{e}_y$。选取坐标系原点 O 为电位参考点,令 $\varphi(\vec{r}_O) = 0$。

根据式(2-35),在空间位置矢量 $\vec{r} = x\vec{e}_x + y\vec{e}_y + z\vec{e}_z$ 的场点 P 处的电位为

$$\begin{aligned}
\varphi(P) &= \varphi(P) - \varphi(O) = \int_P^O \vec{E} \cdot \mathrm{d}\vec{l} \\
&= \int_P^O E_0 \vec{e}_y \cdot (\mathrm{d}x\vec{e}_x + \mathrm{d}y\vec{e}_y + \mathrm{d}z\vec{e}_z) \\
&= \int_P^O E_0 \mathrm{d}y = E_0 \int_P^O \mathrm{d}y = E_0(y_O - y) \\
&= -E_0 y = -\vec{E}_0 \cdot \vec{r}
\end{aligned}$$

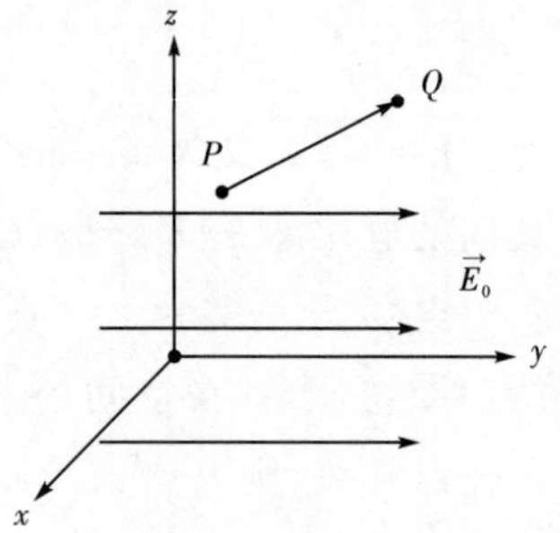

图 2-17 均匀电场

【例 2-11】 计算电偶极子的远场电位。

解 如图 2-18 所示建立起坐标系,电偶极矩矢量 $\vec{p} = p\vec{e}_z = q\mathrm{d}\vec{e}_z$,电偶极子的电位由正、负电荷的电位叠加得到,在场点 $\vec{r} = x\vec{e}_x + y\vec{e}_y + z\vec{e}_z$ 处,正电荷的远场电位为

$$\varphi_+ = \frac{1}{4\pi\varepsilon_0}\frac{q}{\sqrt{x^2+y^2+(z-l/2)^2}}$$

$$= \frac{1}{4\pi\varepsilon_0}\frac{q}{\sqrt{x^2+y^2+z^2-lz+l^2/4}}$$

$$\approx \frac{1}{4\pi\varepsilon_0}\frac{q}{\sqrt{r^2-lz}} = \frac{q}{4\pi\varepsilon_0}(r^2-lz)^{-1/2}$$

$$= \frac{q}{4\pi\varepsilon_0 r}\left(1-\frac{lz}{r^2}\right)^{-1/2} \approx \frac{q}{4\pi\varepsilon_0 r}\left(1+\frac{lz}{2r^2}\right)$$

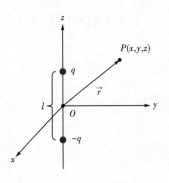

图 2-18 电偶极子的远场电位

类似地,可求得负电荷的远场电位

$$\varphi_- = -\frac{1}{4\pi\varepsilon_0}\frac{q}{\sqrt{x^2+y^2+(z+l/2)^2}} \approx -\frac{q}{4\pi\varepsilon_0 r}\left(1-\frac{lz}{2r^2}\right)$$

所以电偶极子的远场电位

$$\varphi = \varphi_+ + \varphi_- = \frac{qlz}{4\pi\varepsilon_0 r^3} = \frac{\vec{p}\cdot\vec{r}}{4\pi\varepsilon_0 r^3}$$

电偶极子的远场电场可由式(2-33)求得

$$\vec{E} = -\nabla\varphi = \frac{1}{4\pi\varepsilon_0 r^3}\left(\frac{3\vec{r}\cdot\vec{p}}{r^2}\vec{r}-\vec{p}\right)$$

与例 2-3 得到的结果一致。

【例 2-12】 计算均匀带电圆环的电位。

解 设均匀带电圆环的电荷线密度为 η,半径为 a。如图 2-19 所示建立起直角坐标系,原点位于圆环中心,z 轴垂直于圆环所在平面。根据式(2-42),线分布电荷的电位为

$$\varphi(\vec{r}) = \frac{1}{4\pi\varepsilon_0}\int_l \frac{\rho(\vec{r}')\mathrm{d}l'}{|\vec{r}-\vec{r}'|}$$

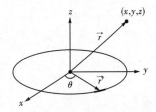

图 2-19 均匀带电圆环

设 θ 为线元与 x 轴的夹角,将

$$\rho(\vec{r}') = \eta$$
$$\vec{r} = x\vec{e}_x + y\vec{e}_y + z\vec{e}_z$$
$$\vec{r}' = x'\vec{e}_x + y'\vec{e}_y + z'\vec{e}_z = a\cos\theta\vec{e}_x + a\sin\theta\vec{e}_y$$
$$\mathrm{d}l' = \sqrt{(\mathrm{d}x')^2+(\mathrm{d}y')^2+(\mathrm{d}z')^2} = \sqrt{(-a\sin\theta\mathrm{d}\theta)^2+(a\cos\theta\mathrm{d}\theta)^2} = a\,\mathrm{d}\theta$$

代入上式,整理得到

$$\varphi(\vec{r}) = \frac{\eta a}{4\pi\varepsilon_0}\int_0^{2\pi}\frac{\mathrm{d}\theta}{\sqrt{(x-a\cos\theta)^2+(y-a\sin\theta)^2+z^2}}$$

上式中的积分是椭圆积分,一般情形下不能写出解析形式,只能用数值方式求解。下面对两种特殊情形进行计算:

(1)场点位于圆环中心轴线上,即场点位置在 $(0,0,z)$ 处,则

$$\varphi(\vec{r}) = \frac{\eta a}{4\pi\varepsilon_0}\int_0^{2\pi}\frac{\mathrm{d}\theta}{\sqrt{a^2+z^2}} = \frac{\eta a}{2\varepsilon_0\sqrt{a^2+z^2}}$$

（2）在远场情形，积分下的被积函数

$$\frac{1}{\sqrt{(x-a\cos\theta)^2+(y-a\sin\theta)^2+z^2}}$$

$$=[r^2-2xa\cos\theta-2ya\sin\theta+a^2]^{-\frac{1}{2}}$$

$$\approx r^{-1}[1-\frac{2xa\cos\theta-2ya\sin\theta}{r^2}]^{-\frac{1}{2}}$$

$$\approx r^{-1}\left(1+\frac{xa\cos\theta+ya\sin\theta}{r^2}\right)$$

$$=\frac{1}{r}+\frac{xa\cos\theta+ya\sin\theta}{r^3}$$

将其代入电位的计算式中，得到

$$\varphi(\vec{r})=\frac{\eta a}{2\varepsilon_0 r}$$

在远场情形，均匀带电圆环的电位可以用位于圆心、带等量电荷的点电荷电位来较精确地等效。

2.5.2 泊松方程 拉普拉斯方程

对于均匀、线性和各向同性的介质，介电常数 ε 是常数。将 $\vec{E}=-\nabla\varphi$ 代入介质中的高斯定理可得

$$\nabla\cdot\vec{D}=\nabla\cdot(\varepsilon\vec{E})=\varepsilon\,\nabla\cdot\vec{E}=\varepsilon\,\nabla\cdot(-\nabla\varphi)=-\varepsilon\,\nabla^2\varphi=\rho$$

其中 ρ 为自由电荷密度，整理上式即有

$$\nabla^2\varphi=-\frac{\rho}{\varepsilon} \tag{2-43}$$

即电位所要满足的泊松方程。若空间无自由电荷分布，即 $\rho=0$，则得到电位的拉普拉斯方程

$$\nabla^2\varphi=0 \tag{2-44}$$

给定一定空间的边界条件，就能通过求解电位的泊松方程或拉普拉斯方程，得到该空间的电位分布。

【例 2-13】 如图 2-20 所示，有两块无限大的金属导体平板，板间充满电荷，其电荷体密度为常数 ρ_0，板间距离为 d，上下极板电位均为 0，求两极板之间的电位和电场。

解 首先建立起直角坐标系，其 x 轴垂直于导体平板，yz 平面与下极板的上表面重合。此问题具有平行于 yz 平面的平移对称性，电位函数不会随坐标 y 和 z 的变化而变化，因此是只与 x 有关的一维函数：$\varphi=\varphi(x)$。两块导体平板之间的电位满足泊松方程，即有

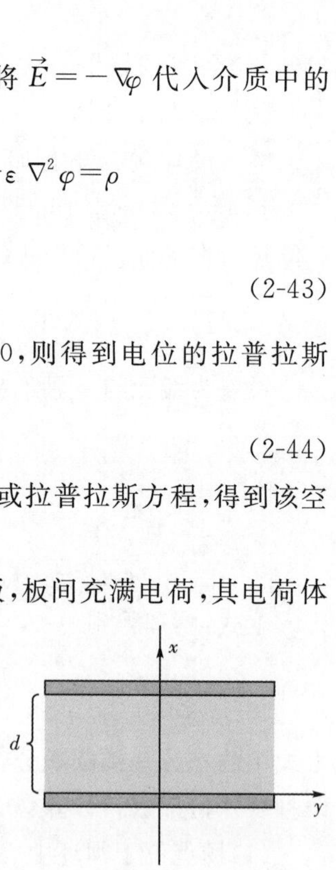

图 2-20 两块无限大金属导体平板

$$\nabla^2\varphi=\frac{\partial^2\varphi}{\partial x^2}+\frac{\partial^2\varphi}{\partial y^2}+\frac{\partial^2\varphi}{\partial z^2}=\frac{\partial^2\varphi}{\partial x^2}=-\frac{\rho_0}{\varepsilon}$$

此方程的通解为

$$\varphi=-\frac{\rho_0}{2\varepsilon}x^2+Cx+D$$

其中 C 和 D 为待定的积分常数。其值需要利用两个边界条件来确定

$$\varphi(x=0)=0=-\frac{\rho_0}{2\varepsilon}\cdot 0^2+C\cdot 0+D$$

$$\varphi(x=d)=0=-\frac{\rho_0}{2\varepsilon}\cdot d^2+C\cdot d+D$$

解得

$$C=\frac{\rho_0 d}{2\varepsilon},D=0$$

因此两极板之间的电位

$$\varphi=-\frac{\rho_0}{2\varepsilon}(x^2-dx)$$

对应的电场

$$\vec{E}=-\nabla\varphi=\frac{\rho_0}{2\varepsilon}(2x-d)\hat{e}_x$$

【例 2-14】　半径为 a 的带电导体球壳,其电位为 U(无穷远处电位为零),试计算空间的电位和电场强度。

　　解　使用球坐标系。由于此问题具有球对称性,电位函数不会随场点方位角坐标 θ 和 φ 的变化而变化,即与方位角无关,是只与 r 有关的一维函数:$\varphi=\varphi(r)$。在导体球壳外的空间无电荷,电位满足拉普拉斯方程,在球坐标系中有

$$\nabla^2\varphi=\frac{1}{r^2}\frac{\partial}{\partial r}\left(r^2\frac{\partial\varphi}{\partial r}\right)+\frac{1}{r^2\sin\theta}\frac{\partial}{\partial\theta}\left(\sin\theta\frac{\partial\varphi}{\partial\theta}\right)+\frac{1}{r^2\sin^2\theta}\frac{\partial^2\varphi}{\partial\varphi^2}$$

$$=\frac{1}{r^2}\frac{\partial}{\partial r}\left(r^2\frac{\partial\varphi}{\partial r}\right)=0$$

此方程的通解为

$$\varphi=-\frac{C}{r}+D$$

其中 C 和 D 为待定的积分常数。其值需要利用两个边界条件来确定

$$\varphi(r=a)=U=-\frac{C}{a}+D$$

$$\varphi(r\to\infty)=0=D$$

解得 $C=-aU,D=0$,所以在球壳外的电位

$$\varphi=\frac{aU}{r}$$

对应的电场

$$\vec{E} = -\nabla\varphi = -\left(\vec{e}_r \frac{\partial\varphi}{\partial r} + \vec{e}_\theta \frac{1}{r}\frac{\partial\varphi}{\partial\theta} + \vec{e}_\varphi \frac{1}{r\sin\theta}\frac{\partial\varphi}{\partial\varphi}\right)$$

$$= -\vec{e}_r \frac{\partial\varphi}{\partial r} = -\vec{e}_r \frac{\partial}{\partial r}\left(\frac{aU}{r}\right) = \vec{e}_r \frac{aU}{r^2}$$

在导体球壳内电位仍然满足拉普拉斯方程,其通解形式与球壳外相同。在球心处, $r \rightarrow 0$,由于有限尺寸的带电体的电位只能是有限值,所以要求 $C=0$;在球壳处, $r=a$,电位等于 U,所以 $D=U$。因此在球壳内有

$$\varphi = U$$

球壳内等电位,电场为 0。

2.6 静电场的边值问题及唯一性定理

由于介质的特性不同,在两种介质的分界面上场量将发生突变,本节讨论静电场在分界面上的变化规律。

2.6.1 边值关系

研究电场边值关系的出发点是静电场基本方程的积分形式即式(2-20)和式(2-21)。如图 2-21 所示,在介质 1 和介质 2 的分界面上,建立起直角坐标系,其 z 轴垂直于分界面, xy 平面与分界面重合。

设在靠近分界面的介质 1 一侧的电位移矢量 $\vec{D}_1 = D_{1x}\vec{e}_x + D_{1y}\vec{e}_y + D_{1z}\vec{e}_z$,介质 2 一侧的电位移矢量 $\vec{D}_2 = D_{2x}\vec{e}_x + D_{2y}\vec{e}_y + D_{2z}\vec{e}_z$。紧靠分界面取一个薄柱体 V,其底面积为小量 ΔS,侧面垂直于分界面。当柱体的厚度无限缩小时,电位移矢量 $\vec{D}$ 在其表面 S 的通量就等于 $\vec{D}$ 在底面 S_1 和顶面 S_2 的通量之和,即

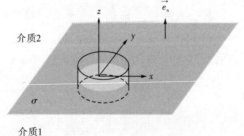

图 2-21　电位移矢量的法向分量跃变

$$\oint_S \vec{D} \cdot d\vec{S} = \int_{S_1} \vec{D} \cdot d\vec{S} + \int_{S_2} \vec{D} \cdot d\vec{S}$$

$$= \int_{S_1} (D_{1x}\vec{e}_x + D_{1y}\vec{e}_y + D_{1z}\vec{e}_z) \cdot dS(-\vec{e}_z) +$$

$$\int_{S_2} (D_{2x}\vec{e}_x + D_{2y}\vec{e}_y + D_{2z}\vec{e}_z) \cdot dS\vec{e}_z$$

$$= -\int_{S_1} D_{1z} dS + \int_{S_2} D_{2z} dS = (D_{2z} - D_{1z})\Delta S$$

设分界面上的自由电荷面密度为 σ,则在 V 内的自由电荷总量就为

$$\int_V \rho \, \mathrm{d}V = Q = \sigma \Delta S$$

根据式(2-29),即有

$$(D_{2z} - D_{1z}) \Delta S = \sigma \Delta S$$

得到

$$D_{2z} - D_{1z} = \sigma$$

写成矢量形式有

$$\vec{e}_n \cdot (\vec{D}_2 - \vec{D}_1) = \sigma \tag{2-45}$$

其中 $\vec{e}_n$ 为从介质 1 指向介质 2 的法向单位矢量。此式即电位移矢量法向分量所要满足的边值关系,它说明在两介质的分界面上电位移矢量的法向分量是不连续的,其跃变大小跟分界面上的自由电荷面密度有关。

下面求电场切向分量所满足的边值关系。设在靠近边界面的介质 1 一侧的电场强度 $\vec{E}_1 = E_{1x}\vec{e}_x + E_{1y}\vec{e}_y + E_{1z}\vec{e}_z$,介质 2 一侧的电场强度 $\vec{E}_2 = E_{2x}\vec{e}_x + E_{2y}\vec{e}_y + E_{2z}\vec{e}_z$。如图 2-22 所示,紧靠分界面取一个狭长矩形回路 l,其长边平行于 x 轴,边长为小量 Δl,短边垂直于分界面。

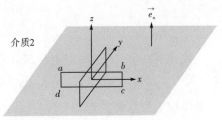

图 2-22　电场强度矢量的切向分量跃变

当短边的边长无限缩小时,电场强度 $\vec{E}$ 在矩形回路的环量就等于 $\vec{E}$ 在上边长(从 a 到 b)和下边长(从 c 到 d)的线积分之和,即

$$
\begin{aligned}
\oint_l \vec{E} \cdot \mathrm{d}\vec{l} &= \int_a^b \vec{E}_1 \cdot \mathrm{d}\vec{l} + \int_c^d \vec{E}_2 \cdot \mathrm{d}\vec{l} \\
&= \int_a^b (E_{2x}\vec{e}_x + E_{2y}\vec{e}_y + E_{2z}\vec{e}_z) \cdot \mathrm{d}l\vec{e}_x + \\
&\quad \int_c^d (E_{1x}\vec{e}_x + E_{1y}\vec{e}_y + E_{1z}\vec{e}_z) \cdot \mathrm{d}l(-\vec{e}_x) \\
&= \int_a^b E_{2x} \, \mathrm{d}l - \int_c^d E_{1x} \, \mathrm{d}l = (E_{2x} - E_{1x})\Delta l
\end{aligned}
$$

根据式(2-21),静电场在任意闭合回路的环量等于 0,即有

$$(E_{2x} - E_{1x}) \Delta l = 0$$

所以

$$E_{2x} - E_{1x} = 0 \tag{2-46}$$

同理,如图 2-22 所示,可取一个长边平行于 y 轴的狭长矩形回路,证得

$$E_{2y} - E_{1y} = 0 \tag{2-47}$$

式(2-46)和式(2-47)可结合写成矢量形式

$$\vec{e}_n \times (\vec{E}_2 - \vec{E}_1) = 0 \tag{2-48}$$

此式即电场强度切向分量所要满足的边值关系,它说明在两介质的分界面上电场强

度的切向分量是连续的。

式(2-45)和式(2-48)即电场在介质分界面上的边值关系。下面介绍电位的边值关系。

设 P_1 和 P_2 是紧贴介质分界面且分列两侧的两点,从 P_1 指向 P_2 的小线元矢量为 $\Delta \vec{l}$,当 P_1 和 P_2 无限贴近分界面时,$\Delta l \to 0$,则根据式(2-34),两点的电位差

$$\varphi_1 - \varphi_2 = \int_{P_1}^{P_2} \vec{E} \cdot \mathrm{d}\vec{l} = \vec{E} \cdot \Delta \vec{l} \to 0$$

所以有

$$\varphi_1 = \varphi_2 \tag{2-49}$$

说明在分界面两侧的电位是连续的。

此外,将 $\vec{D} = \varepsilon \vec{E} = -\varepsilon \nabla \varphi$ 代入式(2-45)中,可导出

$$\varepsilon_2 \frac{\partial \varphi_2}{\partial n} - \varepsilon_1 \frac{\partial \varphi_1}{\partial n} = \sigma \tag{2-50}$$

式(2-49)和式(2-50)即电位在介质分界面上的边值关系。

【例 2-15】 如图 2-23 所示,已知上层介质中电位移矢量为 $\vec{D} = 3\vec{e}_y + (z-2)\vec{e}_z$,在下层介质中电位移矢量为 $\vec{D} = 2\vec{e}_y + \vec{e}_z$,求两介质分界面($z=1$ 平面)上自由电荷密度与极化电荷密度之比。

解 设上层介质为介质 1,下层介质为介质 2,$\vec{e}_n$ 为从介质 1 指向介质 2 的法向单位矢量,有 $\vec{e}_n = -\vec{e}_z$。在两介质的分界面上,有 $\vec{D}_1 = 3\vec{e}_y - \vec{e}_z$,$\vec{D}_2 = 2\vec{e}_y + \vec{e}_z$。代入式(2-45)可得分界面上的自由电荷密度

$$\sigma_f = \vec{e}_n \cdot (\vec{D}_2 - \vec{D}_1) = (-\vec{e}_z) \cdot (-\vec{e}_y + 2\vec{e}_z) = -2$$

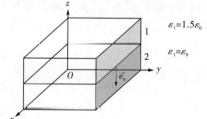

图 2-23　两层介质的分界面

要求得极化电荷密度,需要先求出两介质中的极化强度

$$\vec{P}_1 = \left(1 - \frac{\varepsilon_0}{\varepsilon_1}\right) \vec{D}_1 = \frac{1}{3} \vec{D}_1 = \vec{e}_y - \frac{1}{3}\vec{e}_z$$

$$\vec{P}_2 = \left(1 - \frac{\varepsilon_0}{\varepsilon_2}\right) \vec{D}_2 = 0$$

代入式(2-25)可得分界面上的极化电荷密度

$$\sigma_P = (-\vec{e}_z) \cdot \left(\vec{e}_y - \frac{1}{3}\vec{e}_z\right) = \frac{1}{3}$$

得到自由电荷密度与极化电荷密度之比为

$$\frac{\sigma_f}{\sigma_P} = -6$$

【例 2-16】 如图 2-24 所示,在介质 1 中有 $\varepsilon_1 = 5\varepsilon_0$,$\mu_1 = \mu_0$,$\sigma_1 = 0$;在介质 2 中有 $\varepsilon_1 = \varepsilon_0$,$\mu_1 = \mu_0$,$\sigma_1 = 0$,若已知在介质 2 中的电场强度为 $\vec{E}_2 = 2y\vec{e}_x + 5x\vec{e}_y + (3+z)\vec{e}_z$,求

在介质分界面两侧的电场。

解　分界面位于 $z=0$ 的平面,所以分界面上介质 2 一侧的电场强度为

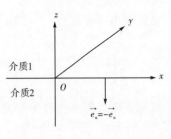

$$\vec{E}_2 = 2y\vec{e}_x + 5x\vec{e}_y + 3\vec{e}_z$$

设分界面上介质 1 一侧的电场强度为

$$\vec{E}_1 = E_{1x}\vec{e}_x + E_{1y}\vec{e}_y + E_{1z}\vec{e}_z$$

两侧的电场要满足两个边值关系,由式(2-48)有

图 2-24　求介质分界面两侧电场

$$\begin{aligned}
\vec{e}_n \times (\vec{E}_2 - \vec{E}_1) &= (-\vec{e}_z) \times [(2y - E_{1x})\vec{e}_x + (5x - E_{1y})\vec{e}_y + (3 - E_{1z})\vec{e}_z] \\
&= -(2y - E_{1x})\vec{e}_y + (5x - E_{1y})\vec{e}_x = 0
\end{aligned}$$

得到 $E_{1x} = 2y$,$E_{1y} = 5x$。

由式(2-45)有

$$\begin{aligned}
\vec{e}_n \cdot (\vec{D}_2 - \vec{D}_1) &= \vec{e}_n \cdot (\varepsilon_2 \vec{E}_2 - \varepsilon_1 \vec{E}_1) \\
&= (-\vec{e}_z) \cdot (\varepsilon_0 \vec{E}_2 - 5\varepsilon_0 \vec{E}_1) = \varepsilon_0(-E_{2z} + 5E_{1z}) \\
&= \varepsilon_0(-3 + 5E_{1z}) = 0
\end{aligned}$$

得到 $E_{1z} = 3/5$。综上有

$$\vec{E}_1 = 2y\vec{e}_x + 5x\vec{e}_y + \frac{3}{5}\vec{e}_z$$

【例 2-17】　如图 2-25 所示,两块无限大接地导体平板分别置于 $x=0$ 和 $x=a$ 处,在两板之间的 $x=b$ 处有一面密度为 σ_0 的均匀电荷分布。求两导体平板之间的电位和电场。

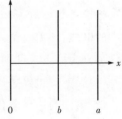

解　如图建立起直角坐标系,其 x 轴垂直于导体板,yz 平面与左侧导体平板重合。由于平移对称性,空间电位函数只与坐标 x 有关。设导体平板之间左、右两侧空间的电位函数分别为 φ_1 和 φ_2,由于导体板之间无电荷分布,所以电位均满足拉普拉斯方程,即

图 2-25　求两导体平板之间的电位和电场

$$\frac{\partial^2 \varphi_1}{\partial x^2} = 0 \quad (0 \leqslant x \leqslant b)$$

$$\frac{\partial^2 \varphi_2}{\partial x^2} = 0 \quad (b \leqslant x \leqslant a)$$

方程的通解为

$$\varphi_1 = C_1 x + D_1$$

$$\varphi_2 = C_2 x + D_2$$

通解中共有四个待定积分常数,需要列出四个条件来确定。首先有两个在接地导体板处的边界条件

$$\varphi(x=0) = 0$$

$$\varphi(x=a) = 0$$

其次在中间面电荷($x=b$)处要满足边值关系

$$\varphi_1(x=b)=\varphi_2(x=b)$$

$$\varepsilon_0\frac{\partial\varphi_2}{\partial x}-\varepsilon_0\frac{\partial\varphi_1}{\partial x}=-\sigma_0$$

综合上述边界条件和边值关系得到四个方程

$$C_1\cdot 0+D_1=0$$

$$C_2\cdot a+D_2=0$$

$$C_1\cdot b+D_1=C_2\cdot b+D_2$$

$$\varepsilon_0 C_1-\varepsilon_0 C_2=\sigma_0$$

解出

$$C_1=-\frac{\sigma_0(b-a)}{\varepsilon_0 a},D_1=0,C_2=-\frac{\sigma_0 b}{\varepsilon_0 a},D_2=\frac{\sigma_0 b}{\varepsilon_0}$$

所以有

$$\varphi_1(x)=\frac{\sigma_0(a-b)}{\varepsilon_0 a}x \quad (0\leqslant x\leqslant b)$$

$$\varphi_2(x)=\frac{\sigma_0 b}{\varepsilon_0 a}(a-x) \quad (b\leqslant x\leqslant a)$$

2.6.2 边界条件

电位函数 φ 在场域 V 内要满足的泊松方程或拉普拉斯方程是偏微分方程,要求解场域中的电位,还需要给出在 V 的分界面 S 上的边界条件。在静电场的求解问题中,边界条件可分为以下三种类型:

(1)第一类边界条件(Dirichlet 边界条件)。在 S 上电位函数 φ 已知。

(2)第二类边界条件(Neumann 边界条件)。在 S 上电位函数 φ 的法向导数$\partial\varphi/\partial n$已知。

(3)第三类边界条件(Robbin 边界条件/混合边界条件)。在 S 上一部分电位函数 φ 已知,另外一部分电位函数 φ 的法向导数$\partial\varphi/\partial n$已知。

2.6.3 唯一性定理

唯一性定理表述为:若在场域 V 的分界面 S 上给出上述三类边界条件的任意一个,则电位函数 φ 在场域 V 内所满足的泊松方程或拉普拉斯方程具有唯一解。

唯一性定理是静电场边值问题的一个重要定理,它给出了在一定场域内的电位场是否唯一的判据。要求解某一个场域 V 内的静电场分布,如果可以通过某种方法找到一个场函数 φ,此函数在 V 内满足相应的场方程(泊松方程或拉普拉斯方程),在 V 的分界面 S 上满足给定的边界条件,根据唯一性定理,φ 就是 V 内电位函数的唯一正确解,场域内的电场 $\vec{E}=-\nabla\varphi$。唯一性定理是下面两节所要介绍的分离变量法和镜像法的理论依据。

2.7　分离变量法

分离变量法是求解静电场边值问题的一种经典方法,其基本思想是:设待求位函数可以写成几个未知函数的乘积的形式,其中的每一个未知函数都只是与一个坐标变量有关的一元函数,将此形式代入场方程中,把原来的偏微分方程分解成几个常微分方程,求解这几个常微分方程得到每个一元未知函数的通解,进而可写出待求位函数的通解形式,通过边界条件可确定出此通解形式中的待定常数,从而得到满足边界条件的特解。此特解既在场域内满足场方程,又在分界面上满足给定的边界条件,因此根据唯一性定理,它就是场域内电位的唯一解。

分离变量法适用于分界面与某一正交坐标系坐标面相重合的情形。根据分界面的形状,可选择在相应的正交坐标系中求解边值问题。例如对于平面分界面,可在直角坐标系中求解;对于球面分界面,可在球坐标系中求解;对于圆柱面分界面,可在圆柱坐标系中求解;等等。下面通过两个例子来分别说明在直角坐标系和球坐标系中使用分离变量法得到特解的具体步骤。

【例 2-18】 求如图 2-26 所示横截面为矩形的无限长金属接地导体槽内的电位函数。上部有电位为 U_0 的金属盖板,导体槽的侧壁与盖板间有非常小的绝缘间隙。

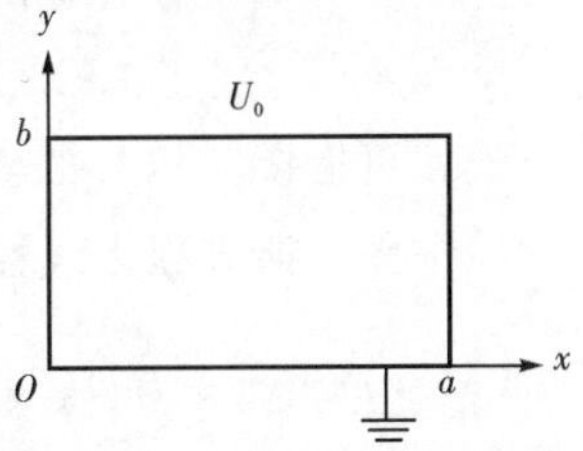

解　如图建立起直角坐标系,其 z 轴垂直于导体槽横截面。由于沿 z 轴方向的平移对称性,导体槽内的电位函数 φ 应与坐标 z 无关,即有 $\varphi = \varphi(x, y)$。在导体槽内的空间 φ 满足拉普拉斯方程

图 2-26　无限长金属接地导体槽

$$\nabla^2 \varphi = \frac{\partial^2 \varphi}{\partial x^2} + \frac{\partial^2 \varphi}{\partial y^2} = 0$$

利用分离变量法,可以求得此微分方程的通解。设其解 $\varphi(x, y)$ 可以写成两个一元函数 $X(x)$ 和 $Y(y)$ 的乘积,即

$$\varphi(x, y) = X(x)Y(y)$$

将其代入微分方程中,得到

$$Y \frac{\partial^2 X}{\partial x^2} + X \frac{\partial^2 Y}{\partial y^2} = 0$$

两边同时除以 XY,即有

$$\frac{1}{X} \frac{\partial^2 X}{\partial x^2} + \frac{1}{Y} \frac{\partial^2 Y}{\partial y^2} = 0$$

移项即得

$$\frac{1}{X} \frac{\partial^2 X}{\partial x^2} = -\frac{1}{Y} \frac{\partial^2 Y}{\partial y^2}$$

上式中左边项是只与 x 有关的一元函数,右边项是只与 y 有关的一元函数,两边同时对 x 求导,有

$$\frac{\mathrm{d}}{\mathrm{d}x}\left(\frac{1}{X}\frac{\mathrm{d}^2 X}{\mathrm{d}x^2}\right)=\frac{\mathrm{d}}{\mathrm{d}x}\left(-\frac{1}{Y}\frac{\mathrm{d}^2 Y}{\mathrm{d}y^2}\right)=0$$

对于一个一元函数,若其导数为零,则它本身须为常数,为后续表述方便,设这个常数为 $-k^2$,即有

$$\frac{1}{X}\frac{\mathrm{d}^2 X}{\mathrm{d}x^2}=-\frac{1}{Y}\frac{\mathrm{d}^2 Y}{\mathrm{d}y^2}=-k^2$$

因此,经过变量分离后,二维偏微分方程被简化为两个一维常微分方程

$$\frac{\mathrm{d}^2 X}{\mathrm{d}x^2}+k^2 X=0,\ \frac{\mathrm{d}^2 Y}{\mathrm{d}y^2}-k^2 Y=0$$

在 $k=0$ 时,两个常微分方程的解分别为

$$X(x)=A_0 x+B_0,\ Y(y)=C_0 y+D_0$$

对应有二维偏微分方程的一个特解

$$\varphi(x,y)=X(x)Y(y)=(A_0 x+B_0)(C_0 y+D_0)$$

在 $k\neq 0$ 时,两个常微分方程的解分别为

$$X(x)=A\sin(kx)+B\cos(kx),\ Y(y)=C\sinh(ky)+D\cosh(ky)$$

对应有偏微分方程的特解

$$\varphi(x,y)=X(x)Y(y)=(A\sin(kx)+B\cos(kx))(C\sinh(ky)+D\cosh(ky))$$

由于 k 可取除 0 以外的任意值,因此上述特解可以有无穷多个。

拉普拉斯方程为线性偏微分方程,其通解为所有特解的线性组合,可以写成

$$\varphi(x,y)=(A_0 x+B_0)(C_0 y+D_0)+\sum_{n=1}^{\infty}(A_n\sin k_n x+B_n\cos k_n x)(C_n\sinh k_n y+D_n\cosh k_n y)$$

式中待定常数 $A_n,B_n,C_n,D_n(n=0,1,2,3,\cdots)$ 以及分离常数 $k_n(n=1,2,3,\cdots)$ 要由给定的边界条件来确定。

本问题中,在导体槽的四个壁上满足边界条件

$$\varphi(0,y)=0\quad(0\leqslant y\leqslant b)$$
$$\varphi(a,y)=0\quad(0\leqslant y\leqslant b)$$
$$\varphi(x,0)=0\quad(0\leqslant x\leqslant a)$$
$$\varphi(x,b)=U_0\quad(0\leqslant x\leqslant a)$$

将通解代入第一个边界条件中,有

$$\varphi(0,y)=B_0(C_0 y+D_0)+\sum_{n=1}^{\infty}B_n(C_n\sinh k_n y+D_n\cosh k_n y)=0$$

要使上式对 y 在 $0\sim b$ 范围取任意值的时候都成立,就需要有 $B_n=0(n=0,1,2,\cdots)$,代入通解中,其形式化简为

$$\varphi(x,y)=A_0 x(C_0 y+D_0)+\sum_{n=1}^{\infty}A_n\sin k_n x(C_n\sinh k_n y+D_n\cosh k_n y)$$

将第二个边界条件代入上式,即有

$$\varphi(a,y)=A_0 a(C_0 y+D_0)+\sum_{n=1}^{\infty} A_n \sin k_n a(C_n \sinh k_n y+D_n \cosh k_n y)=0$$

要使上式恒成立,就需要有 $A_0=0$ 和 $k_n=n\pi/a(n=1,2,\cdots)$,代入通解中,其形式进一步化简为

$$\varphi(x,y)=\sum_{n=1}^{\infty} A_n \sin \frac{n\pi x}{a}\left(C_n \sinh \frac{n\pi y}{a}+D_n \cosh \frac{n\pi y}{a}\right)$$

将第三个边界条件代入上式,有

$$\varphi(x,0)=\sum_{n=1}^{\infty} A_n D_n \sin \frac{n\pi x}{a}=0$$

要使上式恒成立,就应有 $D_n=0(n=1,2,\cdots)$ 成立,代入通解中,其形式化简为

$$\varphi(x,y)=\sum_{n=1}^{\infty} A_n C_n \sin \frac{n\pi x}{a}\sinh \frac{n\pi y}{a}$$

将最后一个边界条件代入上式,有

$$\varphi(x,b)=\sum_{n=1}^{\infty} A_n C_n \sin \frac{n\pi x}{a}\sinh \frac{n\pi b}{a}=U_0$$

为确定待定常数 $A_n C_n$,需将 U_0 在区间 $(0,a)$ 上按 $\{\sin(n\pi x/a)\}$ 展开为傅立叶级数

$$U_0=\sum_{n=1,3,\cdots}^{\infty} \frac{4U_0}{n\pi} \sin \frac{n\pi x}{a}$$

对比系数就可得到

$$A_n C_n=\begin{cases} \dfrac{4U_0}{n\pi \sinh \dfrac{n\pi b}{a}} & (n=1,3,5,\cdots) \\ 0 & (n=2,4,6,\cdots) \end{cases}$$

将 $A_n C_n$ 代入通解中,得到所要求的电位函数

$$\varphi(x,y)=\frac{4U_0}{\pi}\sum_{n=1,3,\cdots}^{\infty} \frac{1}{n\sinh \dfrac{n\pi b}{a}} \sin \frac{n\pi x}{a}\sinh \frac{n\pi y}{a}$$

【例 2-19】 如图 2-27 所示,介电常数为 ε 的介质球置于均匀外在电场 $\vec{E}_0$ 中,求空间的电位函数。

解 对具有球面边界的边值问题,使用球坐标系 (r,θ,φ) 来求解较为方便。本问题具有轴对称性,电位函数 φ 与方位角坐标 φ 无关,即有 $\varphi=\varphi(r,\theta)$。在空间中没有自由电荷分布,电位函数满足拉普拉斯方程

$$\nabla^2\varphi=\frac{1}{r^2}\frac{\partial}{\partial r}\left(r^2\frac{\partial\varphi}{\partial r}\right)+\frac{1}{r^2\sin\theta}\frac{\partial}{\partial\theta}\left(\sin\theta\frac{\partial\varphi}{\partial\theta}\right)=0 \quad (2\text{-}51)$$

根据分离变量法的基本思想,把待求的电位函数 $\varphi(r,\theta)$

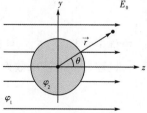

图 2-27 放置于均匀外在电场中的介质球

表示为两个一元函数 $R(r)$ 和 $T(\theta)$ 的乘积,即

$$\varphi(r,\theta)=R(r)T(\theta)$$

代入微分方程中,整理得到

$$\frac{T}{r^2}\frac{\partial}{\partial r}\left(r^2\frac{\partial R}{\partial r}\right)+\frac{R}{r^2}\frac{1}{\sin\theta}\frac{\partial}{\partial\theta}\left(\sin\theta\frac{\partial T}{\partial\theta}\right)=0$$

两边同时除以 TR/r^2,移项即得

$$\frac{1}{R}\frac{\partial}{\partial r}\left(r^2\frac{\partial R}{\partial r}\right)=-\frac{1}{T}\frac{1}{\sin\theta}\frac{\partial}{\partial\theta}\left(\sin\theta\frac{\partial T}{\partial\theta}\right)$$

上式中左边项是只与 r 有关的一元函数,右边项是只与 θ 有关的一元函数,要使左右两边恒等,就只能等于同一个常数,设这个常数为 k^2,即有

$$\frac{1}{R}\frac{\partial}{\partial r}\left(r^2\frac{\partial R}{\partial r}\right)=-\frac{1}{T}\frac{1}{\sin\theta}\frac{\partial}{\partial\theta}\left(\sin\theta\frac{\partial T}{\partial\theta}\right)=k^2$$

这样,原来的拉普拉斯方程就分离成两个常微分方程

$$\frac{\partial}{\partial r}\left(r^2\frac{\partial R}{\partial r}\right)-k^2R=0 \tag{2-52}$$

$$\frac{1}{\sin\theta}\frac{\partial}{\partial\theta}\left(\sin\theta\frac{\partial T}{\partial\theta}\right)+k^2T=0 \tag{2-53}$$

式(2-53)称为勒让德方程,若取 $k^2=n(n+1)(n=0,1,2,\cdots)$,则此方程的解为

$$T(\theta)=A_nP_n(\cos\theta)+B_nQ_n(\cos\theta)$$

其中 $P_n(\cos\theta)$ 称为第一类勒让德函数,$Q_n(\cos\theta)$ 称为第二类勒让德函数。由于 $Q_n(\cos\theta)$ 这项在 $\theta=0$ 和 π 时是发散的,在此问题中要舍弃掉,即有

$$T(\theta)=A_nP_n(\cos\theta)$$

式(2-52)的解为

$$R(r)=a_nr^n+\frac{b_n}{r^{n+1}}$$

于是得到式(2-51)的特解为

$$\varphi(r,\theta)=\left(a_nr^n+\frac{b_n}{r^{n+1}}\right)P_n(\cos\theta)$$

其通解为当 n 取遍可能数值时所有特解的线性组合,可以写成

$$\varphi(r,\theta)=\sum_{n=0}^{\infty}\left(a_nr^n+\frac{b_n}{r^{n+1}}\right)P_n(\cos\theta)$$

式中待定常数 $a_n,b_n(n=0,1,2,3,\cdots)$ 要由给定的边值关系和边界条件来确定。

设球外的电位函数为 φ_1,则其通解形式为

$$\varphi_1(r,\theta)=\sum_{n=0}^{\infty}\left(a_nr^n+\frac{b_n}{r^{n+1}}\right)P_n(\cos\theta) \tag{2-54}$$

球内的电位函数为 φ_2,其通解形式为

$$\varphi_2(r,\theta)=\sum_{n=0}^{\infty}\left(c_nr^n+\frac{d_n}{r^{n+1}}\right)P_n(\cos\theta) \tag{2-55}$$

取原点为参考点,其电位为 0。根据例 2-10,在图中所取直角坐标系中,对于位置矢量为 $\vec{r}$ 的场点,均匀电场 $\vec{E}_0$ 的电位函数 $\varphi_0 = -\vec{E}_0 \cdot \vec{r}$。

在 $r \to 0$ 时,球内的电位 $\varphi_2 \to 0$,根据式(2-55),就要求 $d_n = 0$,因此 φ_2 的通解形式就化简为

$$\varphi_2(r,\theta) = \sum_{n=0}^{\infty} c_n r^n P_n(\cos\theta)$$

在 $r \to \infty$ 时,介质球上极化电荷对电场的影响基本可忽略,球外的电位 φ_1 要趋向于均匀电场的电位 φ_0,将 φ_0 写成第一类勒让德函数的形式

$$-\vec{E}_0 \cdot \vec{r} = -E_0 z = -E_0 r\cos\theta = -E_0 r P_1(\cos\theta)$$

与 φ_1 的通解形式式(2-54)系数进行比较,得到

$$a_1 = -E_0, a_n = 0 \quad (n \neq 1)$$

因此 φ_1 的通解形式就化简为

$$\varphi_1(r,\theta) = -E_0 r P_1(\cos\theta) + \sum_{n=0}^{\infty} \frac{b_n}{r^{n+1}} P_n(\cos\theta)$$

在介质球表面,即 $r = r_0$ 处,根据式(2-49)和式(2-50),电位函数要满足两个边值关系

$$\varphi_1 = \varphi_2$$

$$\varepsilon_0 \frac{\partial \varphi_1}{\partial r} = \varepsilon \frac{\partial \varphi_2}{\partial r}$$

将 φ_1 和 φ_2 的通解形式式(2-54)和式(2-55)代入上式,即有

$$-E_0 r_0 P_1(\cos\theta) + \sum_{n=0}^{\infty} \frac{b_n}{r_0^{n+1}} P_n(\cos\theta) = \sum_{n=0}^{\infty} c_n r_0^n P_n(\cos\theta)$$

$$-E_0 P_1(\cos\theta) - \sum_{n=0}^{\infty} \frac{(n+1)b_n}{r_0^{n+2}} P_n(\cos\theta) = \frac{\varepsilon}{\varepsilon_0} \sum_{n=0}^{\infty} n c_n r_0^{n-1} P_n(\cos\theta)$$

对比上面两式中两边 $P_n(\cos\theta)$ 项的系数,可以得到

$$\begin{cases} -E_0 r_0 + \dfrac{b_1}{r_0^2} = c_1 r_0 \\ -E_0 - \dfrac{2b_1}{r_0^3} = \dfrac{\varepsilon}{\varepsilon_0} c_1 \end{cases}$$

以及

$$\begin{cases} \dfrac{b_n}{r_0^{n+1}} = c_n r_0^n \\ \dfrac{(n+1)b_n}{r_0^{n+2}} = \dfrac{\varepsilon}{\varepsilon_0} n c_n r_0^{n-1} \end{cases} \quad (n \neq 1)$$

从上面两组方程可解出

$$b_1 = \frac{\varepsilon - \varepsilon_0}{\varepsilon + 2\varepsilon_0} E_0 r_0^3$$

$$c_1 = -\frac{3\varepsilon_0}{\varepsilon + 2\varepsilon_0} E_0$$

$$b_n = c_n = 0 \quad (n \neq 1)$$

将其代入 φ_1 和 φ_2 的通解形式中即得到要求的电位函数

$$\varphi_1(r,\theta) = -E_0 r\cos\theta + \frac{\varepsilon - \varepsilon_0}{\varepsilon + 2\varepsilon_0} \frac{E_0 r_0^3 \cos\theta}{r^2}$$

$$\varphi_2(r,\theta) = -\frac{3\varepsilon_0}{\varepsilon + 2\varepsilon_0} E_0 r\cos\theta$$

2.8 镜像法

　　镜像法是求解静电场边值问题的一种特殊方法,适用于要求解的场域内电荷分布已知,场域的分界面上边界条件已给定的情形,其基本思想是:在场域外的适当位置放置一些虚设电荷,如果虚设电荷和场域内的实际电荷的合电位场在分界面上满足原问题所给定的边界条件,则根据唯一性定理,此电位场就是原问题在场域内的唯一解。下面举两个例子来说明镜像法的应用。

　　【例 2-20】　如图 2-28 所示,接地无限大平面导体板附近有一点电荷 Q,求空间中的电场。

　　解　接地平面导体板附近的点电荷将在板上产生感应电荷。以正点电荷为例,在其电场的作用下,导体板上的负电荷将往靠近点电荷的位置聚集。由于感应电荷在板上的分布情况未知,因此就不能用式(2-16)来计算其在空间中产生的电场强度。在上半空间除点电荷 Q 所在点 $(0,0,a)$ 以外的区

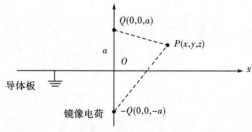

图 2-28　接地无限大平面导体板

域 V 内电位函数 φ 满足拉普拉斯方程 $\nabla^2\varphi = 0$,由于导体平板接地,所以在分界面 $z = 0$ 上有 $\varphi = 0$。如果能找到一特定的电荷分布,其电位函数 φ' 在区域 V 内同样满足拉普拉斯方程,且在 $z = 0$ 平面上有 $\varphi' = 0$,则根据唯一性定理,就有 $\varphi = \varphi'$。根据镜像法的基本思想,以导体板平面为"镜面",在点电荷 Q 的镜像位置 $(0,0,-a)$ 放置一个等量异号的镜像电荷 $-Q$,在区域 V 内点电荷 Q 和镜像电荷 $-Q$ 的电位函数就等于它们各自的电位之和,即有

$$\varphi' = \frac{Q}{4\pi\varepsilon_0 r_Q} + \frac{-Q}{4\pi\varepsilon_0 r_{-Q}} = \frac{Q}{4\pi\varepsilon_0 \sqrt{x^2 + y^2 + (z-a)^2}} - \frac{Q}{4\pi\varepsilon_0 \sqrt{x^2 + y^2 + (z+a)^2}}$$

显然,φ' 在区域 V 内满足拉普拉斯方程,而且在 $z = 0$ 平面上有 $\varphi' = 0$。所以,在原问题中区域 V 内由点电荷 Q 和板上感应电荷产生的电位 φ 就等于点电荷 Q 和其镜像电荷 $-Q$

产生的电位 φ'，由于 φ' 已由上式求出，则得到 $\varphi=\varphi'$。

在导体板上的电荷密度分布可由式(2-45)求得

$$\sigma=\vec{e}_n \cdot (\vec{D}_2-\vec{D}_1)=\vec{e}_z \cdot \vec{D}_2=\vec{e}_z \cdot \varepsilon_0 \vec{E}_2=\vec{e}_z \cdot \varepsilon_0(-\nabla\varphi)$$

$$=-\varepsilon_0 \left.\frac{\partial\varphi}{\partial z}\right|_{z=0}=-\frac{Qa}{2\pi(x^2+y^2+a^2)^{3/2}}=-\frac{Qa}{2\pi(\rho^2+a^2)^{3/2}}$$

式中 $\rho=\sqrt{x^2+y^2}$ 为导体板上的点到原点 O 的距离。可以看到,在导体板上在原点 O 即离点电荷 Q 最近的位置感应电荷密度绝对值 $|\sigma|$ 取到最大,离 O 越远 $|\sigma|$ 越小,在无穷远处趋于 0。导体板上总的感应电荷量为

$$Q_{\text{in}}=\int_S \sigma \mathrm{d}S=\int_0^{2\pi}\int_0^{\infty}\left[-\frac{Qa}{2\pi(\rho^2+a^2)^{3/2}}\right]\rho \,\mathrm{d}\rho \,\mathrm{d}\varphi=-Q$$

总感应电荷量刚好与镜像电荷相等。

【例 2-21】 如图 2-29 所示,真空中有一半径为 R_0 的接地导体球,距球心为 $a(a>R_0)$ 处有一电荷 Q,求空间的电位。

解 接地导体球附近的点电荷将在球上产生感应电荷。以正点电荷为例,在其电场的作用下,导体球上的负电荷将往靠近点电荷的位置聚集。在球外空间除点电荷 Q 所在点以外的场域 V 内,电位函数 φ 满足拉普拉斯方程 $\nabla^2\varphi=0$,由于导体球接地,所以在分界面 $r=R_0$ 上有 $\varphi=0$。

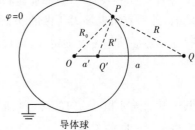

图 2-29 接地导体球

根据镜像法的基本思想,如果在球内空间放置镜像电荷 Q',Q' 和 Q 的合电位 φ' 在分界面 $r=R_0$ 上满足 $\varphi'=0$ 的条件,则在要求解的球外场域 V 内,就有 $\varphi=\varphi'$。根据对称性,Q' 应该位于球心 O 和点电荷 Q 的连线 OQ 上,设 Q' 到球心的距离为 a',在分界面上的点 P 处的电位等于 Q' 和 Q 在此处的电位之和

$$\varphi_P=\frac{Q}{4\pi\varepsilon_0 R}+\frac{Q'}{4\pi\varepsilon_0 R'}=0$$

此式说明,不论 P 在球面的何处,它到 Q' 的距离 R' 与球面半径 R 之比为

$$\frac{R'}{R}=-\frac{Q'}{Q}$$

是一个常数。这一几何条件只有在图中三角形 $\triangle OQ'P$ 与 $\triangle OPQ$ 相似时才恒成立,由此可得

$$\frac{R'}{R}=\frac{R_0}{a}=\frac{a'}{R_0}=-\frac{Q'}{Q}$$

由此条件可求出镜像电荷

$$Q'=-\frac{R_0}{a}Q$$

它到球心的距离

$$a' = \frac{R_0^2}{a}$$

在球外空间场点 (r, θ, φ) 的电位就等于

$$\varphi = \frac{Q}{4\pi\varepsilon_0 R} + \frac{Q'}{4\pi\varepsilon_0 R'}$$

$$= \frac{Q}{4\pi\varepsilon_0 \sqrt{r^2 + a^2 - 2ra\cos\theta}} - \frac{R_0 Q/a}{4\pi\varepsilon_0 \sqrt{r^2 + (R_0^2/a)^2 - 2r(R_0^2/a)\cos\theta}}$$

2.9 静电场的能量

静电场具有能量。将静止点电荷放置到静电场中,在电场力的作用下,点电荷将沿着电场的方向运动,静电场的能量转化成点电荷的动能。静电场的能量来源于建立电荷系统时,外力克服电场力所做的功。能量储存在静电场之中,有电场存在的地方就有能量的存在。仿照质量密度的定义,可以定义电场能量密度为单位体积内的电场能量,即有

$$w_E = \frac{W_E}{\Delta V} \tag{2-56}$$

其中 W_E 为体积 ΔV 内的总电场能量。下面根据一个特例来探讨电场强度 $\vec{E}$ 和电场能量密度 w_E 之间的关系。

如图 2-30 所示,平行电容板面积为 S,上下板分别带有 $+Q$ 和 $-Q$ 的电荷,板间距离为 d,现将两板间距离增加 Δd,则外力所做的功可以直接用力乘以位移来计算。

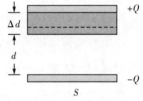

图 2-30 平行电容板

设上极板在外力 $\vec{F}$ 的作用下缓慢向上移动了 Δd 的距离,由于上极板受到下极板向下的电场力,因此外力将克服电场力做功,且其大小要等于电场力的大小。根据例 2-7,已知下极板在空间产生的电场强度大小为

$$E' = \frac{\sigma}{2\varepsilon_0} = \frac{Q}{2\varepsilon_0 S}$$

则上极板所受下极板的电场力大小等于

$$F = QE' = \frac{Q^2}{2\varepsilon_0 S}$$

使两板间距离增加 Δd 时外力做的功就为

$$W = F\Delta d = \frac{Q^2 \Delta d}{2\varepsilon_0 S}$$

根据能量守恒定律,外力所做的功将转化成在电容板间增加的电场能量,这些能量将储存在电容板间增加的电场中。当板间距离增加 Δd 时,板间电场体积增加 $\Delta V = S\Delta d$,根据式(2-56),可求得其中的电场能量密度

$$w_E = \frac{W_E}{\Delta V} = \frac{W}{\Delta V} = \frac{Q^2}{2\varepsilon_0 S^2} = \frac{1}{2}\varepsilon_0\left(\frac{Q}{\varepsilon_0 S}\right)^2 = \frac{1}{2}\varepsilon_0 E^2 = \frac{1}{2}\vec{D}\cdot\vec{E}$$

其中 $\vec{E}=2\vec{E}'$ 为两极板间的电场强度，$\vec{D}=\varepsilon_0\vec{E}$ 为电位移矢量。上式表明电场能量密度与电场强度大小的平方成正比，电场能量储存在电场不为零的空间中。

在一般情况下，若介质中电位移矢量为 $\vec{D}$，电场强度为 $\vec{E}$，则电场能量密度等于

$$w_E = \frac{1}{2}\vec{D}\cdot\vec{E} \tag{2-57}$$

对于线性和各向同性介质，$\vec{D}=\varepsilon\vec{E}$，上式可以写成

$$w_E = \frac{1}{2}\varepsilon E^2 \tag{2-58}$$

分布在一定体积 V 内的总电场能量为

$$W_E = \int_V \frac{1}{2}\vec{D}\cdot\vec{E}\,\mathrm{d}V \tag{2-59}$$

【例 2-22】 已知平行电容板面积为 S，板间充满介电常数为 ε 的介质，板间距离为 d，原来两板之间的电压为 U，现将电压升至 $2U$，求电容板电场能量的增量。

解 板间电压为 U 时，板间的电场强度大小为

$$E = \frac{U}{d}$$

板间总的电场能量

$$W = wV = \frac{1}{2}\varepsilon\left(\frac{U}{d}\right)^2(Sd) = \frac{1}{2}\frac{\varepsilon U^2 S}{d}$$

同理可求得当电压升至 $2U$ 时，板间的电场能量等于

$$W' = \frac{1}{2}\varepsilon\left(\frac{2U}{d}\right)^2(Sd) = \frac{2\varepsilon U^2 S}{d}$$

电场能量的增量为

$$\Delta W = W' - W = \frac{3\varepsilon U^2 S}{2d}$$

增加的电场能量来源于外电源克服电场力将电荷搬运到电容板上所做的功。

习题 2

2-1 已知一带电细杆，杆长为 l，其线电荷密度 $\lambda=cx$，其中 c 为常数，求杆上的总电荷量。

2-2 已知半径为 a 的带电球体的电荷密度为 $\rho=\rho_0 r/a$，求球体内的总电荷量。

2-3 在一条直线上等距分布有四个点电荷，它们是否能处于静止平衡状态？如果能，它们的带电荷量应该满足什么条件？

2-4 如图题 2-4 所示，真空中有一边长为 1 的正六边形，六个顶点都放有点电荷，求

六边形中心 O 处的场强大小。

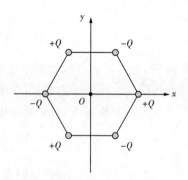

图题 2-4

2-5 一半径为 R 的带电球体,其电荷体密度分布为

$$\rho = \begin{cases} Ar & (r \leqslant R) \\ 0 & (r > R) \end{cases}$$

其中 A 为一常量。试求球体内外的场强分布。

2-6 已知真空中的静电场的表达式为 $\vec{E} = (-y + az)\hat{e}_x + (2z + bx)\hat{e}_y + (x + cy)\hat{e}_z$,求在点 $P(2,3,1)$ 处的电荷密度。

2-7 边长为 a 的立方盒子的六个面,分别平行于 xy、yz 和 xz 平面。盒子的一角在坐标原点处。在此区域有一静电场,场强为 $\vec{E} = b\hat{e}_x + c\hat{e}_y$。试求穿过各面的电通量。

2-8 已知电场强度 $\vec{E} = bx^2 \hat{e}_x$,求图题 2-8 中立方体内的总电荷。

2-9 如图题 2-9 所示,在平行电容板中充满绝对介电常数分别为 $2\varepsilon_0$ 和 $1.5\varepsilon_0$ 的上下两层均匀介质,已知金属板上的自由电荷面密度为 σ,求两层介质分界面上的极化电荷面密度 σ_P。

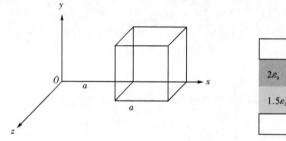

图题 2-8

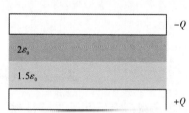

图题 2-9

2-10 有一内外半径分别为 r_1 和 r_2 的空心介质球壳,介质的介电常数为 ε,使介质内均匀带静止自由电荷 ρ_f,求(1)空间各点的电场;(2)体极化电荷和面极化电荷分布。

2-11 已知在空间中静电场强度为 $\vec{E} = (y + 2z)\hat{e}_x + (ax + bz)\hat{e}_y + 2(x + y)\hat{e}_z$。选原点 O 为电位零点,求图题 2-11 中 P 点的电位。

2-12 求半径为 a 的均匀带电圆盘的电位。

2-13 如图题 2-13 所示有两块无限大金属导体平板,板间充满电荷,其电荷体密度为 $\rho = \rho_0 x/d$,其中 ρ_0 为常数,板间距离为 d,上下极板电位均为 0,求两极板之间的电位分布。

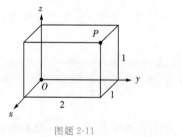

图题 2-11

图题 2-13

2-14　有一内外半径分别为 a 和 b 的空心导体球壳,内球壳电位为 0,外球壳电位为 U,求球壳之间的电位。

2-15　如图题 2-15 所示,证明当两种绝缘介质的分界面上不带自由电荷时,分界面两侧的电场满足折射关系: $\tan\theta_2 / \tan\theta_1 = \varepsilon_2 / \varepsilon_1$。

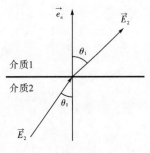

图题 2-15

2-16　两块无限大接地导体平板分别置于 $x = 0$ 和 $x = a$ 处,在两板之间的 $x = b$ 处有一块电位为 U 的导体平板,求中间导体平板上的电荷面密度 σ_0。

2-17　在均匀外电场中置入半径为 a 的导体球,保持导体球的电位为 0,试用分离变量法求空间的电位分布。

2-18　如图题 2-18 所示,沿 y 轴方向的无限长均匀带电导线 l 位于无限大接地导体平面上方,相距为 h,电荷线密度为 η,求空间的电位。

2-19　如图题 2-19 所示,有一点电荷 Q 放置于相交成直角的两个接地半无限大导体平板前,求空间的电位。

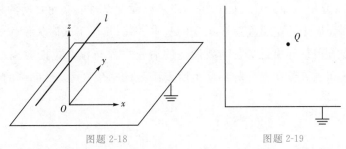

图题 2-18　　　　　图题 2-19

2-20　求半径为 a、带电量为 q 的导体球的静电场能量。

第3章

恒定磁场

本章讨论恒定电流所产生的恒定磁场的性质。首先引入电流密度矢量来描述电流在空间的分布；其次介绍电流元在空间产生的磁感应强度以及电流元之间的相互作用；接着讨论在真空中和介质中恒定磁场所要满足的基本方程；然后引入磁矢位作为辅助物理量，从恒定磁场基本方程推导出磁矢位所要满足的泊松方程与拉普拉斯方程；最后几节依次介绍了恒定磁场和磁矢位在介质分界面上所要满足的边值关系、磁标位的概念以及恒定磁场的能量等。

3.1 电流与电流密度

电流周围会产生磁场，电流是磁场的源。本节介绍电流强度和电流密度矢量的概念，并在电荷守恒定律的基础上推导出电流连续性方程。

3.1.1 电流强度及电流密度矢量

电荷在空间定向运动形成电流，通常用电流强度 I 来描述其大小。根据电流在空间的分布情况，可以将它分成体电流、面电流和线电流。

1. 体电流

体电流是分布在一定体积内的电流。设在 Δt 时间内通过空间某一截面 S 的电荷量为 Δq，则通过该截面的电流强度定义为

$$I = \lim_{\Delta t \to 0} \frac{\Delta q}{\Delta t} \tag{3-1}$$

电流强度的单位为安培（A）。电流强度描述了单位时间内穿过某一截面的电荷量，但它不能反映电流在截面上分布的疏密情况。如图 3-1 所示，在一个流有恒定电流的导线中，

单位时间内通过截面 S_1 和截面 S_2 的电荷量相同,所以在两个截面处的电流强度相等,但是平均而言,电流在截面 S_1 处分布较为稀疏,在 S_2 处分布较为密集,为描述电流在空间的这种分布状况,需要引入电流密度矢量。

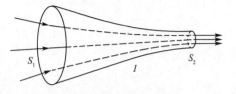

图 3-1　流有恒定电流的导线

如图 3-2 所示,在空间某点,若已知电荷密度为 ρ,电荷运动速度为 $\vec{v}$,在该点的电流密度矢量 $\vec{J}$ 定义为

$$\vec{J} = \rho\vec{v} \tag{3-2}$$

在该点取一个面元矢量 $\mathrm{d}\vec{S} = \mathrm{d}S\hat{e}_n$,在 $\mathrm{d}t$ 时间内流过面元的电荷构成一个柱体,其体积为

$$\mathrm{d}V = \mathrm{d}S \cdot h = \mathrm{d}S \cdot (\vec{v}\mathrm{d}t \cdot \hat{e}_n) = \vec{v} \cdot \mathrm{d}\vec{S}\mathrm{d}t$$

其中 h 为柱体的高。在柱体内的总电荷量为

$$\mathrm{d}q = \rho\mathrm{d}V = \rho\vec{v} \cdot \mathrm{d}\vec{S}\mathrm{d}t$$

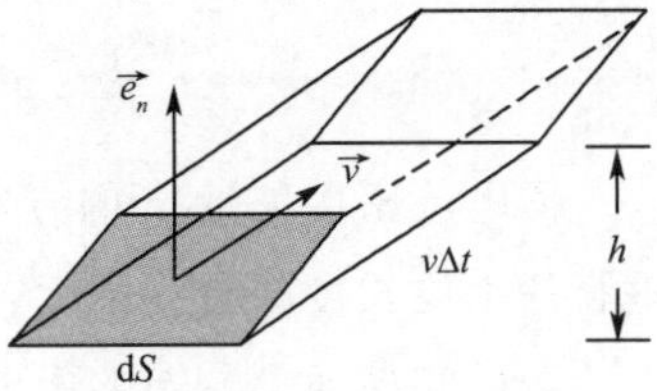

图 3-2　通过面元的电流强度

根据电流强度的定义,通过 $\mathrm{d}\vec{S}$ 的电流强度为单位时间内流过的电荷量,即有

$$\mathrm{d}I = \frac{\mathrm{d}q}{\mathrm{d}t} = \rho\vec{v} \cdot \mathrm{d}\vec{S} = \vec{J} \cdot \mathrm{d}\vec{S} \tag{3-3}$$

根据式(3-2),电流密度矢量 $\vec{J}$ 的方向与正电荷运动方向即电流方向一致。而由式(3-3)可知,若取一个法向方向与 $\vec{J}$ 相同的面元矢量 $\mathrm{d}\vec{S} = \mathrm{d}S\hat{e}_J$,通过该面元的电流强度就为 $\mathrm{d}I = \vec{J} \cdot \mathrm{d}\vec{S} = J\mathrm{d}S$,即有 $J = \mathrm{d}I/\mathrm{d}S$,因此 $\vec{J}$ 的大小等于在该点与 $\vec{J}$ 垂直的单位面积的电流强度,其单位为安培/平方米($\mathrm{A/m^2}$)。在图 3-1 中,由于截面 S_1 的面积大于截面 S_2,而经过两截面的电流 I 又相同,因此在截面 S_1 处的平均电流密度 I/S_1 就要小于在截面 S_2 处的平均电流密度 I/S_2。

若已知空间中各点的电流密度矢量,或者说,若已确定空间分布的电流密度矢量场 $\vec{J}$,通过某曲面 S 的电流强度为

$$I = \int_S \mathrm{d}I = \int_S \vec{J} \cdot \mathrm{d}\vec{S} \tag{3-4}$$

2. 面电流

面电流是分布在二维曲面上的电流。在实际问题中,若电流分布在一个薄层内,其厚度可以忽略,就可以将其当面电流来处理。设在 Δt 时间内通过曲面上某一截线 l 的电荷量为 Δq,则通过该截线的面电流强度定义为

$$I = \lim_{\Delta t \to 0} \frac{\Delta q}{\Delta t} \tag{3-5}$$

面电流强度的单位为安培(A),它反映了单位时间内穿过某一截线的电荷量。

如图 3-3 所示,在曲面上某点 P,若已知电荷面密度为 ρ,电荷运动速度为 $\vec{v}$,在该点的面电流密度矢量 $\vec{J}$ 定义为

$$\vec{J} = \rho\vec{v} \tag{3-6}$$

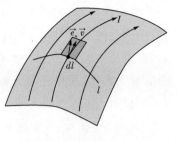

图 3-3　通过线元的电流强度

在 P 点取一个线元 $\mathrm{d}l$，在 $\mathrm{d}t$ 时间内流过线元的电荷占据的面积为

$$\mathrm{d}S = \mathrm{d}l(\vec{v}\,\mathrm{d}t \cdot \vec{n}) = \vec{v} \cdot (\mathrm{d}l\vec{n})\mathrm{d}t$$

其中 $\vec{n}$ 为线元在曲面上的法向单位矢量。在该面积内的总电荷量为

$$\mathrm{d}q = \rho\,\mathrm{d}S = \rho\vec{v} \cdot (\mathrm{d}l\vec{n})\mathrm{d}t$$

根据面电流强度的定义，通过 $\mathrm{d}l$ 的面电流强度为单位时间内流过的电荷量，即有

$$\mathrm{d}I = \frac{\mathrm{d}q}{\mathrm{d}t} = \rho\vec{v} \cdot (\mathrm{d}l\vec{n}) = \vec{J} \cdot (\mathrm{d}l\vec{n}) \tag{3-7}$$

面电流密度矢量 $\vec{J}$ 的方向与正电荷运动方向即电流方向一致，大小等于在该点与 $\vec{J}$ 垂直的单位长度的电流强度，其单位为安培/米（A/m）。

若已知曲面上分布的面电流密度 $\vec{J}$，通过曲面上任意曲线 l 的电流强度为

$$I = \int_l \mathrm{d}I = \int_s \vec{J} \cdot (\mathrm{d}l\vec{n}) \tag{3-8}$$

3. 线电流

线电流是分布在一维曲线上的电流。在实际问题中，若电流分布在一个细导线内，其横截面积可以忽略，就可以将其当线电流来处理。如图 3-4 所示，取线元矢量 $\mathrm{d}\vec{l}$ 的方向沿着电流方向，若流经的电流大小为 I，则将 $I\mathrm{d}\vec{l}$ 称为电流元。

【例 3-1】　如图 3-5 所示，已知均匀带电球体的半径为 a，带电量为 $2Q$，现让球体以 z 轴为中心轴旋转起来，角速度大小为 ω，求电流密度。

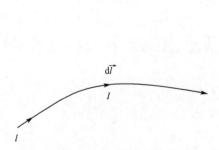

图 3-4　通过线元的电流强度

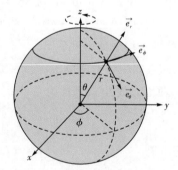

图 3-5　旋转的均匀带电球体

解　直接根据式（3-2）来计算电流密度。均匀带电球体的电荷密度为

$$\rho = \frac{2Q}{V} = \frac{2Q}{\frac{4}{3}\pi a^3}$$

旋转时球上任一点的线速度为

$$\vec{v} = \vec{\omega} \times \vec{r} = (\omega\hat{e}_z) \times \vec{r} = \omega r\sin\theta\,\hat{e}_\varphi$$

得到球上的电流密度

$$\vec{J} = \rho\vec{v} = \frac{3Q\omega r\sin\theta}{2\pi a^3}\vec{e}_\varphi$$

3.1.2　电流连续性方程

若已知空间的电流密度矢量 $\vec{J}$,在一个闭合曲面 S 上的电流强度为

$$I = \oint_s dI = \oint_s \vec{J}\cdot d\vec{S}$$

根据电荷守恒定律,单位时间内从 S 流出的电荷量应该等于单位时间内在 S 所包围的体积 V 内的电荷 Q 的减少量,即有

$$\oint_s \vec{J}\cdot d\vec{S} = -\frac{dQ}{dt} = -\frac{d}{dt}\int_v \rho\, dV \tag{3-9}$$

此即电流连续性方程的积分形式。

根据高斯定理,式(3-9)左侧的面积分可以写成体积分形式

$$\oint_s \vec{J}\cdot d\vec{S} = \int_v \nabla\cdot\vec{J}\, dV$$

若 S 在空间固定,其包围的体积 V 不随时间变化而变化,则 V 内电荷的总量随时间的变化仅源于电荷密度随时间的变化,式(3-9)右侧可以写成

$$-\frac{d}{dt}\int_v \rho\, dV = \int_v \left(-\frac{\partial\rho}{\partial t}\right) dV$$

因此得到

$$\int_v \nabla\cdot\vec{J}\, dV = \int_v \left(-\frac{\partial\rho}{\partial t}\right) dV$$

由于 S 是任取的,上式应该对任意的体积 V 都成立,所以就应有

$$\nabla\cdot\vec{J} = -\frac{\partial\rho}{\partial t} \tag{3-10}$$

成立,此即电流连续性方程的微分形式。

对于恒定电流情形,空间的电荷密度分布不随时间变化,由式(3-10)就有

$$\nabla\cdot\vec{J} = 0 \tag{3-11}$$

此式说明恒定电流场是一个无散场,从任何闭合曲面穿出的恒定电流为 0。

3.2　磁感应强度与安培力定律

电流元在空间产生磁场,而放置于磁场中的电流元会受到磁场力的作用。本节介绍定量地描述了电流元所产生的磁场的毕奥-萨伐尔定律,以及定量地描述了电流元受磁场的作用力的安培力定律。

3.2.1 磁感应强度

如图 3-6 所示,已知源点位置矢量为 $\vec{r}'$,场点位置矢量为 $\vec{r}$,从源点指向场点的位移矢量 $\vec{R}=\vec{r}-\vec{r}'$。

若在源点放置电流元 $I\,\mathrm{d}\vec{l}'$,则其在场点处的磁感应强度为

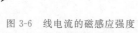

$$\mathrm{d}\vec{B}=\frac{\mu_0}{4\pi}\frac{I\,\mathrm{d}\vec{l}'\times\vec{R}}{R^3}=\frac{\mu_0}{4\pi}\frac{I\,\mathrm{d}\vec{l}'\times(\vec{r}-\vec{r}')}{|\vec{r}-\vec{r}'|^3} \quad (3-12)$$

对于任意电流回路 L,在场点处的磁感应强度为

$$\vec{B}=\oint_L\mathrm{d}\vec{B}=\frac{\mu_0}{4\pi}\oint_L\frac{I\,\mathrm{d}\vec{l}'\times\vec{R}}{R^3}=\frac{\mu_0}{4\pi}\oint_L\frac{I\,\mathrm{d}\vec{l}'\times(\vec{r}-\vec{r}')}{|\vec{r}-\vec{r}'|^3}$$

$$(3-13)$$

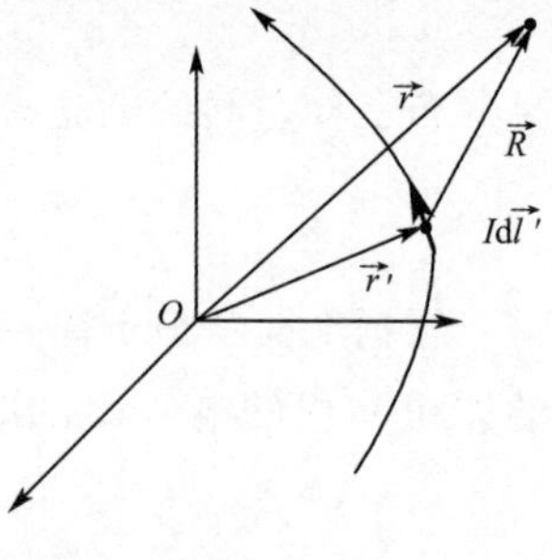

图 3-6　线电流的磁感应强度

式(3-12)和式(3-13)称为毕奥-萨伐尔定律,它是从电磁学实验中总结出来的定律,反映了电流元与其产生的磁场的磁感应强度的关系。对于体电流密度为 $\vec{J}$ 的体电流,如图 3-7 所示,取一个细长的电流元 $I\,\mathrm{d}\vec{l}'$,其底面 $\mathrm{d}\vec{S}'$ 垂直于电流方向。

根据式(3-3),流经底面的电流强度

$$I=\vec{J}\cdot\mathrm{d}\vec{S}'=(J\hat{e}_J)\cdot(\mathrm{d}S'\hat{e}_J)=J\,\mathrm{d}S'$$

其中 $\hat{e}_J$ 为沿着电流方向的单位矢量。利用上式,电流元 $I\,\mathrm{d}\vec{l}'$ 就可写成

$$I\,\mathrm{d}\vec{l}'=J\,\mathrm{d}S'\mathrm{d}l'\hat{e}_J=(J\hat{e}_J)(\mathrm{d}S'\mathrm{d}l')=\vec{J}\,\mathrm{d}V'$$

其中 $\mathrm{d}V'$ 为电流元体积。将上式代入式(3-12),得到体电流的电流元产生的磁感应强度

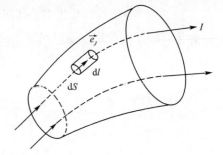

图 3-7　体电流的磁感应强度

$$\mathrm{d}\vec{B}=\frac{\mu_0}{4\pi}\frac{\vec{J}\times\vec{R}}{R^3}\mathrm{d}V'=\frac{\mu_0}{4\pi}\frac{\vec{J}\times(\vec{r}-\vec{r}')}{|\vec{r}-\vec{r}'|^3}\mathrm{d}V' \quad (3-14)$$

分布在体积 V 内的体电流产生的磁感应强度就为

$$\vec{B}=\int_V\mathrm{d}\vec{B}=\frac{\mu_0}{4\pi}\int_V\frac{\vec{J}\times\vec{R}}{R^3}\mathrm{d}V'=\frac{\mu_0}{4\pi}\int_V\frac{\vec{J}\times(\vec{r}-\vec{r}')}{|\vec{r}-\vec{r}'|^3}\mathrm{d}V' \quad (3-15)$$

同理,对于面电流密度为 $\vec{J}$ 的面电流,可知电流元 $I\,\mathrm{d}\vec{l}'=\vec{J}\,\mathrm{d}S'$,面电流的电流元产生的磁感应强度

$$\mathrm{d}\vec{B}=\frac{\mu_0}{4\pi}\frac{\vec{J}\times\vec{R}}{R^3}\mathrm{d}S'=\frac{\mu_0}{4\pi}\frac{\vec{J}\times(\vec{r}-\vec{r}')}{|\vec{r}-\vec{r}'|^3}\mathrm{d}S' \quad (3-16)$$

分布在曲面 S 上的面电流产生的磁感应强度为

$$\vec{B}=\int_S\mathrm{d}\vec{B}=\frac{\mu_0}{4\pi}\int_S\frac{\vec{J}\times\vec{R}}{R^3}\mathrm{d}S'=\frac{\mu_0}{4\pi}\int_S\frac{\vec{J}\times(\vec{r}-\vec{r}')}{|\vec{r}-\vec{r}'|^3}\mathrm{d}S' \quad (3-17)$$

电流是由运动的电荷形成的,电流产生磁场的本质是运动电荷产生磁场。在图 3-7

所示的电流元 $\vec{J}\mathrm{d}V'$ 中,设运动电荷总数为 N,每个电荷的带电量为 q,运动速度为 $\vec{v}$,则电荷密度 $\rho=Nq/\mathrm{d}V'$,电流密度矢量 $\vec{J}=\rho\vec{v}=Nq\vec{v}/\mathrm{d}V'$,代入式(3-16)中,有

$$\mathrm{d}\vec{B}=\frac{\mu_0}{4\pi}\frac{\vec{J}\times\vec{R}}{R^3}\mathrm{d}V'=\frac{\mu_0}{4\pi}\frac{(Nq\vec{v}/\mathrm{d}V')\times\vec{R}}{R^3}\mathrm{d}V'=\frac{\mu_0}{4\pi}\frac{Nq\vec{v}\times\vec{R}}{R^3}$$

这是 N 个运动电荷产生的磁感应强度,单个运动电荷产生的磁感应强度为 $\mathrm{d}\vec{B}/N$,即有

$$\vec{B}=\frac{\mu_0}{4\pi}\frac{q\vec{v}\times\vec{R}}{R^3}=\frac{\mu_0}{4\pi}\frac{q\vec{v}\times(\vec{r}-\vec{r}')}{|\vec{r}-\vec{r}'|^3} \tag{3-18}$$

【例 3-2】 如图 3-8 所示,在半径为 a 的圆环上通有电流 I,求在中心轴上产生的磁感应强度。

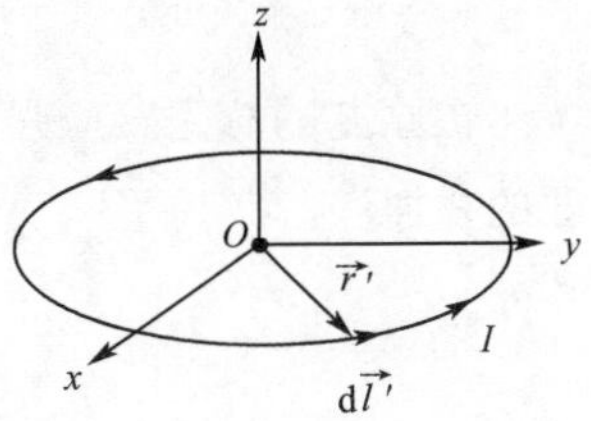

解 如图所示建立起直角坐标系,原点位于圆环中心,z 轴垂直于圆环所在平面。根据式(3-13),圆环电流在中心轴上一点产生的磁感应强度为

$$\vec{B}=\oint\frac{\mu_0}{4\pi}\frac{I\mathrm{d}\vec{l}'\times(\vec{r}-\vec{r}')}{|\vec{r}-\vec{r}'|^3}$$

图 3-8 圆环电流

设 φ 为线元位置矢量与 x 轴的夹角,将

$$\vec{r}=x\vec{e}_x+y\vec{e}_y+z\vec{e}_z=z\vec{e}_z$$
$$\vec{r}'=x'\vec{e}_x+y'\vec{e}_y+z'\vec{e}_z=a(\vec{e}_x\cos\varphi'+\vec{e}_y\sin\varphi')$$
$$\mathrm{d}\vec{l}'=a\mathrm{d}\varphi'\vec{e}_\varphi=a\mathrm{d}\varphi'(-\vec{e}_x\sin\varphi'+\vec{e}_y\cos\varphi')$$

代入上式中,整理得到

$$\vec{B}=\int_0^{2\pi}\frac{\mu_0 I(a\mathrm{d}\varphi'\cos\varphi'z\vec{e}_x+a\mathrm{d}\varphi'\sin\varphi'z\vec{e}_y+a^2\mathrm{d}\varphi'\vec{e}_z)}{4\pi(a^2+z^2)^{3/2}}=\frac{\mu_0 Ia^2}{2(a^2+z^2)^{3/2}}\vec{e}_z$$

在 $z=0$ 时,得到在圆心的磁感应强度

$$\vec{B}_O=\frac{\mu_0 I}{2a}\vec{e}_z$$

【例 3-3】 如图 3-9 所示,求无限长圆柱环电流在中心轴上产生的磁感应强度。

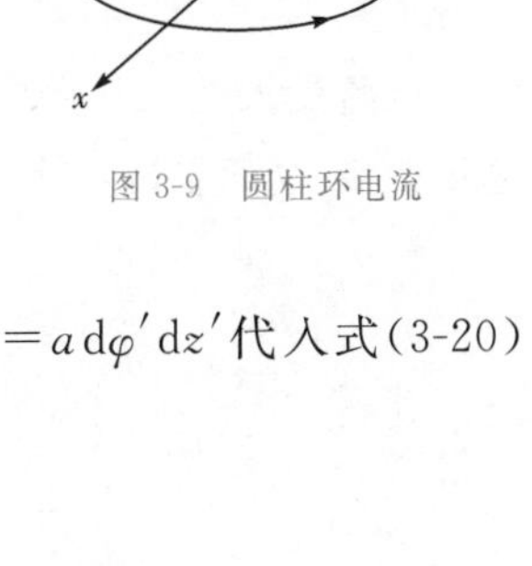

解法 1 设圆柱的半径为 a,圆柱上的面电流密度大小为 J。如图所示建立起直角坐标系,z 轴与中心轴重合。本问题具有沿着 z 轴方向的平移对称性,不失一般性,可以设场点位于原点。根据式(3-17),面电流在场点产生的磁感应强度为

$$\vec{B}=\frac{\mu_0}{4\pi}\int_s\frac{\vec{J}\times(\vec{r}-\vec{r}')}{|\vec{r}-\vec{r}'|^3}\mathrm{d}S'$$

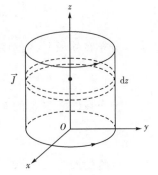

图 3-9 圆柱环电流

将电流密度矢量 $\vec{J}=J\vec{e}_\varphi=J(-\vec{e}_x\sin\varphi'+\vec{e}_y\cos\varphi')$、场点位置矢量 $\vec{r}=0$、源点位置矢量 $\vec{r}'=x'\vec{e}_x+y'\vec{e}_y+z'\vec{e}_z=a\cos\varphi'\vec{e}_x+a\sin\varphi'\vec{e}_y+z'\vec{e}_z$ 和圆柱坐标系中圆柱面面元的表达式 $\mathrm{d}S'=a\mathrm{d}\varphi'\mathrm{d}z'$ 代入式(3-20)中,整理得到

$$\vec{B} = \frac{\mu_0}{4\pi}\int_{-\infty}^{+\infty}\int_0^{2\pi}\frac{J(-z'\cos\varphi'\vec{e}_x - z'\sin\varphi'\vec{e}_y + a\vec{e}_z)}{(a^2 + z'^2)^{3/2}}a\,\mathrm{d}\varphi'\mathrm{d}z' = \frac{\mu_0}{4\pi}(4\pi J\vec{e}_z) = \mu_0 J\vec{e}_z$$

上式的积分中,在 $\vec{e}_x$ 和 $\vec{e}_y$ 方向的分量积分结果为 0,所以在中心轴上磁场只有轴向分量。

解法 2 利用例 3-2 的结果。对于无限长圆柱环电流,可以将其切割成无限多个无限窄的圆柱环电流,如图 3-9 所示,无限窄圆柱环电流可等效为一个圆环电流,在原点处的磁感应强度为

$$\mathrm{d}\vec{B} = \frac{\mu_0 I a^2}{2(a^2 + z^2)^{3/2}}\vec{e}_z = \frac{\mu_0 J\,\mathrm{d}z a^2}{2(a^2 + z^2)^{3/2}}\vec{e}_z$$

在原点的总磁感应强度就等于这无限多个无限窄圆柱环电流在原点产生的磁感应强度的叠加

$$\vec{B} = \int\mathrm{d}\vec{B} = \int_{-\infty}^{\infty}\frac{\mu_0 J\,\mathrm{d}z a^2}{2(a^2 + z^2)^{3/2}}\vec{e}_z$$

$$= \frac{\mu_0 J a^2 \vec{e}_z}{2}\int_{-\infty}^{\infty}\frac{\mathrm{d}z}{(a^2 + z^2)^{3/2}}$$

$$= \frac{\mu_0 J a^2 \vec{e}_z}{2}\left(\frac{2}{a^2}\right) = \mu_0 J\vec{e}_z$$

两种解法得到的结果是一致的。

3.2.2 安培力定律

已知场点位置矢量为 $\vec{r}$,在场点处的磁感应强度为 $\vec{B}$,则放置在场点的电流元 $I\,\mathrm{d}\vec{l}$ 所受的磁场力(安培力)可以表示为

$$\mathrm{d}\vec{F} = I\,\mathrm{d}\vec{l}\times\vec{B} \tag{3-19}$$

分布在曲线 L 上的电流所受安培力为

$$\vec{F} = \int_L I\,\mathrm{d}\vec{l}\times\vec{B} \tag{3-20}$$

分布在体积 V 内的体电流所受安培力为

$$\vec{F} = \int_V \vec{J}\times\vec{B}\,\mathrm{d}V \tag{3-21}$$

分布在曲面 S 上的面电流所受安培力为

$$\vec{F} = \int_S \vec{J}\times\vec{B}\,\mathrm{d}S \tag{3-22}$$

电流受安培力作用的本质是运动电荷受磁场力的作用。若电荷的带电量为 q,运动速度为 $\vec{v}$,电荷在磁场中所受磁场力为

$$\vec{F} = q\vec{v}\times\vec{B} \tag{3-23}$$

3.3　真空中的恒定磁场基本方程

恒定磁场是矢量场,本节给出真空中恒定磁场的磁感应强度的散度和旋度特性。

3.3.1　恒定磁场的散度和旋度

对于连续体分布电流,从磁感应强度计算式(3-15)出发,可以证明,对于真空中的恒定磁场,在空间某点磁感应强度的散度恒为 0,即有

$$\nabla \cdot \vec{B} = 0 \qquad (3\text{-}24)$$

成立。此式表明,恒定磁场是无散场,磁感应线(磁力线)是无头无尾的闭合曲线。由无散场的性质可知,磁感应强度 $\vec{B}$ 通过任何闭合曲面的通量等于 0,通过以某一闭合曲线为边界的所有曲面的通量均相同。

对式(3-15)两边同时取旋度,可以证明真空中恒定磁场的旋度等于在该点的电流密度矢量 $\vec{J}$ 与真空磁导率 μ_0 的乘积,即有

$$\nabla \times \vec{B} = \mu_0 \vec{J} \qquad (3\text{-}25)$$

该式表明恒定磁场是有旋场,恒定电流是产生恒定磁场的旋度源。

【例 3-4】　已知空间恒定磁场的磁感应强度为

$$\vec{B} = m(mx + 2z^2)\vec{e}_x - 4(x + my)\vec{e}_y + (2y + 3z)\vec{e}_z$$

求:(1)m 的可能取值;(2)空间的电流密度分布。

解　(1)恒定磁场要满足散度为 0 的条件,因此有

$$\nabla \cdot \vec{B} = \frac{\partial B_x}{\partial x} + \frac{\partial B_y}{\partial y} + \frac{\partial B_z}{\partial z} = m^2 - 4m + 3 = 0$$

解得 $m = 1$ 或 $m = 3$。

(2)根据式(3-25),空间电流密度为

$$\vec{J} = \frac{1}{\mu_0} \nabla \times \vec{B} = \frac{1}{\mu_0} \begin{vmatrix} \vec{e}_x & \vec{e}_y & \vec{e}_z \\ \dfrac{\partial}{\partial x} & \dfrac{\partial}{\partial y} & \dfrac{\partial}{\partial z} \\ m^2 x + 2mz^2 & -4x - 4my & 2y + 3z \end{vmatrix}$$

$$= \frac{1}{\mu_0}(2\vec{e}_x + 4mz\vec{e}_y - 4\vec{e}_z)$$

$$= \begin{cases} \dfrac{1}{\mu_0}(2\vec{e}_x + 4z\vec{e}_y - 4\vec{e}_z) & (m = 1) \\[2ex] \dfrac{1}{\mu_0}(2\vec{e}_x + 12z\vec{e}_y - 4\vec{e}_z) & (m = 3) \end{cases}$$

【例 3-5】 如图 3-10 所示,已知空间磁场分布为

$$\vec{B}(\vec{r})=\begin{cases}\dfrac{\mu_0 Jh|z|}{2z}\check{e}_x & (z>h \text{ 或 } z<0)\\[3mm]\dfrac{\mu_0 J}{2}(2z-h)\check{e}_x & (h\geqslant z\geqslant 0)\end{cases}$$

其中 J 和 h 均为常数。求图中中心在原点、边长为 $2h$ 的正方体右侧面的电流。

解 要求正方体右侧面的电流 I,可先求得其上的电流密度 $\vec{J}$。本题中已知空间磁场分布 $\vec{B}$,利用安培力定律有 $\vec{J}=\nabla\times\vec{B}/\mu_0$。

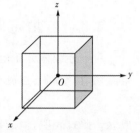

图 3-10 求通过正方体
右侧面的电流

在 $z>h\geqslant 0$ 的区域,电流密度

$$\vec{J}(\vec{r})=\frac{\nabla\times\vec{B}}{\mu_0}=\frac{1}{\mu_0}\nabla\times\left(\frac{\mu_0 Jh}{2}\check{e}_x\right)=0$$

在 $z<0$ 的区域,有

$$\vec{J}(\vec{r})=\frac{\nabla\times\vec{B}}{\mu_0}=\frac{1}{\mu_0}\nabla\times\left(-\frac{\mu_0 Jh}{2}\check{e}_x\right)=0$$

在 $h\geqslant z\geqslant 0$ 的区域,有

$$\vec{J}(\vec{r})=\frac{\nabla\times\vec{B}}{\mu_0}=\frac{1}{\mu_0}\nabla\times\left[\frac{\mu_0 J}{2}(2z-h)\check{e}_x\right]=J\check{e}_y$$

所以,在正方体的右侧面,只有上半部分流过均匀电流,下半部分无电流。流过右侧面的电流总量

$$I=\int_S \vec{J}\cdot\mathrm{d}\vec{S}=2Jh^2$$

3.3.2 恒定磁场的通量和环量

根据散度定理,对于任意闭合曲面 S,磁感应强度的通量

$$\oint_S \vec{B}\cdot\mathrm{d}\vec{S}=\int_V \nabla\cdot\vec{B}\mathrm{d}V=0 \tag{3-26}$$

此式表明磁感应强度 $\vec{B}$ 通过任何闭合曲面的通量等于 0。

根据斯托克斯定理,对于任意闭合曲线 L,磁感应强度的环量

$$\oint_L \vec{B}\cdot\mathrm{d}\vec{l}=\int_S \nabla\times\vec{B}\cdot\mathrm{d}\vec{S}=\mu_0\int_S \vec{J}\cdot\mathrm{d}\vec{S}=\mu_0 I \tag{3-27}$$

式中 S 是以 L 为边界的任意曲面,I 为通过 S 的总电流强度。该式表明,恒定磁场的磁感应强度 $\vec{B}$ 沿任意闭合曲线 L 的环量,等于穿过以该闭合曲线为边界的任意曲面 S 的传导电流 I 与 μ_0 之积。

【例 3-6】 如图 3-11 所示,求无限长直线电流的磁感应强度。

解法 1 使用直接积分法。设直线上的电流大小为 I。如图 3-11 所示,建立直角坐标系,z 轴与直线重合且指向电流方向。此例题具有关于 z 轴的轴对称性和沿着 z 轴的

平移对称性,可不失一般性地设场点位于 x 轴上。根据式 (3-13),直线电流在场点产生的磁感应强度为

$$\vec{B} = \int \mathrm{d}\vec{B} = \int \frac{\mu_0}{4\pi} \frac{I \mathrm{d}\vec{l}' \times (\vec{r} - \vec{r}')}{|\vec{r} - \vec{r}'|^3}$$

将电流元矢量 $I\mathrm{d}\vec{l}' = I\mathrm{d}z'\vec{e}_z$、场点位置矢量 $\vec{r} = x\vec{e}_x$、源点位置矢量 $\vec{r}' = z'\vec{e}_z$ 代入上式中,整理得到

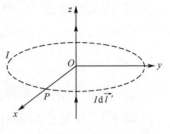

图 3-11　无限长直线电流

$$\vec{B} = \int \mathrm{d}\vec{B} = \vec{e}_y \frac{\mu_0 Ix}{4\pi} \int_{-\infty}^{\infty} \frac{\mathrm{d}z'}{(x^2 + z'^2)^{3/2}} = \vec{e}_y \frac{\mu_0 Ix}{4\pi} \left(\frac{2}{x^2} \right) = \vec{e}_y \frac{\mu_0 I}{2\pi x}$$

利用圆柱坐标系,可将上式写成对所有场点都适用的表达式

$$\vec{B} = \vec{e}_\varphi \frac{\mu_0 I}{2\pi\rho}$$

解法 2　使用安培环路定理。在使用安培环路定理求磁感应强度时,首先要确定场点处的磁感应强度方向,以便选用合适的积分环路。对位于 x 轴上的场点,直线上任一电流元 $I\mathrm{d}\vec{l}'$ 产生的磁感应强度为

$$\mathrm{d}\vec{B} = \frac{\mu_0}{4\pi} \frac{I \mathrm{d}\vec{l}' \times (\vec{r} - \vec{r}')}{|\vec{r} - \vec{r}'|^3} = \frac{\mu_0}{4\pi |\vec{r} - \vec{r}'|^3} Ix\mathrm{d}z'\vec{e}_y$$

只有沿着 $\vec{e}_y$ 的分量,因此直线电流在场点的总磁感应强度也就只有 $\vec{e}_y$ 的分量。根据轴对称性,在空间的任一场点处,磁感应强度就只有 $\vec{e}_\varphi$ 分量,其形式可写成 $\vec{B}(\vec{r}) = B(\rho)\vec{e}_\varphi$。如图 3-11 所示,过场点取一个以 z 轴为中心轴的圆周,以此圆周为安培环路,磁感应强度沿此环路的环量为 $2\pi\rho B(\rho)$,穿过圆周的电流为直线电流 I,根据安培环路定理,即有

$$2\pi\rho B(\rho) = \mu_0 I$$

得到场点处的磁感应强度大小 $B(\rho) = \mu_0 I / (2\pi\rho)$,从而有

$$\vec{B} = \vec{e}_\varphi \frac{\mu_0 I}{2\pi\rho}$$

从本题的两种解法可以看到,对于具有某些对称性的电流分布,可以考虑使用安培环路定理来求其磁感应强度,这样可以避免较为复杂的积分运算。

【例 3-7】　如图 3-12 所示,求无限大电流平面的磁感应强度。

解法 1　使用直接积分法。设平面上的电流密度大小为 J。如图 3-12 所示,建立直角坐标系,其 xOy 平面与电流所在平面重合,y 轴指向电流正向。此例题具有平行于 xOy 平面的平移对

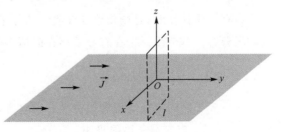

图 3-12　无限大电流平面

称性,设场点位于 z 轴上。根据式(3-17),面电流在场点产生的磁感应强度为

$$\vec{B} = \int_s \mathrm{d}\vec{B} = \frac{\mu_0}{4\pi} \int_s \frac{\vec{J} \times (\vec{r} - \vec{r}')}{|\vec{r} - \vec{r}'|^3} \mathrm{d}S'$$

将电流密度矢量 $\vec{J}=J\vec{e}_y$、场点位置矢量 $\vec{r}=z\vec{e}_z$、源点位置矢量 $\vec{r}'=x'\vec{e}_x+y'\vec{e}_y$ 和直角坐标系中平行于 xOy 平面的面元表达式 $\mathrm{d}S'=\mathrm{d}x'\mathrm{d}y'$ 代入上式中,整理得到

$$\vec{B}=\frac{\mu_0}{4\pi}\int_{-\infty}^{+\infty}\int_{-\infty}^{+\infty}\frac{J(z\vec{e}_x+x'\vec{e}_z)}{(x'^2+y'^2+z^2)^{3/2}}\mathrm{d}x'\mathrm{d}y'=\frac{\mu_0}{4\pi}(2\pi J\vec{e}_x)=\frac{\mu_0 J}{2}\vec{e}_x$$

上式的积分中,在 $\vec{e}_z$ 方向的分量积分结果为 0,所以空间磁场只有 $\vec{e}_x$ 分量。

解法 2 使用安培环路定理。对位于 z 轴上的场点,平面上位置为 $(x',y',0)$ 的电流元 $\vec{J}\mathrm{d}S'$ 产生的磁感应强度为

$$\mathrm{d}\vec{B}=\frac{\mu_0}{4\pi}\frac{\vec{J}\times(\vec{r}-\vec{r}')}{|\vec{r}-\vec{r}'|^3}\mathrm{d}S'=\frac{\mu_0}{4\pi}\frac{J(z\vec{e}_x+x'\vec{e}_z)}{(x'^2+y'^2+z^2)^{3/2}}\mathrm{d}x'\mathrm{d}y'$$

在平面上关于原点 O 对称的位置 $(-x',-y',0)$ 取同样的一个电流元,在场点处产生的磁感应强度为

$$\mathrm{d}\vec{B}_s=\frac{\mu_0}{4\pi}\frac{\vec{J}\times(\vec{r}-\vec{r}')}{|\vec{r}-\vec{r}'|^3}\mathrm{d}S'=\frac{\mu_0}{4\pi}\frac{J(z\vec{e}_x-x'\vec{e}_z)}{(x'^2+y'^2+z^2)^{3/2}}\mathrm{d}x'\mathrm{d}y'$$

容易看出 $\mathrm{d}\vec{B}+\mathrm{d}\vec{B}_s$ 只有 $\vec{e}_x$ 分量。由于平面上的电流分布具有关于原点 O 的对称性,所以可判定空间场点的总磁感应强度就只有 $\vec{e}_x$ 分量,其形式可写成 $\vec{B}(\vec{r})=B(z)\vec{e}_x$。如图 3-12 所示,过场点取一个矩形回路,其平行于 x 轴的边长为 l,易求得磁感应强度沿此回路的环量为 $2lB(z)$,穿过矩形的电流等于平面与矩形的交线上流经的电流 Jl,根据安培环路定理,即有

$$2lB(z)=\mu_0 Jl$$

得到场点处的磁感应强度大小 $B(z)=\mu_0 J/2$,从而有

$$\vec{B}=\frac{\mu_0 J}{2}\vec{e}_x$$

3.4 介质中的恒定磁场基本方程

在有介质存在时,磁场将改变介质中的分子电流分布,产生附加磁场,进而改变原有的磁场分布。本节将讨论在有介质存在时恒定磁场的基本特性。

3.4.1 介质的磁化

介质分子内的电子运动构成微观分子电流,每个分子电流可等效为一个环形电流,如图 3-13 所示。定义分子磁偶极矩

$$\vec{m}=i\vec{a}=ia\vec{e}_n \tag{3-28}$$

其中,i 为分子电流强度,$\vec{a}$ 为分子电流所围的面元矢量,其法向单位矢量 $\vec{e}_n$ 与分子电流方向满足右手螺旋法则。

当介质未加外在磁场时,由于分子热运动,在介质中分子磁偶极矩的排列杂乱无章,

其取向是无序的。如图 3-14 所示,在介质中任取一个曲面,在曲面内部与曲面相交的分子电流穿入(图中从上到下)和穿出(从下到上)曲面各一次,流经曲面的电流代数和为 0,对通过曲面的电流总量没有贡献;在曲面的边界上,环绕边界的分子电流只穿过曲面一次,只穿出的分子电流对电流总量有 $+i$ 的贡献,而只穿入的分子电流对电流总量有 $-i$ 的贡献,但是由于分子磁偶极矩的方向是随机的,在边界线上任一位置附近穿出和穿入曲面的分子电流数量都应相等,其电流代数和为 0,对通过曲面的电流总量依然没有贡献。因此,穿过曲面的电流总量为 0,介质内部没有宏观电流分布。在无外在磁场时,介质整体上表现出磁中性,无宏观磁场存在。

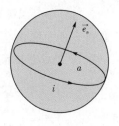

图 3-13　分子磁偶极矩

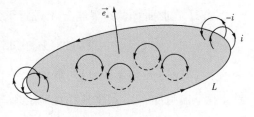

图 3-14　无外在磁场时的磁介质(示意图)

　　对介质加上外在磁场时,在磁场力的作用下,分子磁偶极矩沿外磁场取向,导致各个磁矩重新排列,这种现象称为磁介质的磁化。因此,在有外在磁场存在时,介质中分子磁化的结果是介质内部出现许多顺着外在磁场方向排列的磁偶极矩。如图 3-15 所示,此时如果在介质内部取一个曲面,由于磁偶极矩的有序排列,在曲面边界上某一位置处穿出和穿入的分子电流数量并不相等,分子电流的代数和不为 0,对通过曲面的电流总量就有贡献。介质发生磁化后,通过曲面的电流总量一般不为 0,磁化介质内部出现宏观磁化电流分布。由于电流是磁场的源,磁化电流的出现会产生磁化磁场,附加到原有的外在磁场上,改变介质中的磁场分布。

　　介质磁化以后,介质中出现很多排列方向大致相同的磁偶极矩。为了衡量这种磁化程度,定义磁化强度为单位体积中磁偶极矩的矢量和,即有

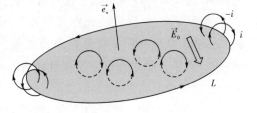

图 3-15　有外在磁场时的磁介质(示意图)

$$\vec{M} = \lim_{\Delta V \to 0} \frac{\sum_i \vec{m}_i}{\Delta V} \qquad (3\text{-}29)$$

式中 $\vec{m}_i$ 为第 i 个分子的磁偶极矩。$\vec{M}$ 是一个矢量场,若在空间各点取值相同,则称介质是均匀磁化的,否则就是非均匀磁化的。

　　引入磁化强度后,可进一步推导出磁化强度与磁化电流的关系。要计算通过一个曲面的总磁化电流,如前所述,在曲面内部与曲面相交的分子电流以及完全位于曲面之外的分子电流,对通过曲面的总磁化电流无贡献,因此只需要考虑环绕曲面的边界线的分子电流的贡献。如图 3-16 所示,在曲面 S 的边界线 L 瓣上的一个线元矢量 $\mathrm{d}\vec{l}$ 处,设分子数密度为 n,分子平均磁偶极矩为 $\vec{m} = i\vec{a} = ia\vec{e}_n$。为表述方便,设 $\vec{m}$ 和 $\mathrm{d}\vec{l}$ 的夹角为锐角。以面元矢量 $\vec{a}$ 为底面、线元矢量 $\mathrm{d}\vec{l}$ 为斜高作一个斜柱体 $\mathrm{d}V$,柱体以边界线上的 $\mathrm{d}\vec{l}$ 为中心

轴。当分子磁偶极矩的中心位于柱体 dV 中,就会对通过曲面 S 的总磁化电流贡献一个分子电流 $+i$。由此可计算出在 $d\vec{l}$ 处通过曲面 S 的电流强度为

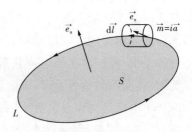

$$dI = Ni = n\,dVi = na(d\vec{l} \cdot \hat{e}_n)i = (nia\hat{e}_n) \cdot d\vec{l}$$
$$= (n\vec{m}) \cdot d\vec{l} = \vec{M} \cdot d\vec{l}$$

式中 $N = n\,dV$ 为磁偶极矩中心在体积 dV 内的分子总数,$\vec{M} = N\vec{m}/dV = n\vec{m}$ 为在 $d\vec{l}$ 处的磁化强度。

图 3-16　求体磁化电流密度

对 dI 在曲面 S 的边界线 L 上进行积分,就可以得到通过曲面 S 的总磁化电流强度

$$I_M = \int_S \vec{J}_M \cdot d\vec{S} = \oint_L dI = \oint_L \vec{M} \cdot d\vec{l} \tag{3-30}$$

式中 $\vec{J}_M$ 为磁化电流密度矢量,根据式(3-4),$\vec{J}_M$ 在曲面 S 上的面积分就是通过曲面 S 的总磁化电流强度 I_M。根据斯托克斯定理,上式右侧的线积分可以写成面积分形式,即有

$$\int_S \vec{J}_M \cdot d\vec{S} = \int_S \nabla \times \vec{M}\,dV$$

由于 S 是在介质内任取的曲面,上式需对介质内任意曲面 S 都成立,即有

$$\vec{J}_M = \nabla \times \vec{M} \tag{3-31}$$

式(3-30)和式(3-31)描述了磁化强度与磁化电流的关系,两者在物理上是等价的,不同的是数学上的形式,前者是积分表达式,而后者是微分表达式。由于介质的磁化,在介质内部会出现磁化体电流分布,此外,在两种介质的分界面上,还会出现磁化面电流分布。在介质 1 和介质 2 的分界面上,设磁化面电流密度矢量为 $\vec{J}_M$,$\hat{e}_n$ 为从介质 1 指向介质 2 的法向单位矢量。建立直角坐标系,其中 z 轴垂直于分界面且沿着 $\hat{e}_n$ 方向,y 轴平行于磁化面电流方向,如图 3-17 所示。

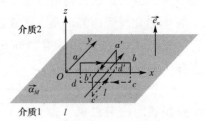

图 3-17　求面磁化电流密度

紧贴分界面取一个垂直于 y 轴方向的狭长矩形回路 $abcd$,其长边 ab 和 cd 平行于 x 轴且分别位于两种介质中,短边 ad 和 bc 平行于 z 轴,根据式(3-30),通过回路的磁化电流强度

$$I_M = \int_S \vec{J}_M \cdot d\vec{S} = \vec{\alpha}_M l = \oint_L \vec{M} \cdot d\vec{l} = \int_a^b \vec{M}_2 \cdot d\vec{l} + \int_c^d \vec{M}_1 \cdot d\vec{l}$$
$$= \int_a^b (M_{2x}\hat{e}_x + M_{2y}\hat{e}_y + M_{2z}\hat{e}_z) \cdot dx\hat{e}_x + \int_c^d (M_{1x}\hat{e}_x + M_{1y}\hat{e}_y + M_{1z}\hat{e}_z) \cdot dx\hat{e}_x$$
$$= (M_{2x} - M_{1x})l$$

由于回路为狭长矩形,磁化强度 $\vec{M}$ 在其短边的线积分可忽略,l 为长边的长度,$\vec{M}_1$ 和 $\vec{M}_2$ 分别为分界面两侧在介质 1 和介质 2 中的磁化强度。整理上式即有

$$M_{2x} - M_{1x} = \vec{\alpha}_M \tag{3-32}$$

若紧贴分界面取一个垂直于 x 轴方向的狭长矩形回路 $a'b'c'd'$,其长边 $a'b'$ 和 $c'd'$ 平

行于 y 轴且分别位于两种介质中,短边 $a'd'$ 和 $b'c'$ 平行于 z 轴,根据式(3-30),通过回路的磁化电流强度

$$I_M = 0 = \oint_L \vec{M} \cdot \mathrm{d}\vec{l} = \int_{a'}^{b'} \vec{M}_2 \cdot \mathrm{d}\vec{l} + \int_{c'}^{d'} \vec{M}_1 \cdot \mathrm{d}\vec{l}$$

$$= \int_a^b (M_{2x}\vec{e}_x + M_{2y}\vec{e}_y + M_{2z}\vec{e}_z) \cdot \mathrm{d}y\vec{e}_y + \int_c^d (M_{1x}\vec{e}_x + M_{1y}\vec{e}_y + M_{1z}\vec{e}_z) \cdot \mathrm{d}y\vec{e}_y$$

$$= (M_{1y} - M_{2y})l$$

由于回路平面平行于磁化面电流方向,因此通过的电流强度为 0。整理即得

$$M_{1y} - M_{2y} = 0 \tag{3-33}$$

该式说明介质两侧的磁化强度矢量在平行于磁化面电流方向的分量是连续的。

在上述直角坐标系 xyz 中,磁化电流密度矢量

$$\vec{\alpha}_M = \alpha_M \vec{e}_y = (M_{2x} - M_{1x})\vec{e}_y$$

利用式(3-32)和式(3-33),容易证明上式可以写成更一般的矢量形式

$$\vec{\alpha}_M = \vec{e}_n \times (\vec{M}_2 - \vec{M}_1) \tag{3-34}$$

【例 3-8】 如图 3-18 所示,已知空间的磁化强度分布为 $\vec{M} = 2y\vec{e}_x + (x+y)\vec{e}_z$,求通过图示长方体右侧面的磁化电流大小。

解 要求得通过长方体右侧面的磁化电流大小,可先求出其中的体磁化电流密度。本题已知磁化强度,根据式(3-31),得到体磁化电流密度为

$$\vec{J}_M = \nabla \times \vec{M} = \begin{vmatrix} \vec{e}_x & \vec{e}_y & \vec{e}_z \\ \dfrac{\partial}{\partial x} & \dfrac{\partial}{\partial y} & \dfrac{\partial}{\partial z} \\ 2y & 0 & x+y \end{vmatrix} = \vec{e}_x - \vec{e}_y - 2\vec{e}_z$$

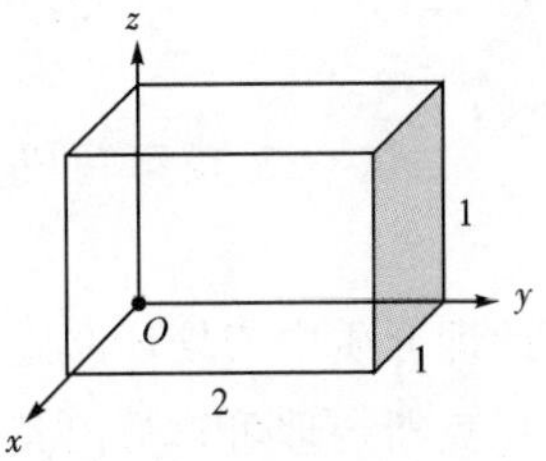

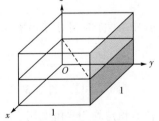

图 3-18　求通过长方体右侧面的磁化电流

长方体右侧面磁化电流均匀分布,总的磁化电流为

$$I_M = \int_S \vec{J}_M \cdot \mathrm{d}\vec{S} = \int_S (\vec{e}_x - \vec{e}_y - 2\vec{e}_z) \cdot \mathrm{d}S\vec{e}_y = -\int_S \mathrm{d}S = -1$$

负号表示磁化电流方向与右侧面的外法向相反。

【例 3-9】 如图 3-19 所示,已知在上层介质中磁化强度为 $\vec{M} = 2\vec{e}_x + 3\vec{e}_y$,在下层介质中磁化强度为 $\vec{M} = \vec{e}_x + 2\vec{e}_y$,求通过图示虚线段的磁化电流大小。

解 要求得通过图示虚线段的磁化电流大小,就需求出其上的面磁化电流密度。设下层介质为介质 1,上层介质为介质 2,$\vec{e}_n$ 为从介质 1 指向介质 2 的法向单位矢量,有 $\vec{e}_n = \vec{e}_z$。在两介质的分界面上,有 $\vec{M}_1 = \vec{e}_x + 2\vec{e}_y$,$\vec{M}_2 = 2\vec{e}_x + 3\vec{e}_y$。根据式(3-34),得到面磁化电流密度为

$$\vec{\alpha}_M = \vec{e}_n \times (\vec{M}_2 - \vec{M}_1) = \vec{e}_z \times (\vec{e}_x + \vec{e}_y) = \vec{e}_y - \vec{e}_x$$

总的面磁化电流大小

图 3-19　求通过虚线段的磁化电流

$$I_M = \int_l \vec{\alpha}_M \cdot \mathrm{d}l\hat{n} = \int_l (\vec{e}_y - \vec{e}_x) \cdot \mathrm{d}l \left(\frac{\sqrt{2}}{2}\vec{e}_y - \frac{\sqrt{2}}{2}\vec{e}_x \right) = \sqrt{2} \int_l \mathrm{d}l = \sqrt{2} \cdot \sqrt{2} = 2$$

式中 n 为分界面上垂直于图示虚线段的法向单位矢量。

3.4.2　介质中的安培环路定理

空间的总磁场等于自由电流和磁化电流所产生磁场的叠加,介质中的电流密度 $\vec{J}$ 等于自由电流密度 $\vec{J}_f$ 加上磁化电流密度 $\vec{J}_M$,即

$$\vec{J} = \vec{J}_f + \vec{J}_M$$

将其代入真空中的安培环路定理即式(3-25)中,得到

$$\nabla \times \vec{B} = \mu_0 \vec{J} = \mu_0 (\vec{J}_f + \vec{J}_M) = \mu_0 (\vec{J}_f + \nabla \times \vec{M})$$

将上式整理有

$$\nabla \times \left(\frac{\vec{B}}{\mu_0} - \vec{M} \right) = \vec{J}_f \tag{3-35}$$

定义磁场强度矢量

$$\vec{H} = \frac{\vec{B}}{\mu_0} - \vec{M} \tag{3-36}$$

式(3-35)就可写成

$$\nabla \times \vec{H} = \vec{J}_f \tag{3-37}$$

此即介质中安培环路定理的微分形式,表明磁场强度矢量的旋度源是自由电流。利用斯托克斯定理可以写出其积分形式

$$\oint_L \vec{H} \cdot \mathrm{d}\vec{l} = \int_S \vec{J}_f \cdot \mathrm{d}\vec{S} = I_f \tag{3-38}$$

对于任意磁介质,其磁场强度矢量 $\vec{H} = \vec{B}/\mu_0 - \vec{M}$。对于各向同性线性磁介质,在磁场的作用下发生磁化时,其磁化强度 $\vec{M}$ 与介质中的合成磁场强度 $\vec{H}$ 成正比,即有

$$\vec{M} = \chi_M \vec{H} \tag{3-39}$$

其中 χ_M 称为磁介质的磁化率,$\chi_M > 0$ 的磁介质称为顺磁体,$\chi_M < 0$ 的磁介质称为抗磁体。将上式代入磁场强度矢量的定义式(3-36)中有

$$\vec{B} = \mu_0 (1 + \chi_M)\vec{H} = \mu_0 \mu_r \vec{H} = \mu \vec{H} \tag{3-40}$$

其中 μ_r 称为相对磁导率,μ 称为绝对磁导率,且有

$$\mu_r = \frac{\mu}{\mu_0} = 1 + \chi_M \tag{3-41}$$

【例 3-10】　如图 3-20 所示,内外半径分别为 r_1 和 r_2 的无限长中空圆柱导体,沿轴向流有恒定均匀自由电流 $\vec{J}_f$,导体的绝对磁导率为 μ,求磁感应强度和磁化电流分布。

　　解　取一个以 z 轴为中心轴的圆周环路,其半径为 r。磁场强度 $\vec{H}$ 沿此环路的环量

$$\oint_L \vec{H} \cdot \mathrm{d}\vec{l} = H \cdot 2\pi r$$

当 $r > r_2$ 时,通过环路的自由电流

$$I_f = J_f \pi (r_2^2 - r_1^2)$$

当 $r_2 \geqslant r \geqslant r_1$ 时,通过环路的自由电流

$$I_f = J_f \pi (r^2 - r_1^2)$$

当 $r < r_1$ 时,有 $I_f = 0$。根据安培环路定理式(3-38)
以及结合式(3-40),可求出空间的磁感应强度分布

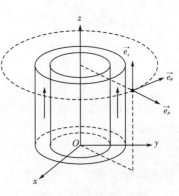

图 3-20　无限长中空圆柱导体

$$\vec{B} = \begin{cases} \dfrac{\mu_0 J_f (r_2^2 - r_1^2)}{2r} \vec{e}_\varphi & (r > r_2) \\[3mm] \dfrac{\mu J_f (r^2 - r_1^2)}{2r} \vec{e}_\varphi & (r_2 \geqslant r \geqslant r_1) \\[3mm] 0 & (r < r_1) \end{cases}$$

结合式(3-39)和式(3-41)可知,磁化强度 $\vec{M}$ 与磁感应强度 $\vec{H}$ 满足关系

$$\vec{M} = \left(\dfrac{\mu}{\mu_0} - 1 \right) \vec{H}$$

求出磁化强度后,用式(3-31)即可求出体磁化电流分布

$$\vec{J}_M = \begin{cases} \left(\dfrac{\mu}{\mu_0} - 1 \right) J_0 \vec{e}_z & (r_2 \geqslant r \geqslant r_1) \\[3mm] 0 & (r > r_2 \text{ 或 } r < r_1) \end{cases}$$

在内圆柱面,即 $r = r_1$ 处,由式(3-34)可求出面磁化电流密度

$$\vec{\alpha}_M = \vec{e}_\rho \times (0 - 0) = 0$$

而在外圆柱面,即 $r = r_2$ 处,面磁化电流密度

$$\vec{\alpha}_M = \vec{e}_\rho \times \left[0 - \left(\dfrac{\mu}{\mu_0} - 1 \right) \dfrac{J_f (r_2^2 - r_1^2)}{2r_2} \vec{e}_\varphi \right] = -\left(\dfrac{\mu}{\mu_0} - 1 \right) \dfrac{J_f (r_2^2 - r_1^2)}{2r_2} \vec{e}_z$$

3.5　矢量磁位

无散性是磁场的一个重要特性。由于无散性,本节将引入一个矢量场即矢量磁位函数来描述恒定磁场。

3.5.1　矢量磁位的定义

由于恒定磁场 $\vec{B}$ 是无散场:$\nabla \cdot \vec{B} = 0$,根据无散场的性质,可以得出如下结论:

(1)磁感应强度 $\vec{B}$ 可以表示为某一矢量场的旋度。引入矢量函数 $\vec{A}$,磁感应强度 $\vec{B}$ 可写成 $\vec{A}$ 的旋度,即有

$$\vec{B} = \nabla \times \vec{A} \tag{3-42}$$

式中 $\vec{A}$ 称为磁场的矢量磁位,简称磁矢位或磁位,其单位为 T·m(特斯拉·米)。

(2)磁感应强度 $\vec{B}$ 通过任何闭合曲面 S 的通量等于 0,即有

$$\oint_s \vec{B} \cdot \mathrm{d}\vec{S} = 0$$

(3)磁感应强度 $\vec{B}$ 通过以闭合曲线 C 为边界的所有曲面 S 的通量均相同。根据式(3-42)以及斯托克斯定理,可知

$$\int_s \vec{B} \cdot \mathrm{d}\vec{S} = \int_s \nabla \times \vec{A} \cdot \mathrm{d}\vec{S} = \int_C \vec{A} \cdot \mathrm{d}\vec{l} \qquad (3\text{-}43)$$

该式阐释了磁位 $\vec{A}$ 的物理意义:它沿着任一闭合回路的环量等于通过以该回路为边界的任一曲面的磁通量。只有 $\vec{A}$ 的环量才有物理意义,而每点的 $\vec{A}$ 没有直接的物理意义。

磁感应强度 $\vec{B}$ 是实验上可测量的物理量,在空间场点的值是确定的;而磁位 $\vec{A}$ 是人为引入的辅助物理量,在空间场点的值并不唯一。若已知磁位 $\vec{A}$,则由 $\vec{B} = \nabla \times \vec{A}$ 可唯一确定一个磁场分布 $\vec{B}$;若已知磁场分布 $\vec{B}$,$\vec{A}$ 为对应的磁位,设 ψ 为任意标量函数,磁位 $\vec{A}' = \vec{A} + \nabla\psi$ 对应的磁感应强度

$$\vec{B}' = \nabla \times \vec{A}' = \nabla \times (\vec{A} + \nabla\psi) = \nabla \times \vec{A} = \vec{B}$$

式中利用了梯度场的旋度为 0 的结论,该式说明 $\vec{A}'$ 与 $\vec{A}$ 对应同一个磁场 $\vec{B}$。

从物理上说,磁位 $\vec{A}$ 的不确定性是由于只有 $\vec{A}$ 的环量才有物理意义,而每点的 $\vec{A}$ 本身没有直接的物理意义而决定的。在数学上说,根据亥姆霍兹定理,要唯一地确定一个矢量场必须同时给出它的旋度、散度和边界条件。因此,要唯一地确定磁位 $\vec{A}$,必须对 $\vec{A}$ 的散度做一个规定。对于恒定磁场,一般规定 $\vec{A}$ 的散度为 0,即

$$\nabla \cdot \vec{A} = 0 \qquad (3\text{-}44)$$

这种规定称为库仑规范条件。在这种规定下,给出一定的边界条件,磁位 $\vec{A}$ 就能唯一地确定了。

3.5.2 矢量磁位微分方程

对于均匀、线性和各向同性的磁介质,绝对磁导率 μ 是常数。将 $\vec{B} = \nabla \times \vec{A}$ 代入介质中的安培环路定理式(3-25)可得

$$\nabla \times (\nabla \times \vec{A}) = \nabla(\nabla \cdot \vec{A}) - \nabla^2 \vec{A} = \mu \vec{J}$$

其中 $\vec{J}$ 为空间的自由电流密度,在库仑规范条件下,上式可写成

$$\nabla^2 \vec{A} = -\mu \vec{J} \qquad (3\text{-}45)$$

即磁位所要满足的泊松方程。若空间无自由电流分布,即 $\vec{J} = 0$,则得到磁位的拉普拉斯方程

$$\nabla^2 \vec{A} = -\mu \vec{J} \qquad (3\text{-}46)$$

给定一定空间的边界条件,就能通过求解磁位的泊松方程或拉普拉斯方程,得到该空间的磁位分布。

在直角坐标系 xyz 中,式(3-45)可分解为三个分量上的泊松方程,即

$$\begin{cases} \nabla^2 A_x = -\mu J_x \\ \nabla^2 A_y = -\mu J_y \\ \nabla^2 A_z = -\mu J_z \end{cases} \tag{3-47}$$

这三个磁位泊松方程与电位泊松方程即式(2-43)有着一样的形式,因此它们的解应该和电位泊松方程的解也有相同的形式。参照电位 φ 的形式

$$\varphi = \frac{1}{4\pi\varepsilon_0} \int_V \frac{\rho \, \mathrm{d}V'}{|\vec{r} - \vec{r}'|}$$

可类似地写出

$$\begin{cases} A_x = \dfrac{\mu}{4\pi} \int_V \dfrac{J_x \, \mathrm{d}V'}{|\vec{r} - \vec{r}'|} \\[3mm] A_y = \dfrac{\mu}{4\pi} \int_V \dfrac{J_y \, \mathrm{d}V'}{|\vec{r} - \vec{r}'|} \\[3mm] A_z = \dfrac{\mu}{4\pi} \int_V \dfrac{J_z \, \mathrm{d}V'}{|\vec{r} - \vec{r}'|} \end{cases} \tag{3-48}$$

这三个分量形式可写成矢量形式

$$\vec{A} = \frac{\mu}{4\pi} \int_V \frac{\vec{J} \, \mathrm{d}V'}{|\vec{r} - \vec{r}'|} \tag{3-49}$$

此即磁位泊松方程的解。

对于分布在一定体积 V 内、体电流密度为 $\vec{J}$ 的体电流,可由上式计算出空间的磁位分布。

类似地,对于分布在曲面 S 上、面电流密度为 $\vec{J}$ 的面电流,其在空间产生的磁位

$$\vec{A} = \frac{\mu}{4\pi} \int_S \frac{\vec{J} \, \mathrm{d}S'}{|\vec{r} - \vec{r}'|} \tag{3-50}$$

对于分布在曲线 l 上、线电流强度为 I 的线电流,磁位

$$\vec{A} = \frac{\mu}{4\pi} \int_l \frac{I \, \mathrm{d}\vec{l}'}{|\vec{r} - \vec{r}'|} \tag{3-51}$$

【例 3-11】　如图 3-21 所示,求圆环电流的矢量磁位和磁场。

解　设圆环的电流大小为 I,半径为 a。如图 3-21 所示,建立直角坐标系,原点位于圆环中心,z 轴垂直于圆环所在平面上。此例题具有关于 z 轴的旋转对称性,为计算方便,可不失一般性地设场点 P 位于 xOz 平面。根据式(3-51),圆环电流在空间场点产生的磁位为

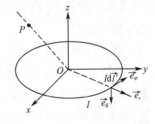

图 3-21　圆环电流

$$\vec{A} = \oint_l \frac{\mu I \, \mathrm{d}\vec{l}'}{4\pi |\vec{r} - \vec{r}'|} + \vec{C}$$

使用球坐标系,积分线元和场点的球坐标分别为 $(a, \pi/2, \varphi')$ 和 $(r, \theta, 0)$,将其代入源点和场点的位置矢量以及积分线元表达式中,有

$$\vec{r}=r\hat{e}_r=r(\hat{e}_x \sin\theta\cos\varphi+\hat{e}_y\sin\theta\sin\varphi+\hat{e}_z\cos\theta)=r(\hat{e}_x\sin\theta+\hat{e}_z\cos\theta)$$

$$\vec{r}'=r'\hat{e}_r=r'(\hat{e}_x\sin\theta'\cos\varphi'+\hat{e}_y\sin\theta'\sin\varphi'+\hat{e}_z\cos\theta')=a(\hat{e}_x\cos\varphi'+\hat{e}_y\sin\varphi')$$

$$\mathrm{d}\vec{l}'=a\,\mathrm{d}\varphi'\hat{e}_\phi=a\,\mathrm{d}\varphi'(-\hat{e}_x\sin\varphi'+\hat{e}_y\cos\varphi')$$

为便于积分运算,在上式中已将球坐标系的坐标单位矢量转换成直角坐标系的坐标单位矢量。将其代入式(3-51)中,整理得到

$$\vec{A}=\frac{\mu I}{4\pi}\int_0^{2\pi}\frac{a\,\mathrm{d}\varphi'(-\hat{e}_x\sin\varphi'+\hat{e}_y\cos\varphi')}{\sqrt{r^2+a^2-2ar\sin\theta\cos\varphi'}}$$

$$\approx\frac{\mu I}{4\pi}\int_0^{2\pi}\frac{a\,\mathrm{d}\varphi'(-\hat{e}_x\sin\varphi'+\hat{e}_y\cos\varphi')}{\sqrt{r^2-2ar\sin\theta\cos\varphi'}}$$

$$\approx\frac{\mu I}{4\pi}\int_0^{2\pi}\frac{a\,\mathrm{d}\varphi'(-\hat{e}_x\sin\varphi'+\hat{e}_y\cos\varphi')}{r}\left(1+\frac{a\sin\theta\cos\varphi'}{r}\right)$$

$$=\hat{e}_y\frac{\mu\pi a^2 I}{4\pi r^2}\sin\theta=\hat{e}_\phi\frac{\mu p_m}{4\pi r^2}\sin\theta$$

在上式中,用到了 $a\ll r$ 的远场近似条件。引入磁偶极矩矢量 $\vec{p}_m$,其方向垂直于圆环电流且与电流方向满足右手螺旋法则,大小等于电流大小 I 乘以圆环面积 S,即 $\vec{p}_m=IS\hat{e}_n=I\vec{S}$,则上式中的磁位可写成矢量形式

$$\vec{A}=\frac{\mu}{4\pi r^3}\vec{p}_m\times\vec{r}$$

对磁位取旋度,得到磁感应强度

$$\vec{B}=\nabla\times\vec{A}=\mu\frac{p_m}{4\pi r^3}(\hat{e}_r 2\cos\theta+\hat{e}_\theta\sin\theta)=\frac{\mu_0}{4\pi r^3}\left(\frac{3\vec{r}\cdot\vec{p}_m}{r^2}\vec{r}-\vec{p}_m\right)$$

与例 2-3 中得到的电偶极子远区电场强度

$$\vec{E}=\frac{1}{4\pi\varepsilon_0 r^3}\left(\frac{3\vec{r}\cdot\vec{p}}{r^2}\vec{r}-\vec{p}\right)$$

对比,可见两者在形式上的类似。

【例 3-12】 如图 3-22 所示,求无限长圆柱体轴电流的磁感应强度。

解 设圆柱的半径为 a,圆柱中的体电流密度大小为 J。如图 3-22 所示,建立直角坐标系,z 轴与中心轴重合。本题属于已知电流分布求空间磁感应强度的问题,可以使用直接积分法或安培环路定理来求解。使用直接积分法会面临较为复杂的积分运算,而使用安培环路定理时需首先确定空间磁感应强度 $\vec{B}$ 的方向。对于无限长圆柱体轴电流,首先考虑磁位的方向较为便利。由于任一电流元 $\vec{J}\mathrm{d}V'$ 都沿着 z 轴正向,其在空间场点产生的磁位

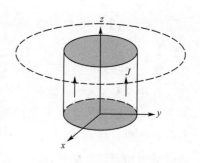

图 3-22 无限长圆柱体轴电流

$$\mathrm{d}\vec{A} = \frac{\mu \vec{J}\, \mathrm{d}V'}{4\pi |\vec{r}-\vec{r}'|}$$

也沿 z 轴正向。所以,在空间任一场点处的磁位 $\vec{A}$ 就只有 $\vec{e}_z$ 分量,根据对称性,其大小只与场点到中心轴的距离有关,形式可写成 $\vec{A}=A(\rho)\vec{e}_z$。对 $\vec{A}$ 求旋度,即有

$$\vec{B} = \nabla \times \vec{A} = \frac{1}{\rho}\begin{vmatrix} \vec{e}_\rho & \rho\vec{e}_\varphi & \vec{e}_z \\ \dfrac{\partial}{\partial \rho} & \dfrac{\partial}{\partial \varphi} & \dfrac{\partial}{\partial z} \\ 0 & 0 & A(\rho) \end{vmatrix} = B(\rho)\vec{e}_\varphi$$

可见,空间任一场点处的磁感应强度 $\vec{B}$ 只有 $\vec{e}_\varphi$ 分量。过场点取一个以 z 轴为中心轴的圆周,以此圆周为安培环路,磁感应强度沿此环路的环量为 $2\pi\rho B(\rho)$,当场点位于圆柱体内时,穿过圆周的电流为 $J\pi\rho^2$,根据安培环路定理,即有

$$2\pi\rho B(\rho) = \mu_0 J\pi\rho^2$$

得到场点处的磁感应强度大小 $B(\rho)=\mu_0 J/2$。当场点位于圆柱体外时,穿过圆周的电流为 $J\pi a^2$,根据安培环路定理,有

$$2\pi\rho B(\rho) = \mu_0 J\pi a^2$$

得到场点处的磁感应强度大小 $B(\rho)=\mu_0 J a^2/(2\rho)$。综上得到

$$\vec{B} = \begin{cases} \mu_0 \rho J/2 & (\rho \leqslant a) \\ \mu_0 J a^2/(2\rho) & (\rho > a) \end{cases}$$

【例 3-13】　如图 3-23 所示,求无限长圆柱面环电流的磁感应强度。

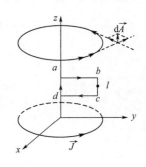

图 3-23　无限长圆柱面环电流

解　设圆柱的半径为 a,圆柱上的面电流密度大小为 J。如图 3-23 所示,建立直角坐标系,z 轴与中心轴重合。由于对称性,对于圆柱面上的任一电流元,可对称地取一个电流元,这两个电流元在任意场点位置产生的合磁矢位 $\mathrm{d}\vec{A}$ 只有 $\vec{e}_\varphi$ 分量。所以,在空间任一场点处的磁矢量就只有 $\vec{e}_\varphi$ 分量,可写成 $\vec{A}=A(\rho)\vec{e}_\varphi$ 形式。对 $\vec{A}$ 求旋度,即有

$$\vec{B} = \nabla \times \vec{A} = \frac{1}{\rho}\begin{vmatrix} \vec{e}_\rho & \rho\vec{e}_\varphi & \vec{e}_z \\ \dfrac{\partial}{\partial \rho} & \dfrac{\partial}{\partial \varphi} & \dfrac{\partial}{\partial z} \\ 0 & A(\rho) & 0 \end{vmatrix} = B(\rho)\vec{e}_z$$

可见,空间任一场点处的磁感应强度 $\vec{B}$ 只有 $\vec{e}_z$ 分量。过场点取一个长度为 l 的矩形回路 $abcd$,磁感应强度沿此回路的环量为 $B_0 l - B(\rho)l$,其中 B_0 为中心轴上的磁感应强度大小,在例 3-3 中已求得 $B_0=\mu_0 J$。当场点位于圆柱体内时,穿过回路的电流为 0,根据安培环路定理,即有

$$B_0 l - B(\rho)l = 0$$

得到场点处的磁感应强度大小 $B(\rho)=B_0=\mu_0 J$。当场点位于圆柱体外时,穿过圆周的

电流为 Jl,根据安培环路定理,有

$$B_0 l - B(\rho)l = \mu_0 Jl$$

得到 $B(\rho)=0$,即在圆柱体外无磁场。综上得到

$$\vec{B} = \begin{cases} \mu_0 J & (\rho \leqslant a) \\ 0 & (\rho > a) \end{cases}$$

3.6 恒定磁场的边值关系

本节讨论恒定磁场在分界面上的变化规律。研究恒定磁场边值关系的出发点是恒定磁场基本方程的积分形式,即式(3-26)和式(3-38)。在介质 1 和介质 2 的分界面上,建立起直角坐标系,其 z 轴垂直于分界面,xOy 平面与分界面重合,如图 3-24 所示。

设在靠近分界面的介质 1 一侧的磁感应强度 $\vec{B}_1 = B_{1x}\vec{e}_x + B_{1y}\vec{e}_y + B_{1z}\vec{e}_z$,介质 2 一侧的磁感应强度 $\vec{B}_2 = B_{2x}\vec{e}_x + B_{2y}\vec{e}_y + B_{2z}\vec{e}_z$。紧靠分界面取一个薄柱体 V,其底面积为小量 ΔS,侧面垂直于分界面。当柱体的厚度无限缩小时,磁感应强度 $\vec{B}$ 在其表面 S 的通量就等于 $\vec{B}$ 在底面 S_1 和顶面 S_2 的通量之和,即

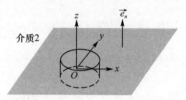

图 3-24 磁感应强度矢量的法向分量跃变

$$\oint_S \vec{B} \cdot d\vec{S} = \int_{S_1} \vec{B} \cdot d\vec{S} + \int_{S_2} \vec{B} \cdot d\vec{S}$$

$$= \int_{S_1} (B_{1x}\vec{e}_x + B_{1y}\vec{e}_y + B_{1z}\vec{e}_z) \cdot dS(-\vec{e}_z) +$$

$$\int_{S_2} (B_{2x}\vec{e}_x + B_{2y}\vec{e}_y + B_{2z}\vec{e}_z) \cdot dS\vec{e}_z$$

$$= -\int_{S_1} B_{1z} dS + \int_{S_2} B_{2z} dS = (B_{2z} - B_{1z})\Delta S$$

根据式(3-26),磁感应强度在任意闭合曲面的通量为 0,即有

$$(B_{2z} - B_{1z})S = 0$$

得到

$$B_{2z} - B_{1z} = 0$$

写成矢量形式有

$$\vec{e}_n \cdot (\vec{B}_2 - \vec{B}_1) = 0 \tag{3-52}$$

式中,$\vec{e}_n$ 为从介质 1 指向介质 2 的法向单位矢量。

式(3-52)即磁感应强度的法向分量所要满足的边值关系,它说明在两介质的分界面上磁感应强度的法向分量是连续的。

下面求磁场强度切向分量所满足的边值关系。建立起直角坐标系 xyz,z 轴垂直于分界

面,y 轴平行于自由面电流方向,如图 3-25 所示。

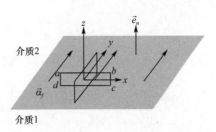

图 3-25　磁场强度矢量的切向分量跃变

设在靠近分界面的介质 1 一侧的磁场强度 $\vec{H}_1 = H_{1x}\vec{e}_x + H_{1y}\vec{e}_y + H_{1z}\vec{e}_z$,介质 2 一侧的磁场强度 $\vec{H}_2 = H_{2x}\vec{e}_x + H_{2y}\vec{e}_y + H_{2z}\vec{e}_z$。紧靠分界面取一个狭长矩形回路 l,其长边平行于 x 轴,边长为小量 Δl,短边垂直于分界面。当短边的边长无限缩小时,磁场强度 $\vec{H}$ 在矩形回路的环量就等于 $\vec{E}$ 在上边长(从 a 到 b)和下边长(从 c 到 d)的线积分之和,即

$$\oint_l \vec{H} \cdot \mathrm{d}\vec{l} \approx \int_a^b \vec{H}_1 \cdot \mathrm{d}\vec{l} + \int_c^d \vec{H}_2 \cdot \mathrm{d}\vec{l}$$

$$= \int_a^b (H_{2x}\vec{e}_x + H_{2y}\vec{e}_y + H_{2z}\vec{e}_z) \cdot \mathrm{d}l\vec{e}_x + \int_c^d (H_{1x}\vec{e}_x + H_{1y}\vec{e}_y + H_{1z}\vec{e}_z) \cdot \mathrm{d}l(-\vec{e}_x)$$

$$= \int_a^b H_{2x}\,\mathrm{d}l - \int_c^d H_{1x}\,\mathrm{d}l = (H_{2x} - H_{1x})\Delta l$$

设分界面上自由面电流密度矢量为 $\vec{\alpha}_f$,则通过回路的电流强度为 $I = \alpha_f \Delta l$。根据式(3-38),磁场强度在任意闭合回路的环量等于通过该回路的电流,即有

$$(H_{2x} - H_{1x})\Delta l = \alpha_f \Delta l$$

所以有

$$H_{2x} - H_{1x} = \alpha_f \tag{3-53}$$

同理,可取一个长边平行于 y 轴的狭长矩形回路,证得

$$H_{2y} - H_{1y} = 0 \tag{3-54}$$

式(3-53)和式(3-54)可结合写成矢量形式

$$\vec{e}_n \times (\vec{H}_2 - \vec{H}_1) = \vec{\alpha}_f \tag{3-55}$$

式(3-55)即磁场强度切向分量所要满足的边值关系,它说明在两介质的分界面上磁场强度的切向分量是不连续的,其跃变大小取决于分界面上的自由面电流密度。

式(3-52)和式(3-55)即磁场在介质分界面上的边值关系。将 $\vec{B} = \nabla \times \vec{A}$ 代入这两式中,可以得到磁矢位 $\vec{A}$ 的边值关系。对于均匀线性的磁介质,有

$$\begin{cases} \vec{e}_n \cdot (\nabla \times \vec{A}_2 - \nabla \times \vec{A}_1) = 0 \\ \vec{e}_n \times \left(\dfrac{1}{\mu_2} \nabla \times \vec{A}_2 - \dfrac{1}{\mu_1} \nabla \times \vec{A}_1 \right) = \vec{\alpha}_f \end{cases} \tag{3-56}$$

【例 3-14】　已知上层介质中磁场强度矢量为 $\vec{H} = 3\vec{e}_y + 2\vec{e}_z$,在下层介质中 $\vec{H} = 4\vec{e}_x + 3\vec{e}_z$,求两介质分界面($z=1$)上自由面电流密度与磁化电流密度的夹角的余弦。

解　设上层介质为介质 1,下层介质为介质 2,$\vec{e}_n$ 为从介质 1 指向介质 2 的法向单位矢量,有 $\vec{e}_n = -\vec{e}_z$。在两介质的分界面上,有 $\vec{H}_1 = 3\vec{e}_y + 2\vec{e}_z$,$\vec{H}_2 = 4\vec{e}_x + 3\vec{e}_z$。将其代入式(3-55)可得分界面上的自由面电流密度矢量

$$\vec{\alpha}_f = \vec{e}_n \times (\vec{H}_2 - \vec{H}_1) = (-\vec{e}_z) \times (4\vec{e}_x - 3\vec{e}_y + \vec{e}_z) = -4\vec{e}_y - 3\vec{e}_x$$

要求得磁化电流密度,需要先求出两介质中的磁化强度,由式(3-39),有

$$\vec{M}_1 = \left(\frac{\mu_1}{\mu_0} - 1 \right)\vec{H}_1 = \frac{1}{2}\vec{H}_1$$

$$\vec{M}_2 = \left(\frac{\mu_2}{\mu_0} - 1\right)\vec{H}_2 = 0$$

代入式(3-34)可得分界面上的磁化电流密度

$$\vec{\alpha}_M = \vec{e}_n \times (\vec{M}_2 - \vec{M}_1) = (-\vec{e}_z) \times \left(-\frac{3}{2}\vec{e}_y - \vec{e}_z\right) = -\frac{3}{2}\vec{e}_x$$

得到自由面电流密度与磁化电流密度的夹角的余弦

$$\cos\theta = \frac{\vec{\alpha}_f \cdot \vec{\alpha}_M}{|\vec{\alpha}_f| \cdot |\vec{\alpha}_M|} = \frac{3}{5}$$

【例 3-15】 在 $z > 0$ 的半空间中为空气,$z < 0$ 的半空间中填充有 $\varepsilon = 1.2\varepsilon_0$,$\mu = 1.5\mu_0$ 的绝缘介质。空气中的磁感应强度为 $\vec{B} = 2\vec{e}_x + 4/3\vec{e}_y + \vec{e}_z$,求分界面介质一侧的磁感应强度。

解 分界面位于 $z = 0$ 的平面,分界面上介质 2 一侧的磁感应强度为

$$\vec{B}_2 = 2\vec{e}_x + \frac{4}{3}\vec{e}_y + \vec{e}_z$$

设分界面上介质 1 一侧的磁感应强度为

$$\vec{B}_1 = B_{1x}\vec{e}_x + B_{1y}\vec{e}_y + B_{1z}\vec{e}_z$$

两侧的磁感应强度要满足两个边值关系,由式(3-52)有

$$\vec{e}_n \cdot (\vec{B}_2 - \vec{B}_1) = B_{2z} - B_{1z} = 1 - B_{1z} = 0$$

得到 $B_{1z} = 1$。

由式(3-55)有

$$\vec{e}_n \times (\vec{H}_2 - \vec{H}_1) = \vec{e}_n \times \left(\frac{\vec{B}_2}{\mu_2} - \frac{\vec{B}_1}{\mu_1}\right)$$

$$-\vec{e}_z \times \left[\left(\frac{2}{\mu_0} - \frac{B_{1x}}{1.5\mu_0}\right)\vec{e}_x + \left(\frac{4}{3\mu_0} - \frac{B_{1y}}{1.5\mu_0}\right)\vec{e}_y + \left(\frac{1}{\mu_0} - \frac{B_{1z}}{1.5\mu_0}\right)\vec{e}_z\right] = 0$$

得

$$B_{1x} = 3, B_{1y} = 2$$

综上有

$$\vec{B}_1 = 3\vec{e}_x + 2\vec{e}_y + \vec{e}_z$$

3.7 标量磁位

在 3.6 节中给出了磁位泊松方程,在给定边界条件时,可以通过求解此偏微分方程得到空间的磁矢位分布。但是由于磁矢位 $\vec{A}$ 是一个矢量,相比标量电位 φ,解 $\vec{A}$ 的边值问题要复杂得多。在本节,我们将看到,在某些特定条件下,可以通过引入标量磁位 φ_m,将恒定磁场的边值问题转化为求解 φ_m 的边值问题。

根据介质中的安培环路定理式(3-38),磁场强度矢量 $\vec{H}$ 沿任意回路 L 的环量

$$\oint_L \vec{H} \cdot \mathrm{d}\vec{l} = I$$

式中,I 为通过以 L 为边界的任意曲面的自由电流。如果在此空间中,任意回路都没有自由电流通过,即有

$$\oint_L \vec{H} \cdot \mathrm{d}\vec{l} = 0 \qquad (3\text{-}57)$$

恒成立。在此条件下,$\vec{H}$ 是无旋场,可以表示为标量函数的梯度,即可写成

$$\vec{H} = \nabla(-\varphi_m) = -\nabla \varphi_m \qquad (3\text{-}58)$$

式中,标量函数 φ_m 称为恒定磁场的标量磁位,简称磁标位。

综上所述,可以引入磁标位的条件就是在所求解的空间任意环路都没有自由电流通过。下面讨论两个满足此条件的例子:

(1)如图 3-26 所示,导线回路 C 中通有电流 I,在除去 C 及其所围区域 S 的空间中,任意环路都不会有电流通过,因此可以引入磁标位来描述磁场。这里需注意的是,仅仅除去 C 及其所围区域 S 的空间是不满足条件的,尽管此时在空间中无自由电流通过,但是在此空间中仍然可以取一个环绕电流 I 的环路,在此环路上磁场强度 $\vec{H}$ 的环量等于 I 而不为 0,说明此空间中 $\vec{H}$ 并不是无旋场。

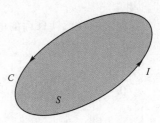

图 3-26　导线回路 C 及其所围区域 S

(2)对于永磁铁,其磁场都是分子电流激发的磁化磁场,整个空间没有自由电流存在,因此对于全空间都可以用磁标位来描述。磁标位的一个重要应用就是求解永磁或铁磁物质的磁场分布。

在可引入磁标位的空间中,无自由电流存在,因此由式(3-37)可得

$$\nabla \times \vec{H} = 0 \qquad (3\text{-}59)$$

对磁场强度矢量的定义式(3-36)两侧取散度,并利用 $\nabla \cdot \vec{B} = 0$ 的条件,可得

$$\nabla \cdot \vec{H} = -\nabla \cdot \vec{M} \qquad (3\text{-}60)$$

在使用磁标位时,要注意方程与电位方程的对应关系,这样在第 2 章里解静电场问题的方法就可以直接用到解恒定磁场的问题上来。基于这一考虑,定义磁荷密度

$$\rho_m = -\mu_0 \nabla \cdot \vec{M} \qquad (3\text{-}61)$$

则式(3-60)可以写成和静电场的高斯定理式(2-18)一致的形式

$$\nabla \cdot \vec{H} = \frac{\rho_m}{\mu_0} \qquad (3\text{-}62)$$

将 $\vec{H} = -\nabla \varphi_m$ 代入式(3-62),得到磁标位要满足的泊松方程

$$\nabla^2 \varphi_m = -\frac{\rho_m}{\mu_0} \qquad (3\text{-}63)$$

在无磁化或均匀磁化的空间,磁荷密度为 0,磁标位满足拉普拉斯方程

$$\nabla^2 \varphi_m = 0 \qquad (3\text{-}64)$$

【例 3-16】 如图 3-27 所示,求磁化强度矢量为 $\vec{M}_0$ 的均匀磁化铁球产生的磁场。

解 将铁球外和铁球内记为区域 1 和区域 2。在铁球外的空间无磁化,磁荷密度为 0;在铁球内的空间为均匀磁化 $\vec{M}=\vec{M}_0$,磁荷密度 $\rho_m=-\mu_0 \nabla \cdot \vec{M}_0=0$。因此,在区域 1 和区域 2 中磁标位都满足拉普拉斯方程 $\nabla^2 \varphi_m=0$,在例 2-19 中已求得其通解形式

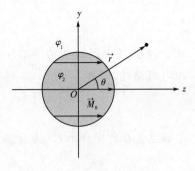

图 3-27 均匀磁化铁球

$$\varphi_1(r,\theta)=\sum_{n=0}^{\infty}\left(a_n r^n+\frac{b_n}{r^{n+1}}\right)P_n(\cos\theta)$$

$$\varphi_2(r,\theta)=\sum_{n=0}^{\infty}\left(c_n r^n+\frac{d_n}{r^{n+1}}\right)P_n(\cos\theta)$$

在 $r \to 0$ 时,铁球内的电位 φ_2 为有限值,所以要求 $d_n=0$,因此 φ_2 的通解形式化简为

$$\varphi_2(r,\theta)=\sum_{n=0}^{\infty}c_n r^n P_n(\cos\theta)$$

在 $r \to \infty$ 时,铁球外的电位 φ_1 要趋于 0,所以要求 $a_n=0$,因此 φ_1 的通解形式化简为

$$\varphi_1(r,\theta)=\sum_{n=0}^{\infty}\frac{b_n}{r^{n+1}}P_n(\cos\theta)$$

在铁球表面,即 $r=r_0$ 处,根据式(3-52)和式(3-55),磁场要满足两个边值关系

$$\begin{cases}\vec{e}_n \cdot (\vec{B}_2-\vec{B}_1)=0 \\ \vec{e}_n \times (\vec{H}_2-\vec{H}_1)=0\end{cases}$$

在球坐标系中,该边值关系可写成三个分量形式

$$\begin{cases}H_{2\theta}=H_{1\theta} \\ H_{2\varphi}=H_{1\varphi} \\ \mu_0(H_{2r}+M_r)=\mu_0 H_{1r}\end{cases}$$

式中,$M_r=M_0\cos\theta$ 为铁球内磁化强度矢量的径向分量。

将 $\vec{H}_1=-\nabla\varphi_1$ 和 $\vec{H}_2=-\nabla\varphi_2$ 代入上式,并代入 φ_1 和 φ_2 的通解形式,通过对比 $P_n(\cos\theta)$ 项的系数可得

$$b_1=\frac{1}{3}M_0 r_0^3,\ c_1=\frac{1}{3}M_0$$

$$b_n=c_n=0 \quad (n \neq 1)$$

代入 φ_1 和 φ_2 的通解形式得到磁标位为

$$\varphi_1=\frac{M_0 r_0^3}{3}\frac{\cos\theta}{r^2}$$

$$\varphi_2=\frac{1}{3}M_0 r\cos\theta$$

对应的磁场强度

$$\vec{H}_1 = -\nabla\varphi_1 = \frac{2M_0 r_0^3}{3r^3}(\hat{e}_r \cos\theta + \hat{e}_\theta \sin\theta)$$

$$\vec{H}_2 = -\nabla\varphi_2 = \frac{M_0}{3}(\hat{e}_r \cos\theta - \hat{e}_\theta \sin\theta)$$

3.8　恒定磁场的能量

恒定磁场具有能量。将电流回路放置到恒定磁场中,在磁场力的作用下,电流回路将发生运动,恒定磁场的能量转换成回路系统的动能。恒定磁场的能量来自建立电流系统时,外电源克服感应电场力所做的功。能量储存在恒定磁场之中,有磁场存在的地方就有能量存在。仿照质量密度的定义,可以定义磁场能量密度为单位体积内的磁场能量,即有

$$w_B = \frac{W_B}{\Delta V} \tag{3-65}$$

式中,W_B 为体积 ΔV 内的总磁场能量。

下面根据一个特例来探讨磁感应强度 $\vec{B}$ 和磁场能量密度 w_B 的关系。

通电螺线管横截面面积为 S,长度为 l,单位长度匝数为 n,其间充满磁导率为 μ 的介质,如图 3-28 所示。

当电路开关闭合后,由于感应电动势的存在,电路中电流不是立即达到稳态值 $I = U/R$,而是要经过一个瞬态过程,如图 3-29 所示。

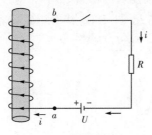

图 3-28　通电螺线管

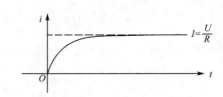

图 3-29　电流建立的瞬态过程

设在 t 时刻,瞬态电流为 i,根据法拉第电磁感应定律,螺线管中的感应电动势为

$$\varepsilon = -\frac{d\psi}{dt} = -\frac{d}{dt}(nlBS) = -nSl\frac{d}{dt}(\mu ni) = -\mu n^2 Sl\frac{di}{dt}$$

式中:ψ 为螺线管中的总磁通;螺线管长度为 l;单位长度匝数为 n;总匝数为 nl。

总磁通等于总匝数 nl 乘以单个线圈上的磁通 BS 当线圈中电流为 i 时,螺线管中的磁感应强度 $B = \mu ni$。

要将电荷 dq 从 a 搬运到 b,电源要克服感应电动势做功,有

$$dW = dq(-\varepsilon) = (i\,dt)\left(\mu n^2 Sl\frac{di}{dt}\right) = \mu n^2 Sli\,di$$

当电路中电流达到稳态值 I 后,电源克服感应电动势所做的功总和为

$$W = \int dW = \mu n^2 Sl \int i\,di = \mu n^2 Sl \int_0^I i\,di = \frac{1}{2} \mu n^2 Sl I^2$$

根据能量守恒定律,电路开关闭合后电源克服感应电动势所做的功将转化为储存在螺线管内部空间的磁场的能量。已知螺线管内部空间 $\Delta V = Sl$,根据式(3-65),可求得其中的磁场能量密度等于

$$w_B = \frac{W_B}{\Delta V} = \frac{W}{\Delta V} = \frac{\frac{1}{2} \mu n^2 Sl I^2}{Sl} = \frac{1}{2} \mu n^2 I^2 = \frac{1}{2\mu}(\mu n I)^2 = \frac{1}{2} \times \frac{B^2}{\mu} = \frac{1}{2} \vec{B} \cdot \vec{H}$$

式中,$\vec{H} = \vec{B}/\mu$ 为磁场强度矢量。

上式表明磁场能量密度与磁感应强度大小的平方成正比,磁场能量储存在磁场不为零的空间中。

在一般情况下,若介质中磁场强度矢量为 $\vec{H}$,磁感应强度为 $\vec{B}$,则磁场能量密度等于

$$w_B = \frac{1}{2} \vec{B} \cdot \vec{H} \tag{3-66}$$

对于线性和各向同性磁介质,$\vec{B} = \mu \vec{H}$,式(3-66)可以写成

$$w_B = \frac{1}{2} \frac{B^2}{\mu} \tag{3-67}$$

分布在一定体积 V 内的总磁场能量为

$$W_B = \int_V \frac{1}{2} \vec{B} \cdot \vec{H}\,dV \tag{3-68}$$

【例 3-17】 已知通电螺线管横截面面积为 S,长度为 l,单位长度匝数为 n,其间充满磁导率为 μ 的介质,若将电阻调为 $R/2$,求螺线管磁场能量的增量.

解 电阻为 R 时,达到稳定状态后电路中的电流 $I = U/R$,螺线管中磁场能量密度为

$$w = \frac{1}{2} \vec{B} \cdot \vec{H} = \frac{1}{2} \times \frac{B^2}{\mu} = \frac{1}{2} \times \frac{(\mu n U/R)^2}{\mu}$$

螺线管内部的体积 $V = Sl$,则其中总的磁场能量为

$$W = wV = \frac{\mu (nU)^2}{R^2} Sl$$

同理可求得,当电阻调为 $R/2$ 后,螺线管中磁场能量为

$$W' = w'V = \frac{\mu}{2} \times \frac{(nU)^2}{(R/2)^2} Sl = 2\mu \frac{(nU)^2}{R^2} Sl$$

磁场能量的增量为

$$\Delta W = W' - W = \frac{3\mu n^2 U^2 Sl}{2R^2}$$

习题3

3-1 半径为 a、带电量为 q 的均匀带电圆盘绕中心轴以角速度 ω 旋转,求圆盘上的

电流密度。

3-2　试根据电流连续性方程证明：在恒定条件下通过一个电流管任意两个截面的电流相等。

3-3　在如图题 3-3 所示，一条无限长导线在一处弯成半径为 a 的半圆形，导线中的电流强度为 I，求圆心处的磁感应强度。

3-4　如图题 3-4 所示，在宽为 $2a$ 的无限长平面导体薄板上流有均匀分布的电流 I，已知空间中的 P 点到平面距离为 b，它在板上的投影位于板的中线上，求 P 点的磁感应强度。

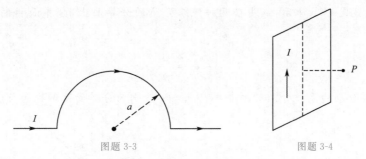

图题 3-3　　　　　　　　　　　　　　图题 3-4

3-5　半径为 a、带电量为 q 的均匀带电球体绕直径以角速度 ω 旋转，求旋转轴上的磁感应强度。

3-6　两平行无限长直线电流 I_1 和 I_2，间距为 d，求每根导线单位长度上受到的安培力。

3-7　如图题 3-7 所示，载有电流 I_1 的长直导线旁有一个边长为 a、载有电流 I_2 的正三角形线圈，已知直导线和线圈都在同一平面，线圈的一条边与导线平行，中心到导线距离为 b，求线圈所受的安培力。

3-8　如图题 3-8 所示，同轴电缆的内、外筒半径分别为 a 和 b，内、外筒上流有等值反向的电流 I。设外筒的厚度可以忽略，内筒横截面上的电流是均匀分布的，求空间的磁感应强度。

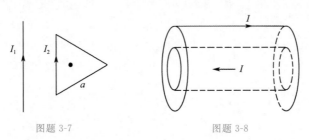

图题 3-7　　　　　　　　　　　　　　图题 3-8

3-9　通有均匀电流 I 的长圆柱导体中有一平行的圆柱形空腔，其横截面尺寸如图题 3-9 所示。试求空间各区域的磁感应强度。

3-10　两块无限大导体平板平行放置，板间的距离为 d，两块板上都载有电流密度为 $\vec{J}$ 的同向均匀电流，在板间填充有相对磁导率为 μ 的均匀磁介质，求磁化电流分布。

3-11　一无限长直螺线管，单位长度上的匝数为 n，螺线管内充满相对磁导率为 μ 的均匀磁介质。今在导线圈内通以电流 I,求磁化电流分布。

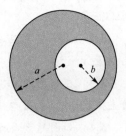

图题 3-9

3-12 求载有电流 I 的无限长直导线的磁矢位,并通过磁矢位求出磁感应强度。

3-13 如图题 3-13 所示,两根平行且载有等值反向电流 I 的无限长直导线构成双线输电线,试通过磁矢位求出该系统的磁感应强度。

3-14 求无限大均匀载流导体平板的磁矢位,并通过磁矢位求出磁感应强度。

3-15 如图题 3-15 所示,证明在两种绝缘介质的分界面上,分界面两侧的磁场满足折射关系:

$$\frac{\tan \theta_2}{\tan \theta_1} = \frac{\mu_2}{\mu_1}$$

式中:μ_1 和 μ_2 分别为两种介质的磁导率;θ_1 和 θ_2 分别为分界面两侧磁场与法线的夹角。

图题 3-13   图题 3-15

3-16 证明:磁导率 $\mu \rightarrow \infty$ 的磁介质表面为等磁标位面。

3-17 将一磁导率为 μ、半径为 u 的球体放入均匀磁场 H_0 中,求总磁感应强度。

3-18 求题 3-8 中的同轴电缆储存的磁场能量。

第4章

时变电磁场

本章讨论时变电磁场的性质。首先介绍法拉第电磁感应定律,它揭示出时变磁场产生电场;其次介绍位移电流的概念,它揭示出时变电场产生磁场;接着总结出时变电磁场所满足的基本方程,即麦克斯韦方程组;然后基于基本方程引入矢量位和标量位的概念,并推导出它们所要满足的达朗贝尔方程;基于能量守恒定律推导出电磁能量守恒定律即坡印廷定理,引入能量密度矢量即坡印廷矢量的概念;最后介绍了时谐电磁场的复数表示方法。

4.1 电磁感应定律

法拉第在 1831 年通过实验发现,当磁场发生变化时,在附近的闭合线圈中有电流通过,由此总结出电磁感应定律:当穿过以导电回路 L 为边界的曲面 S 的磁通量发生变化时,在该导电回路中产生感应电动势,并引起感应电流,感应电动势 ε 的大小正比于磁通量的时间变化率,其方向总是使得感应电流的磁场阻碍原有磁通量的变化。若规定 L 的绕行方向与曲面 S 上面元矢量 $\mathrm{d}\vec{S}$ 的方向成右手螺旋法则,电磁感应定律的数学表达式可以写为

$$\varepsilon = -\frac{\mathrm{d}\Psi}{\mathrm{d}t} = -\frac{\mathrm{d}}{\mathrm{d}t}\int_{s}\vec{B}\cdot\mathrm{d}\vec{S} \qquad (4\text{-}1)$$

当 ε 为正时,其方向与 L 的规定绕行方向相同;当 ε 为负时,其方向与 L 的规定绕行方向相反。

将静止的固定回路放置在磁场中,当磁场发生变化时,穿过回路的磁通量发生变化,根据电磁感应定律,在回路中将产生感应电动势,并引起感应电流,这表明在空间存在着电场,回路中的电荷在电场的作用下发生运动形成电流。因此,电磁感应定律揭示出,变

化磁场会产生感应电场。根据电动势的定义,一个回路中的感应电动势 ε 为感应电场 $\vec{E}$ 绕回路一圈的线积分,代入到式(4-1)中即有

$$\varepsilon = \oint_L \vec{E} \cdot \mathrm{d}\vec{l} = -\frac{\mathrm{d}}{\mathrm{d}t} \int_S \vec{B} \cdot \mathrm{d}\vec{S} \qquad (4-2)$$

此即电磁感应定律的积分形式。若取一个固定回路 L,结合斯托克斯定理,上式可写成

$$\int_S \nabla \times \vec{E} \cdot \mathrm{d}\vec{S} = -\int_S \frac{\partial \vec{B}}{\partial t} \cdot \mathrm{d}\vec{S}$$

此关系要对任意曲面 S 成立,因此得到

$$\nabla \times \vec{E} = -\frac{\partial \vec{B}}{\partial t} \qquad (4-3)$$

此即电磁感应定律的微分形式。上式表明,感应电场是有旋场。在电磁场随时间变化的一般情况下,表示静电场的无旋性的式(2-21)和式(2-19)应该代以更普遍的式(4-2)和式(4-3)。

【例 4-1】 如图 4-1 所示,矩形导体回路的一条边 L 可滑动,有磁场 $\vec{B}$ 垂直穿过回路。求以下几种情形下,矩形回路中的感应电动势:(1)磁场为均匀磁场,$\vec{B} = B_0 \vec{e}_z$,L 往右以匀速 $\vec{v} = v\vec{e}_x$ 运动;(2)磁场随时间而线性增大,$\vec{B} = k_0 t \vec{e}_z$,$L$ 保持静止,L 到 y 轴的距离为 a;(3)磁场随时间而线性增大,$\vec{B} = k_0 t \vec{e}_z$,$L$ 往右以匀速 $\vec{v} = v\vec{e}_x$ 运动;(4)磁场随时间而余弦变化,$\vec{B} = B_0 \cos \omega t \vec{e}_z$,$L$ 往右以匀速 $\vec{v} = v\vec{e}_x$ 运动。

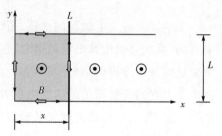

图 4-1 求矩形导体回路中的感应电动势

解 根据法拉第电磁感应定律,回路中的感应电动势

$$\varepsilon_{\text{in}} = -\frac{\mathrm{d}\Psi}{\mathrm{d}t} = -\frac{\mathrm{d}}{\mathrm{d}t} \int_S \vec{B} \cdot \mathrm{d}\vec{S}$$

在本题中规定回路的围绕方向为顺时针方向(图中粗箭头),根据右手螺旋法则,回路面元矢量 $\mathrm{d}\vec{S}$ 的法线方向为 z 轴正向,即有 $\mathrm{d}\vec{S} = \mathrm{d}S\vec{e}_z$。

(1)磁场为静态场,回路中磁通量的变化源于回路面积的变化。

$$\varepsilon_{\text{in}} = -\frac{\mathrm{d}}{\mathrm{d}t} \int_S \vec{B} \cdot \mathrm{d}\vec{S} = -\frac{\mathrm{d}}{\mathrm{d}t} \int_S (B_0 \vec{e}_z) \cdot (\mathrm{d}S\vec{e}_z)$$

$$= -\frac{\mathrm{d}}{\mathrm{d}t} \int_S B_0 \mathrm{d}S = -B_0 \frac{\mathrm{d}}{\mathrm{d}t} \int_S \mathrm{d}S = -B_0 \frac{\mathrm{d}}{\mathrm{d}t}(xl) = -B_0 lv$$

结果中的负号表明感应电动势方向与规定的回路围绕方向相反,在回路中推动电流逆时针流动(图中细箭头),产生方向为 z 轴负向的磁场,以抵抗回路中磁通量的增大。

(2)回路面积保持不变,回路中磁通量的变化源于磁场的变化。

$$\varepsilon_{\text{in}} = -\frac{\mathrm{d}}{\mathrm{d}t} \int_S \vec{B} \cdot \mathrm{d}\vec{S} = -\frac{\mathrm{d}}{\mathrm{d}t} \int_S (k_0 t \vec{e}_z) \cdot (\mathrm{d}S\vec{e}_z)$$

$$= -\frac{\mathrm{d}}{\mathrm{d}t} \int_S k_0 t \mathrm{d}S = -\frac{\mathrm{d}}{\mathrm{d}t} \Big[k_0 t \int_S \mathrm{d}S \Big] = -\frac{\mathrm{d}}{\mathrm{d}t} [k_0 t a l] = -k_0 a l$$

（3）回路中磁通量的变化源于磁场和回路面积的变化。

$$\varepsilon_{in}=-\frac{d}{dt}\int_{S}\vec{B}\cdot d\vec{S}=-\frac{d}{dt}\int_{S}(k_{0}t\vec{e}_{z})\cdot(dS\vec{e}_{z})$$

$$=-\frac{d}{dt}\int_{S}k_{0}t\,dS=-\frac{d}{dt}\Big[k_{0}t\int_{S}dS\Big]$$

$$=-\frac{d}{dt}[k_{0}txl]=-k_{0}l(x+vt)$$

（4）回路中磁通量的变化源于磁场和回路面积的变化。

$$\varepsilon_{in}=-\frac{d}{dt}\int_{S}\vec{B}\cdot d\vec{S}=-\frac{d}{dt}\int_{S}(B_{0}\cos\omega t\vec{e}_{z})\cdot(dS\vec{e}_{z})$$

$$=-\frac{d}{dt}[xlB_{0}\cos\omega t]=-B_{0}l(v\cos\omega t-x\omega\sin\omega t)$$

【例 4-2】 如图 4-2 所示，矩形导体回路放置于磁场中，求以下几种情形中，回路中的感应电动势：（1）磁场保持静止，$\vec{B}=B_{0}\vec{e}_{z}$，矩形回路以角速度 ω 绕中心轴（z 轴）转动；（2）矩形回路保持静止，磁场以角速度 ω 旋转；（3）矩形回路和磁场以角速度 ω 同向转动；（4）矩形回路和磁场以角速度 ω 反向转动。

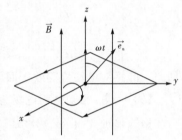

图 4-2 求旋转矩形导体回路中的感应电动势

解 （1）磁场为静态场，回路面积不变，回路中磁通量的变化源于回路法线方向的变化。根据电磁感应定律，回路中的感应电动势为

$$\varepsilon_{in}=-\frac{d\Psi}{dt}=-\frac{d}{dt}\int_{S}\vec{B}\cdot d\vec{S}=-\frac{d}{dt}\int_{S}(B_{0}\vec{e}_{z})\cdot(dS\vec{e}_{n})$$

$$=-\frac{d}{dt}\int_{S}(B_{0}\vec{e}_{z})\cdot[dS(\sin\omega t\vec{e}_{y}+\cos\omega t\vec{e}_{z})]$$

$$=-\frac{d}{dt}\int_{S}B_{0}\cos\omega t\,dS$$

$$=-\frac{d}{dt}(B_{0}\cos\omega tS)=B_{0}S\omega\sin\omega t$$

（2）回路面积和法线方向不变，磁场的大小不变，回路中磁通量的变化源于磁场方向的变化。

$$\varepsilon_{in}=-\frac{d\Psi}{dt}=-\frac{d}{dt}\int_{S}\vec{B}\cdot d\vec{S}=-\frac{d}{dt}\int_{S}(B_{0}\vec{e}_{z})\cdot(dS\vec{e}_{z})$$

$$=-\frac{d}{dt}\int_{S}[B_{0}(\sin\omega t\vec{e}_{y}+\cos\omega t\vec{e}_{z})]\cdot[dS\vec{e}_{z}]$$

$$=-\frac{d}{dt}\int_{S}B_{0}\cos\omega t\,dS$$

$$=-\frac{d}{dt}(B_{0}\cos\omega tS)=B_{0}S\omega\sin\omega t$$

（3）回路法线方向和磁场方向同步变化，回路中的感应电动势

$$\varepsilon_{in} = -\frac{d\Psi}{dt} = -\frac{d}{dt}\int_S \vec{B} \cdot d\vec{S} = -\frac{d}{dt}\int_S (B_0\vec{e}_B) \cdot (dS\vec{e}_n)$$

$$= -\frac{d}{dt}\int_S B_0 dS = -\frac{d}{dt}(B_0 S) = 0$$

回路中不会有感应电动势产生。

（4）回路法线方向和磁场方向反向变化，回路中的感应电动势

$$\varepsilon_{in} = -\frac{d\Psi}{dt} = -\frac{d}{dt}\int_S \vec{B} \cdot d\vec{S} = -\frac{d}{dt}\int_S (B_0\vec{e}_B) \cdot (dS\vec{e}_n)$$

$$= -\frac{d}{dt}\int_S [B_0(\sin\omega t\vec{e}_y + \cos\omega t\vec{e}_z)][dS(-\sin\omega t\vec{e}_y + \cos\omega t\vec{e}_z)]$$

$$= -\frac{d}{dt}\int_S [B_0 dS(-\sin^2\omega t + \cos^2\omega t)] = -\frac{d}{dt}\int_S [B_0\cos(2\omega t)dS]$$

$$= -\frac{d}{dt}[B_0\cos(2\omega t)S] = 2B_0 S\omega\sin(2\omega t)$$

回路中的感应电动势等效于回路或者磁场单独以角速度 2ω 旋转时的感应电动势。

【例 4-3】 已知空间电场为 $\vec{E} = k_0 t(y\vec{e}_x - x\vec{e}_y)$，求磁感应强度 $\vec{B}$ 的形式。

解 根据式(4-3)，磁感应强度 $\vec{B}$ 与电场强度 $\vec{E}$ 要满足关系

$$\frac{\partial\vec{B}}{\partial t} = -\nabla\times\vec{E} = -k_0 t\begin{vmatrix} \vec{e}_x & \vec{e}_y & \vec{e}_z \\ \dfrac{\partial}{\partial x} & \dfrac{\partial}{\partial y} & \dfrac{\partial}{\partial z} \\ y & -x & 0 \end{vmatrix} = 2k_0 t\vec{e}_z$$

上式两边对时间积分得到磁感应强度 $\vec{B}$ 的形式为

$$\vec{B} = k_0 t^2\vec{e}_z + \vec{C}$$

其中 $\vec{C}$ 为与时间无关的常矢量场。

4.2 位移电流

上一章式(3-37)给出了恒定磁场情形下的安培环路定理

$$\nabla\times\vec{H} = \vec{J}$$

对此式两侧取散度，由于矢量场旋度的散度为 0，即 $\nabla \cdot (\nabla\times\vec{H}) = 0$，因此要求

$$\nabla \cdot \vec{J} = 0$$

成立。在恒定磁场情形下，电流是稳恒的，空间的电荷密度分布不随时间而变化，根据电荷守恒定律有 $\nabla \cdot \vec{J} = -\partial\rho/\partial t = 0$，上式成立。但是在非恒定磁场情形下，空间的电流、电荷分布一般随着时间变化而变化，此时就有 $\nabla \cdot \vec{J} = -\partial\rho/\partial t \neq 0$，因此在非恒定条件下，电荷守恒定律和恒定磁场的安培环路定理相互矛盾。

为解决这一矛盾,麦克斯韦指出,恒定磁场的安培环路定理要经过修改才能应用到非恒定电磁场的情形,空间磁场的旋度源除了传导电流外,还有另一个旋度源,称之为位移电流,即式(3-37)应改写成

$$\nabla \times \vec{H} = \vec{J} + \vec{J}_D \tag{4-4}$$

其中 $\vec{J}$ 为传导电流密度,$\vec{J}_D$ 为位移电流密度,定义为

$$\vec{J}_D = \frac{\partial \vec{D}}{\partial t} \tag{4-5}$$

对式(4-4)两侧取散度,左侧的散度为 0,右侧的散度为

$$\nabla \cdot (\vec{J} + \vec{J}_D) = \nabla \cdot \vec{J} + \nabla \cdot \vec{J}_D = -\frac{\partial \rho}{\partial t} + \nabla \cdot \vec{J}_D$$

$$= -\frac{\partial}{\partial t}(\nabla \cdot \vec{D}) + \nabla \cdot \vec{J}_D = -\nabla \cdot \left(\frac{\partial \vec{D}}{\partial t}\right) + \nabla \cdot \vec{J}_D$$

$$= \nabla \cdot \left(\vec{J}_D - \frac{\partial \vec{D}}{\partial t}\right) = 0$$

可见,引入位移电流后,式(4-4)两侧的散度就都等于零,在理论上不再有矛盾。位移电流假设的正确性已由后续的电磁学实验和工程实践所证明。

将式(4-5)代入式(4-4)中,得到

$$\nabla \times \vec{H} = \vec{J} + \frac{\partial \vec{D}}{\partial t} \tag{4-6}$$

此式为推广了的安培环路定理,被称作全电流定律。在恒定磁场情形下,空间的电磁场量不随时间变化,磁场只有传导电流一个旋度源;而在非恒定磁场情形下,磁场的旋度源除了传导电流外,还有随时间变化的电场。因此,上式揭示出变化电场能激发磁场。

式(4-6)对应的积分形式为

$$\oint_L \vec{H} \cdot d\vec{l} = \int_S \left(\vec{J} + \frac{\partial \vec{D}}{\partial t}\right) \cdot d\vec{S} = I + I_D \tag{4-7}$$

此式表明,磁感应强度 $\vec{H}$ 沿任意闭合曲线 L 的环量,等于穿过以该闭合曲线为边界的任意曲面 S 的传导电流 I 与位移电流 I_D 之和。

【例 4-4】 如图 4-3 所示,一个电容器与交变电压源相连接组成电路。试证明通过图示截面 S_1 的位移电流和通过截面 S_2 的传导电流相等。

解 加在电容器上的电压发生变化时,电容板间的电场会发生变化,其随时间的变化率为

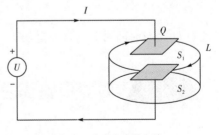

图 4-3 交变电容器电路

$$\frac{\partial E}{\partial t} = \frac{\partial}{\partial t}\left(\frac{Q}{\varepsilon_0 S}\right) = \frac{1}{\varepsilon_0 S}\frac{dQ}{dt} = \frac{I}{\varepsilon_0 S}$$

其中 Q 为电容板上的电荷量,其随时间的变化率为流进的电流强度 I。

通过截面 S_1 的位移电流等于位移电流密度乘以电容板的面积,即有

$$I_D = \frac{\partial D}{\partial t}S = \varepsilon_0 \frac{\partial E}{\partial t}S = \varepsilon_0\left(\frac{I}{\varepsilon_0 S}\right)S = I$$

I_D 等于截面 S_2 上通过的传导电流 I。从此例可以看出,电容板间的位移电流刚好等于导线中的传导电流,从而形成连续电流。

【例 4-5】 已知在电导率为 σ、介电常数为 ε 的媒介中,电场随时间余弦变化,其形式可写成 $\vec{E} = \hat{e}_x E_m \cos \omega t$,求位移电流与传导电流的比值。

解 位移电流密度

$$\vec{J}_D = \frac{\partial \vec{D}}{\partial t} = -\hat{e}_x \varepsilon E_m \omega \sin \omega t$$

传导电流密度

$$\vec{J} = \sigma \vec{E} = \hat{e}_x \sigma E_m \cos \omega t$$

两种电流的比值

$$\frac{J_D}{J} = \frac{\varepsilon E_m \omega}{\sigma E_m} = \frac{\varepsilon_r \varepsilon_0 \omega}{\sigma}$$

可见,对于同一种媒介,位移电流与传导电流的比值与电磁场的频率相关。当频率较低时,传导电流远大于位移电流,是磁场的主要源;当频率较高时,位移电流远大于传导电流,空间的磁场主要是由变化的电场激发的。

【例 4-6】 已知自由空间的磁感应强度为

$$\vec{B} = \frac{\mu_0 \varepsilon_0 k_0}{2}(x^2 + y^2)\hat{e}_z$$

求电场强度 $\vec{E}$ 的形式。

解 自由空间的传导电流密度为 0。根据式(4-6),磁感应强度 $\vec{B}$ 与电场强度 $\vec{E}$ 要满足关系

$$\frac{\partial \vec{E}}{\partial t} = \frac{1}{\mu_0 \varepsilon_0}\nabla \times \vec{B} = \frac{k_0}{2}\begin{vmatrix} \hat{e}_x & \hat{e}_y & \hat{e}_z \\ \frac{\partial}{\partial x} & \frac{\partial}{\partial y} & \frac{\partial}{\partial z} \\ \end{vmatrix} = k_0(y\hat{e}_x - x\hat{e}_y)$$

上式两边对时间积分,得到电场强度 $\vec{E}$ 的形式为

$$\vec{E} = k_0 t(y\hat{e}_x - x\hat{e}_y) + \vec{D}$$

其中 $\vec{D}$ 为与时间无关的常矢量场。

4.3 时变电磁场的基本方程

麦克斯韦方程组是对时变电磁场的散度和旋度特性的一个总结。

4.3.1 麦克斯韦方程组

麦克斯韦方程组的微分形式描述了在空间任意一点场与源相互之间的关系,其形式为

$$\nabla \times \vec{H} = \vec{J} + \frac{\partial \vec{D}}{\partial t} \tag{4-8}$$

$$\nabla \times \vec{E} = -\frac{\partial \vec{B}}{\partial t} \tag{4-9}$$

$$\nabla \cdot \vec{B} = 0 \tag{4-10}$$

$$\nabla \cdot \vec{D} = \rho \tag{4-11}$$

上述方程组表明,电场是有旋有散场,其旋度源是时变磁场,散度源是电荷;磁场是有旋无散场,其旋度源是传导电流和时变电场,散度源无。麦克斯韦方程组反映了电荷和电流激发电磁场以及电磁场内部运动变化的规律,电荷和电流的运动变化可以在场源周围激发时变电磁场,同时,变化的电场可以产生磁场,变化的磁场也可以产生电场,两者相互激励,离开场源在空间往外运动传播,形成电磁波。

麦克斯韦方程组的积分形式描述了在空间某一区域边界和内部场与源相互之间的关系,其形式为

$$\oint_L \vec{H} \cdot \mathrm{d}\vec{l} = \int_s \left(\vec{J} + \frac{\partial \vec{D}}{\partial t} \right) \cdot \mathrm{d}\vec{S} \tag{4-12}$$

$$\oint_L \vec{E} \cdot \mathrm{d}\vec{l} = -\frac{\mathrm{d}}{\mathrm{d}t} \int_s \vec{B} \cdot \mathrm{d}\vec{S} \tag{4-13}$$

$$\oint_s \vec{B} \cdot \mathrm{d}\vec{S} = 0 \tag{4-14}$$

$$\oint_S \vec{D} \cdot \mathrm{d}\vec{S} = \int_V \rho \, \mathrm{d}V \tag{4-15}$$

此方程组各式的含义分别为:磁场强度沿任意闭合曲线的环量等于穿过以该闭合曲线为边界的任意曲面的传导电流和位移电流之和;电场强度沿任意闭合曲线的环量等于穿过以该闭合曲线为边界的任意曲面的磁通量随时间的变化率的负值;穿过任意闭合曲面的磁感应强度的通量恒等于 0;穿过任意闭合曲面的电位移的通量等于该闭合曲面内包含的自由电荷的总量。

在解介质中的电磁学问题时,除了麦克斯韦方程组之外,还需要描述介质特性的一组关系。对于线性和各向同性的介质,这组关系为

$$\vec{D} = \varepsilon \vec{E} \tag{4-16}$$

$$\vec{B} = \mu \vec{H} \tag{4-17}$$

$$\vec{J} = \sigma \vec{E} \tag{4-18}$$

其中 ε 为介质的介电常数,μ 为磁导率,σ 为电导率。这些关系称为介质的电磁性质方程,也称为介质的本构关系,反映了介质在外加电磁场下的极化、磁化和传导等宏观电磁性质。

在真空中,电磁性质方程可写成

$$\vec{D} = \varepsilon_0 \vec{E} \tag{4-19}$$

$$\vec{B} = \mu_0 \vec{H} \qquad (4\text{-}20)$$

其中 ε_0 和 μ_0 为真空中的介电常数和磁导率。

【例 4-7】 在无源($\vec{J} = 0, \rho = 0$)的真空中,若已知矢量场

$$\vec{E} = \vec{e}_x E_m \cos(\omega t - kz) \text{V/m}$$

在什么条件下,$\vec{E}$ 能成为电磁场的电场强度矢量? 求出对应的磁感应强度矢量 $\vec{B}$。

解 真实的电磁场量 $\vec{E}$ 和 $\vec{B}$ 必须满足自由空间麦克斯韦方程组。对矢量场 $\vec{E}$ 求散度有

$$\nabla \cdot \vec{E} = \frac{\partial E_x}{\partial x} + \frac{\partial E_y}{\partial y} + \frac{\partial E_z}{\partial z} = \frac{\partial}{\partial x} E_m \cos(\omega t - kz) = 0$$

满足式(4-11)。要使式(4-9)成立,$\vec{E}$ 的旋度需等于磁感应强度 $\vec{B}$ 随时间的变化率的负值,即

$$\nabla \times \vec{E} = \begin{vmatrix} \vec{e}_x & \vec{e}_y & \vec{e}_z \\ \dfrac{\partial}{\partial x} & \dfrac{\partial}{\partial y} & \dfrac{\partial}{\partial z} \\ & & \end{vmatrix} = \vec{e}_y \frac{\partial E_x}{\partial z} + \vec{e}_z \left(-\frac{\partial E_x}{\partial y} \right)$$

$$= \vec{e}_y \frac{\partial}{\partial z} [E_m \cos(\omega t - kz)] = \vec{e}_y k E_m \sin(\omega t - kz) = -\frac{\partial \vec{B}}{\partial t}$$

上式两边对时间求积分,得到 $\vec{B}$ 的形式应为

$$\vec{B} = \vec{e}_y \frac{k E_m}{\omega} \cos(\omega t - kz)$$

上式中省去了与时间无关的常矢量项。对 $\vec{B}$ 求散度有

$$\nabla \cdot \vec{B} = \frac{\partial B_x}{\partial x} + \frac{\partial B_y}{\partial y} + \frac{\partial B_z}{\partial z} = \frac{\partial}{\partial y} \frac{k E_m}{\omega} \cos(\omega t - kz) = 0$$

满足式(4-10)。最后,要使式(4-8)成立,需有

$$\nabla \times \vec{B} = \begin{vmatrix} \vec{e}_x & \vec{e}_y & \vec{e}_z \\ \dfrac{\partial}{\partial x} & \dfrac{\partial}{\partial y} & \dfrac{\partial}{\partial z} \\ & & \end{vmatrix} = \vec{e}_x \left(-\frac{\partial B_y}{\partial z} \right) + \vec{e}_z \frac{\partial B_y}{\partial x}$$

$$= -\vec{e}_x \frac{\partial}{\partial z} \left[\frac{k E_m}{\omega} \cos(\omega t - kz) \right]_{\vec{e}_x} = \frac{k^2 E_m}{\omega} \sin(\omega t - kz)$$

$$= \mu_0 \varepsilon_0 \frac{\partial \vec{E}}{\partial t} = -\vec{e}_x \mu_0 \varepsilon_0 E_m \omega \sin(\omega t - kz)$$

对比 $\sin(\omega t - kz)$ 项前的系数可发现,为使上式成立,要有

$$k^2 = \omega^2 \mu_0 \varepsilon_0$$

成立。

【例 4-8】 已知无源空间中的电场分布 $\vec{E} = (ay^2 + bt)\vec{e}_x$,求 a 和 b 的关系。

解 真实电场 $\vec{E}$ 必须满足自由空间麦克斯韦方程组,这就对电场形式中的参数 a 和 b 的取值附加了限制。对矢量场 $\vec{E}$ 求散度有

$$\nabla \cdot \vec{E} = \frac{\partial E_x}{\partial x} + \frac{\partial E_y}{\partial y} + \frac{\partial E_z}{\partial z} = \frac{\partial}{\partial x}(ay^2 + bt) = 0$$

满足式(4-11)。要使式(4-9)成立,则需

$$\nabla \times \vec{E} = \begin{vmatrix} \vec{e}_x & \vec{e}_y & \vec{e}_z \\ \dfrac{\partial}{\partial x} & \dfrac{\partial}{\partial y} & \dfrac{\partial}{\partial z} \\ ay^2 + bt & 0 & 0 \end{vmatrix} = \vec{e}_z(-2ay) = -\frac{\partial \vec{B}}{\partial t}$$

上式两边对时间求积分,得到 $\vec{B}$ 的形式应为 $\vec{B} = 2ayt\vec{e}_z$。对 $\vec{B}$ 求散度得到

$$\nabla \cdot \vec{B} = \frac{\partial B_x}{\partial x} + \frac{\partial B_y}{\partial y} + \frac{\partial B_z}{\partial z} = \frac{\partial}{\partial z}(2ayt) = 0$$

满足式(4-10)。最后,要使式(4-8)成立,需有

$$\nabla \times \vec{B} = \begin{vmatrix} \vec{e}_x & \vec{e}_y & \vec{e}_z \\ \dfrac{\partial}{\partial x} & \dfrac{\partial}{\partial y} & \dfrac{\partial}{\partial z} \\ 0 & 0 & 2ayt \end{vmatrix} = 2at\vec{e}_x = \mu_0\varepsilon_0 \frac{\partial \vec{E}}{\partial t} = \mu_0\varepsilon_0 b\vec{e}_x$$

为使上式成立,a 和 b 的关系要满足

$$b = \frac{2at}{\mu_0\varepsilon_0}$$

4.3.2 边值关系

类似于静电场和恒定磁场的边值关系的推导,从麦克斯韦方程组的积分形式可以得到电磁场在介质分界面上的边值关系

$$\vec{e}_n \times (\vec{H}_2 - \vec{H}_1) = \vec{\alpha} \tag{4-21}$$

$$\vec{e}_n \times (\vec{E}_2 - \vec{E}_1) = 0 \tag{4-22}$$

$$\vec{e}_n \cdot (\vec{D}_2 - \vec{D}_1) = \sigma \tag{4-23}$$

$$\vec{e}_n \cdot (\vec{B}_2 - \vec{B}_1) = 0 \tag{4-24}$$

其中 $\vec{e}_n$ 为从介质1指向介质2的法向单位矢量,$\vec{\alpha}$ 和 σ 分别为边界面上的自由电流密度和自由电荷密度。这组边值关系在形式上与静电场的边值关系式(2-45)和式(2-48)以及恒定磁场的边值关系式(3-52)和式(3-55)一致,但是现在可以用于任意时变电磁场。

4.4 时变电磁场的位函数

时变电场是有旋有散场,时变磁场是有旋无散场,基于时变电磁场的基本方程,本节将引入矢量位和标量位的概念,并推导出它们所要满足的达朗贝尔方程。

4.4.1 矢量位和标量位

由于磁场是无散场,即 $\nabla \cdot \vec{B} = 0$,因此磁感应强度 $\vec{B}$ 可以表示为某一矢量场的旋度。引入矢量函数 $\vec{A}$,磁感应强度 $\vec{B}$ 可写成 $\vec{A}$ 的旋度,即有

$$\vec{B} = \nabla \times \vec{A} \tag{4-25}$$

式中 $\vec{A}$ 称为电磁场的矢量位,其单位为 T·m(特斯拉·米)。

将式(4-25)代入法拉第电磁感应定律 $\nabla \times \vec{E} = -\partial \vec{B} / \partial t$ 中,有

$$\nabla \times \vec{E} = -\frac{\partial}{\partial t}(\nabla \times \vec{A})$$

整理得到

$$\nabla \times (\vec{E} + \frac{\partial \vec{A}}{\partial t}) = 0$$

该式表明 $\vec{E} + \partial \vec{A} / \partial t$ 是无旋场,因此它可以用标量函数 $-\varphi$ 的梯度来表示,即

$$\vec{E} + \frac{\partial \vec{A}}{\partial t} = \nabla(-\varphi)$$

得到

$$\vec{E} = -\frac{\partial \vec{A}}{\partial t} - \nabla \varphi \tag{4-26}$$

式中 φ 称为电磁场的标量位,其单位为 V(伏特)。

由式(4-25)和式(4-26)可以把电磁场用矢量位和标量位表示出来。由给定的矢量位 $\vec{A}$ 和标量位 φ 可以确定唯一的电场 $\vec{E}$ 和磁场 $\vec{B}$,但是对于同一电磁场,$\vec{A}$ 和 φ 不是唯一的。设 ψ 为任意标量函数,令

$$\begin{cases} \vec{A}' = \vec{A} + \nabla \psi \\ \varphi' = \varphi - \dfrac{\partial \psi}{\partial t} \end{cases} \tag{4-27}$$

将 $\vec{A}'$ 和 φ' 代入式(4-25)和式(4-26)中,有

$$\vec{B}' = \nabla \times \vec{A}' = \nabla \times (\vec{A} + \nabla \psi) = \nabla \times \vec{A} = \vec{B}$$

$$\vec{E}' = -\nabla \varphi' - \frac{\partial \vec{A}'}{\partial t} = -\nabla\left(\varphi - \frac{\partial \psi}{\partial t}\right) - \frac{\partial}{\partial t}(\vec{A} + \nabla \psi) = -\nabla \varphi - \frac{\partial \vec{A}}{\partial t} = \vec{E}$$

此结果说明 $(\vec{A}', \varphi')$ 和 $(\vec{A}, \varphi)$ 描述了同一个电磁场。由于 ψ 为任意标量函数,因此从式(4-27)可以定义出无穷多组描述同一电磁场的矢量位和标量位。从数学上来说,这是因为对于矢量位 $\vec{A}$,式(4-25)只给出了它的旋度,没有规定其散度。要把 $\vec{A}$ 唯一地确定下来,需要人为规定其散度。从计算方便考虑,在电磁场理论研究中,一般规定 $\vec{A}$ 的散度

$$\nabla \cdot \vec{A} = -\mu \varepsilon \frac{\partial \varphi}{\partial t} \tag{4-28}$$

此式称为洛伦兹条件。

4.4.2　达朗贝尔方程

将式(4-25)和式(4-26)代入全电流定律 $\nabla \times \vec{H} = \vec{J} + \partial \vec{D}/\partial t$ 中,对于线性、各向同性的均匀介质,有

$$\nabla \times (\nabla \times \vec{A}) = \mu \vec{J} + \mu\varepsilon \frac{\partial}{\partial t}\left(-\nabla\varphi - \frac{\partial \vec{A}}{\partial t}\right)$$

利用矢量恒等式 $\nabla \times (\nabla \times \vec{A}) = \nabla(\nabla \cdot \vec{A}) - \nabla^2 \vec{A}$,得到

$$\nabla(\nabla \cdot \vec{A}) - \nabla^2 \vec{A} = \mu \vec{J} - \mu\varepsilon \frac{\partial}{\partial t}(\nabla\varphi) - \mu\varepsilon \frac{\partial^2 \vec{A}}{\partial t^2}$$

整理即有

$$\nabla^2 \vec{A} - \mu\varepsilon \frac{\partial^2 \vec{A}}{\partial t^2} = \nabla\left(\nabla \cdot \vec{A} + \mu\varepsilon \frac{\partial \varphi}{\partial t}\right) - \mu \vec{J}$$

利用洛伦兹条件,上式右端的第一项为 0,因此有

$$\nabla^2 \vec{A} - \mu\varepsilon \frac{\partial^2 \vec{A}}{\partial t^2} = -\mu \vec{J} \tag{4-29}$$

同理,将式(4-26)代入高斯定律 $\nabla \cdot \vec{D} = \rho$,对于线性、各向同性的均匀介质,利用洛伦兹条件,可得到

$$\nabla^2 \varphi - \mu\varepsilon \frac{\partial^2 \varphi}{\partial t^2} = -\frac{\rho}{\varepsilon} \tag{4-30}$$

式(4-29)和式(4-30)是在洛伦兹条件下,矢量位 $\vec{A}$ 和标量位 φ 所满足的微分方程,称为达朗贝尔方程。此方程是非齐次的波动方程,其自由项为电流密度和电荷密度。由于使用了洛伦兹条件,$\vec{A}$ 和 φ 所满足的方程在形式上具有对称性,电荷引起标量位的波动,而电流引起矢量位的波动,在离开电荷、电流分布区域后,矢量位和标量位都以波动形式在空间传播,形成电磁波。

4.5　电磁能量守恒定律

电磁场是一种物质,具有质量、动量和能量。电磁场的能量和其他形式的能量可以互相转化,且服从普遍的能量守恒定律。时变电磁场的能量储存在场所占据的空间中,其能量密度 w 等于电场能量密度 w_E 和磁场能量密度 w_B 之和,即有

$$w = w_E + w_B = \frac{1}{2}\vec{D} \cdot \vec{E} + \frac{1}{2}\vec{B} \cdot \vec{H} \tag{4-31}$$

当电磁场随时间变化时,空间各点的电磁场能量密度也要随时间改变,说明电磁场能量也会在空间流动。类似于电流密度矢量 $\vec{J}$ 的定义,引入能流密度矢量 $\vec{S}$ 来描述能量在空间中的流动,其方向表示能量的流动方向,大小等于单位时间内流过与能量流动方向垂直的单位面积的能量,因此其单位为 W/m^2(瓦/平方米)。

　　电流密度矢量 $\vec{J}$ 在空间某闭合曲面 S 上的通量的负值等于单位时间内流入该闭合曲面 S 内的电荷总量(即电流强度)。类似地,能流密度矢量 $\vec{S}$ 在空间某闭合曲面 S 上的通量的负值等于单位时间内流入该闭合曲面 S 内的总能量。根据能量守恒定律,流入 S 内的能量不会消失,而是储存在 S 内的电磁场中,或者转换成 S 内受电磁场作用的运动电荷的动能。

　　设闭合曲面 S 包围的空间区域为 V,S 内有电磁场分布 $\vec{E}$ 和 $\vec{B}$,有电荷、电流分布 ρ 和 $\vec{J}$,在单位时间内流入 S 内的总能量就为

$$-\oint_s \vec{S} \cdot \mathrm{d}\vec{\sigma}$$

其中 $\mathrm{d}\vec{\sigma}$ 为曲面 S 上的面元矢量。

　　单位时间内 S 内的电磁场能量的增量为

$$\frac{\mathrm{d}}{\mathrm{d}t}\int_V w\,\mathrm{d}V = \frac{\mathrm{d}}{\mathrm{d}t}\int_V \left(\frac{1}{2}\vec{D}\cdot\vec{E} + \frac{1}{2}\vec{B}\cdot\vec{H}\right)\mathrm{d}V$$

　　根据洛伦兹力公式,电磁场对体元 $\mathrm{d}V$ 内的电荷做功的功率(即在单位时间内做的功)为

$$\mathrm{d}P = \mathrm{d}\vec{F}\cdot\vec{v} = \rho\,\mathrm{d}V(\vec{E}+\vec{v}\times B)\cdot\vec{v} = \vec{E}\cdot\rho\vec{v}\,\mathrm{d}V = \vec{E}\cdot\vec{J}\,\mathrm{d}V$$

　　因此,单位时间内电磁场对 S 内的电荷做的功总量为

$$\int_V \mathrm{d}P = \int_V \vec{E}\cdot\vec{J}\,\mathrm{d}V$$

电磁场对电荷做的这些功将转换成电荷运动的动能,从而造成电磁场能量的损失。

　　根据能量守恒定律,即有

$$-\oint_s \vec{S}\cdot\mathrm{d}\vec{\sigma} = \frac{\mathrm{d}}{\mathrm{d}t}\int_V \left(\frac{1}{2}\vec{D}\cdot\vec{E} + \frac{1}{2}\vec{B}\cdot\vec{H}\right)\mathrm{d}V + \int_V \vec{E}\cdot\vec{J}\,\mathrm{d}V \tag{4-32}$$

　　利用麦克斯韦方程组、矢量恒等式 $\nabla\cdot(\vec{E}\times\vec{H}) = -\vec{E}\cdot(\nabla\times\vec{H}) + \vec{H}\cdot(\nabla\times\vec{E})$ 以及散度定理,在线性、各向同性的均匀介质中,上式右侧第二项可写成

$$\int_V \vec{E}\cdot\vec{J}\,\mathrm{d}V = \int_V \vec{E}\cdot\left(\nabla\times\vec{H} - \frac{\partial\vec{D}}{\partial t}\right)\mathrm{d}V$$

$$= \int_V \left[-\nabla\cdot(\vec{E}\times\vec{H}) + \vec{H}\cdot(\nabla\times\vec{E}) - \vec{E}\frac{\partial\vec{D}}{\partial t}\right]\mathrm{d}V$$

$$= \int_V \left[-\nabla\cdot(\vec{E}\times\vec{H}) - \vec{H}\cdot\frac{\partial\vec{B}}{\partial t} - \vec{E}\frac{\partial\vec{D}}{\partial t}\right]\mathrm{d}V$$

$$= -\oint_s (\vec{E}\times\vec{H})\cdot\mathrm{d}\vec{\sigma} - \frac{\mathrm{d}}{\mathrm{d}t}\int_V \left(\frac{1}{2}\vec{H}\cdot\vec{B} + \frac{1}{2}\vec{D}\cdot\vec{E}\right)\mathrm{d}V$$

移项即有

$$-\oint_s (\vec{E}\times\vec{H})\cdot\mathrm{d}\vec{\sigma} = \frac{\mathrm{d}}{\mathrm{d}t}\int_V \left(\frac{1}{2}\vec{H}\cdot\vec{B} + \frac{1}{2}\vec{D}\cdot\vec{E}\right)\mathrm{d}V + \int_V \vec{E}\cdot\vec{J}\,\mathrm{d}V \tag{4-33}$$

此式称为坡印廷定理,它反映了电磁能量守恒关系。对比式(4-32)可看到,能流密度矢量的表示式应为

$$\vec{S} = \vec{E}\times\vec{H} \tag{4-34}$$

能流密度矢量 $\vec{S}$ 也称为坡印廷矢量。若已知空间中某点的电场 $\vec{E}$ 和磁场 $\vec{H}$，由上式可以求出该点的能流密度矢量 $\vec{S}$。

【例 4-9】 如图 4-4 所示，圆形平行电容板的半径为 a，板间距离为 b。通过调节电容板两端的电压，使其间的电场稳定地线性增长，电场强度可表示为 $\vec{E}=k_0 t\vec{e}_z$。求电容板间电磁场能量随时间的变化率。

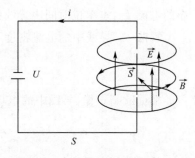

图 4-4　圆形平行电容板

解法 1　电容板间的变化电场将在空间激发感生磁场。使用安培环路定理，可求得空间的磁感应强度

$$\vec{B}=\begin{cases}\dfrac{\mu_0\varepsilon_0 k_0\rho}{2}\vec{e}_\varphi & (\rho\leqslant a)\\[3mm]\dfrac{\mu_0\varepsilon_0 k_0 a^2}{2\rho}\vec{e}_\varphi & (\rho>a)\end{cases}$$

是不随时间而变化的场量。因此在电容板间只有电场的能量在发生变化，磁场能量不变，板间电磁场能量随时间的变化率就等于电场能量随时间的变化率。板间电场能量密度为

$$w_E=\frac{1}{2}\varepsilon_0 E^2=\frac{1}{2}\varepsilon_0 k_0^2 t^2$$

总的电场能量

$$W_E=w_E V=\frac{1}{2}\varepsilon_0 k_0^2 t^2\pi a^2 b$$

得到板间电磁场能量随时间的变化率

$$\frac{\partial W}{\partial t}=\frac{\partial W_E}{\partial t}=\pi\varepsilon_0 k_0^2 a^2 bt$$

解法 2　根据坡印廷定理，电容板间电磁场能量随时间的变化率

$$\frac{\partial W}{\partial t}=\frac{\partial}{\partial t}\int_V\left(\frac{1}{2}\vec{H}\cdot\vec{B}+\frac{1}{2}\vec{D}\cdot\vec{E}\right)\mathrm{d}V=-\oint_S(\vec{E}\times\vec{H})\cdot\mathrm{d}\vec{\sigma}-\int_V\vec{E}\cdot\vec{J}\mathrm{d}V$$

在电容板间无电流存在，因此上式右端第二项为 0，在板间无电磁能量的损耗，从边界面 S 进入的电磁能量完全转换为储存在板间的电磁能量。边界面 S 由上、下底面和圆柱面 S' 组成。在上、下底面处电场 $\vec{E}$ 垂直于边界面，则坡印廷矢量 $\vec{E}\times\vec{H}$ 切向于边界面，没有电磁能量从此处进入。因此只需考虑从圆柱面 S' 进入的电磁能量，先求出在圆柱面上的坡印廷矢量

$$\vec{E}\times\vec{H}=(k_0 t\vec{e}_z)\times\left(\frac{\varepsilon_0 k_0 a}{2}\vec{e}_\varphi\right)=-\frac{\varepsilon_0 k_0^2 at}{2}\vec{e}_\rho$$

即得到

$$\frac{\partial W}{\partial t}=-\oint_S(\vec{E}\times\vec{H})\cdot\mathrm{d}\vec{\sigma}=-\int_S(\vec{E}\times\vec{H})\cdot\mathrm{d}\vec{\sigma}$$

$$=\left(\frac{\varepsilon_0 k_0^2 at}{2}\right)(2\pi ab)=\pi\varepsilon_0 k_0^2 a^2 bt$$

两种方法得到的结果一致。

【例 4-10】 如图 4-5 所示,导线半径为 a,长度为 l,电导率为 σ。导线上通有均匀分布的电流 I。求单位时间内导线损耗的能量。

解法 1 导线中的电流密度

$$\vec{J} = \frac{I}{\pi a^2} \vec{e}_z$$

根据欧姆定律,导线中的电场

$$\vec{E} = \frac{\vec{J}}{\sigma} = \frac{I}{\pi a^2 \sigma} \vec{e}_z$$

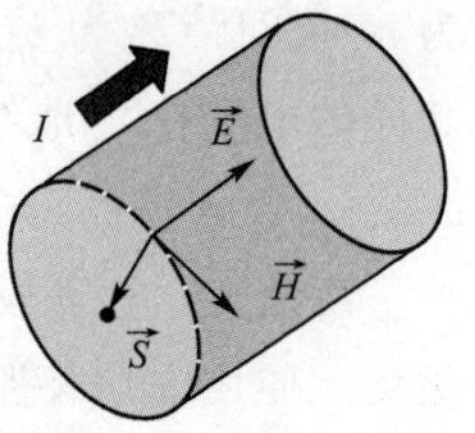

图 4-5 通有均匀分布电
流的导线

单位时间内导线损耗的能量即电场对电流做功的功率

$$P = \int_V \vec{E} \cdot \vec{J}\, dV = \left(\frac{I}{\pi a^2 \sigma}\vec{e}_z\right) \cdot \left(\frac{I}{\pi a^2}\vec{e}_z\right)(\pi a^2 l) = \frac{l}{\pi a^2 \sigma}I^2 = RI^2$$

其中 $R = l/(\pi a^2 \sigma)$ 为导线的电阻。

解法 2 导线中的电场和磁场不随时间变化,因此其中的电磁场能量不变。导线中损耗的能量等于从导线分界面进入的电磁能量。在导线表面,磁场强度可由安培环路定理求得

$$\vec{H} = \frac{I}{2\pi a}\vec{e}_\varphi$$

在导体表面的坡印廷矢量

$$\vec{E} \times \vec{H} = \left(\frac{I}{\pi a^2 \sigma}\vec{e}_z\right) \times \left(\frac{I}{2\pi a}\vec{e}_\varphi\right) = -\frac{I^2}{2\pi^2 a^3 \sigma}\vec{e}_\rho$$

单位时间内导线损耗的能量等于单位时间内从导体表面进入导线的电磁能量

$$P = -\int_S (\vec{E} \times \vec{H}) \cdot d\vec{S} = \left(\frac{I^2}{2\pi^2 a^3 \sigma}\right)(2\pi a l) = \frac{l}{\pi a^2 \sigma}I^2 = RI^2$$

从本题可见导线电阻所消耗的能量是由电磁场携带,从导线外侧进入内部的。

4.6 时谐电磁场

时谐电磁场是以一定的角频率随时间呈时谐(正弦或余弦)变化的时变电磁场。对时谐电磁场,引入复数表示方法可以在数学运算上带来便利。

4.6.1 时谐场量的复数表示

在直角坐标系中,正弦电场可表示为

$$\vec{E}(\vec{r},t) = \vec{e}_x E_x + \vec{e}_y E_y + \vec{e}_z E_z$$
$$= \vec{e}_x E_{xm}\cos(\omega t + \varphi_x) + \vec{e}_y E_{ym}\cos(\omega t + \varphi_y) + \vec{e}_z E_{zm}\cos(\omega t + \varphi_z)$$

其中,电场在各个分量上的振幅 E_{xm}、E_{ym} 和 E_{zm} 以及初相位 φ_x、φ_y 和 φ_z 是只与空间坐标 r 有关的函数,ω 为时谐变化的角频率。

利用欧拉公式 $e^{j\varphi}=\cos\varphi+j\sin\varphi$,上述正弦电场的分量可以写成复数取实部的形式,以 x 分量为例:

$$E_x=\mathrm{Re}[E_{xm}(\cos(\omega t+\varphi_x)+j\cos(\omega t+\varphi_x))]=\mathrm{Re}[E_{xm}e^{j(\omega t+\varphi_x)}]$$
$$=\mathrm{Re}[E_{xm}e^{j\varphi_x}e^{j\omega t}]=\mathrm{Re}[\dot{E}_{xm}e^{j\omega t}]$$

其中

$$\dot{E}_{xm}=E_{xm}e^{j\varphi_x} \tag{4-35}$$

称为复振幅,它是只与空间坐标有关的复数函数,包含了电场在 x 分量的振幅和初相位的信息;$e^{j\omega t}$ 称为时谐因子或时间因子,包含了时谐场量的角频率信息,对于单一时谐场量来说,这一因子对于所有场量都是相同的,在用复数形式进行数学计算时可以省去。

同理,对于电场的 y 分量和 z 分量,其复振幅分别为

$$\dot{E}_{ym}=E_{ym}e^{j\varphi_y} \tag{4-36}$$
$$\dot{E}_{zm}=E_{zm}e^{j\varphi_z} \tag{4-37}$$

对于正弦电场强度矢量 $\vec{E}$,利用各分量复数取实部的表示方法,可以写成如下形式:

$$\vec{E}=\vec{e}_x\mathrm{Re}[\dot{E}_{xm}e^{j\omega t}]+\vec{e}_y\mathrm{Re}[\dot{E}_{ym}e^{j\omega t}]+\vec{e}_z\mathrm{Re}[\dot{E}_{zm}e^{j\omega t}]$$
$$=\mathrm{Re}[(\vec{e}_x\dot{E}_{xm}+\vec{e}_y\dot{E}_{ym}+\vec{e}_z\dot{E}_{zm})e^{j\omega t}]$$
$$=\mathrm{Re}[\dot{\vec{E}}_m e^{j\omega t}] \tag{4-38}$$

其中

$$\dot{\vec{E}}_m=\vec{e}_x\dot{E}_{xm}+\vec{e}_y\dot{E}_{ym}+\vec{e}_z\dot{E}_{zm} \tag{4-39}$$

称为复矢量,它是只与空间坐标 r 有关的复数矢量函数,包含了电场各个分量的振幅和初相位的信息。将 $\vec{E}$ 称为电场强度矢量的瞬时形式,而将 $\dot{\vec{E}}_m$ 称为对应的复数形式,利用式(4-38)可以完成一个场矢量的瞬时形式和复数形式的相互转换。

【例 4-11】 将下列场矢量的瞬时形式写成复数形式:

(1)$\vec{E}=\vec{e}_y E_{ym}\sin(\omega t-kz+\varphi_y)$;

(2)$\vec{E}=\vec{e}_y\omega\mu\dfrac{a}{\pi}H_0\sin\left(\dfrac{\pi x}{a}\right)\sin(\omega t-kz)$;

(3)$\vec{H}=-\vec{e}_x\beta\dfrac{a}{\pi}H_0\sin\left(\dfrac{\pi x}{a}\right)\sin(\omega t-kz)+\vec{e}_z H_0\cos\left(\dfrac{\pi x}{a}\right)\cos(\omega t-kz)$。

解 (1)将电场强度瞬时矢量写成复数取实部的形式,即有

$$\vec{E}=\vec{e}_y E_{ym}\sin(\omega t-kz+\varphi_y)=\vec{e}_y E_{ym}\cos\left(\omega t-kz+\varphi_y-\dfrac{\pi}{2}\right)$$
$$=\mathrm{Re}[\vec{e}_y E_{ym}e^{j(\omega t-kz+\varphi_y-\frac{\pi}{2})}]=\mathrm{Re}[\vec{e}_y E_{ym}e^{-j\frac{\pi}{2}}e^{j(-kz+\varphi_y)}e^{j\omega t}]$$

对比式(4-38)可以看到,对应的复矢量形式为

$$\dot{\vec{E}}_m = \vec{e}_y E_{ym} e^{-j\frac{\pi}{2}} e^{j(-kz+\varphi_y)} = -\vec{e}_y j E_{ym} e^{j(-kz+\varphi_y)}$$

（2）由于

$$\vec{E} = \vec{e}_y \omega\mu \frac{a}{\pi} H_0 \sin\left(\frac{\pi x}{a}\right) \sin(\omega t - kz) = \vec{e}_y \omega\mu \frac{a}{\pi} H_0 \sin\left(\frac{\pi x}{a}\right) \cos\left(\omega t - kz - \frac{\pi}{2}\right)$$

$$= \mathrm{Re}\left[\vec{e}_y \omega\mu \frac{a}{\pi} H_0 \sin\left(\frac{\pi x}{a}\right) e^{j(\omega t - kz - \frac{\pi}{2})}\right] = \mathrm{Re}\left[\vec{e}_y \omega\mu \frac{a}{\pi} H_0 \sin\left(\frac{\pi x}{a}\right) e^{j(-kz-\frac{\pi}{2})} e^{j\omega t}\right]$$

因此有

$$\dot{\vec{E}}_m = \vec{e}_y \omega\mu \frac{a}{\pi} H_0 \sin\left(\frac{\pi x}{a}\right) e^{j(-kz-\frac{\pi}{2})} = -\vec{e}_y j\omega\mu \frac{a}{\pi} H_0 \sin\left(\frac{\pi x}{a}\right) e^{-jkz}$$

（3）由于磁场强度瞬时矢量可写成

$$\vec{H} = -\vec{e}_x \beta \frac{a}{\pi} H_0 \sin\left(\frac{\pi x}{a}\right) \cos\left(\omega t - kz - \frac{\pi}{2}\right) + \vec{e}_z H_0 \cos\left(\frac{\pi x}{a}\right) \cos(\omega t - kz)$$

$$= \mathrm{Re}\left[-\vec{e}_x \beta \frac{a}{\pi} H_0 \sin\left(\frac{\pi x}{a}\right) e^{j(\omega t - kz - \frac{\pi}{2})} + \vec{e}_z H_0 \cos\left(\frac{\pi x}{a}\right) e^{j(\omega t - kz)}\right]$$

$$= \mathrm{Re}\left[\left(\vec{e}_x j\beta \frac{a}{\pi} H_0 \sin\left(\frac{\pi x}{a}\right) e^{-jkz} + \vec{e}_z H_0 \cos\left(\frac{\pi x}{a}\right) e^{-jkz}\right) e^{j\omega t}\right]$$

因此对应的复矢量形式为

$$\dot{\vec{H}}_m = \left[\vec{e}_x j\beta \frac{a}{\pi} H_0 \sin\left(\frac{\pi x}{a}\right) + \vec{e}_z H_0 \cos\left(\frac{\pi x}{a}\right)\right] e^{-jkz}$$

【例 4-12】 已知电场强度矢量的复数形式为 $\dot{\vec{E}}_m = \vec{e}_x (1+j) E_{xm} \cos(kz)$，写出其瞬时形式。

解 根据式（4-38），电场强度矢量的瞬时形式为

$$\vec{E} = \mathrm{Re}[\dot{\vec{E}}_m e^{j\omega t}] = \mathrm{Re}[\vec{e}_x (1+j) E_{xm} \cos(kz) e^{j\omega t}]$$

$$= \mathrm{Re}[\vec{e}_x (1+j) E_{xm} \cos(kz)(\cos(\omega t) + j\sin(\omega t))]$$

$$= \vec{e}_x E_{xm} \cos(kz) \cdot \mathrm{Re}[(1+j)(\cos(\omega t) + j\sin(\omega t))]$$

$$= \vec{e}_x E_{xm} \cos(kz) \cdot [\cos(\omega t) - \sin(\omega t)]$$

4.6.2 麦克斯韦方程组的复数形式

将时谐场量的复数形式引入到麦克斯韦方程组中，可以得到麦克斯韦方程组的复数形式。以全电流定律 $\nabla \times \vec{H} = \vec{J} + \partial \vec{D}/\partial t$ 为例，将各瞬时场量写成类似于式（4-38）的形式，即得到

$$\nabla \times (\mathrm{Re}[\dot{\vec{H}}_m e^{j\omega t}]) = \mathrm{Re}[\dot{\vec{J}}_m e^{j\omega t}] + \frac{\partial}{\partial t}(\mathrm{Re}[\dot{\vec{D}}_m e^{j\omega t}])$$

将微分算符和取实部算符交换顺序，上式可写成

$$\mathrm{Re}[\nabla \times (\dot{\vec{H}}_m e^{j\omega t})] = \mathrm{Re}[\dot{\vec{J}}_m e^{j\omega t}] + \mathrm{Re}\left[\frac{\partial}{\partial t}(\dot{\vec{D}}_m e^{j\omega t})\right]$$

考虑到复矢量只与空间坐标有关,而与时间无关,因此在上式第二项中,对时间的求导只作用在时谐因子 $e^{j\omega t}$ 上,而 $\partial(e^{j\omega t})/\partial t=j\omega e^{j\omega t}$,即得到

$$\text{Re}[(\nabla\times\dot{\vec{H}}_m)e^{j\omega t}]=\text{Re}[\dot{\vec{J}}_m e^{j\omega t}]+\text{Re}[j\omega\dot{\vec{D}}_m e^{j\omega t})]$$

$$=\text{Re}[(\dot{\vec{J}}_m+j\omega\dot{\vec{D}}_m)e^{j\omega t}]$$

上式要对任意的时间成立,令 $t=0$,就有

$$\text{Re}[\nabla\times\dot{\vec{J}}_m]=\text{Re}[\dot{\vec{J}}_m+j\omega\dot{\vec{D}}_m]$$

说明左右两侧方括号中的复数的实部相等。再令 $t=\pi/(2\omega)$,即得

$$\text{Re}[j(\nabla\times\dot{\vec{H}}_m)]=\text{Re}[j(\dot{\vec{J}}_m+j\omega\dot{\vec{D}}_m)]$$

说明这两个复数的虚部也相等。因此这两个复数就是相等的,即

$$\nabla\times\dot{\vec{H}}_m=\dot{\vec{J}}_m+j\omega\dot{\vec{D}}_m$$

上式就是用复矢量表示的全电流定律。类似地,麦克斯韦方程组的其他几个方程可写成如下的复数形式:

$$\nabla\times\dot{\vec{E}}_m=-j\omega\dot{\vec{B}}_m$$

$$\nabla\cdot\dot{\vec{B}}_m=0$$

$$\nabla\cdot\dot{\vec{D}}_m=\dot{\rho}$$

在此形式中,时谐电磁场的场量是用各自的复数形式表示的,为与瞬时形式区别开来,在场量的符号上加点来表示复数形式。在处理时谐电磁场的问题时,使用复数形式的电磁场方程在数学上更为方便,参与运算的也都是复数形式的场量,因此,为简便起见,往往将符号上的点去掉,并略去下标。这样,麦克斯韦方程组的复数形式就可写为

$$\nabla\times\vec{H}=\vec{J}+j\omega\vec{D} \tag{4-40}$$

$$\nabla\times\vec{E}=-j\omega\vec{B} \tag{4-41}$$

$$\nabla\cdot\vec{B}=0 \tag{4-42}$$

$$\nabla\cdot\vec{D}=\rho \tag{4-43}$$

习题 4

4-1　如图题 4-1 所示,一长直导线载有交变电流 $i=I_0\sin\omega t$,旁边放置有一个矩形线圈,线圈和导线在同一平面内,求线圈中的感应电动势。

4-2　如图题 4-2 所示,双线输电线与一矩形回路共面,已知直导线上的电流为 $i=I_0\cos\omega t$,求矩形回路中的感应电动势。

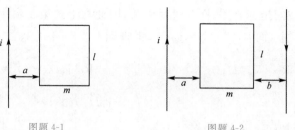

图题 4-1 图题 4-2

4-3 闭合线圈共有 N 匝,电阻为 R。试证明:当通过此线圈的磁通量改变 $\Delta\Phi$ 时,线圈内流过的电荷量为 $\Delta q = N\Delta\Phi/R$。

4-4 在一个平行电容板间充满相对介电常数为 ε_r 的介质,已知电场强度 $\vec{E} = E_0\sin(\omega t - kz)\hat{e}_x$,求位移电流密度。

4-5 在无源的自由空间中,已知磁场强度 $\vec{H} = H_0\cos(\omega t - kz)\hat{e}_y$,求位移电流密度。

4-6 一圆形极板的平行板电容器,极板的面积为 S,两极板之间的距离为 d,极板间充满介电常数为 ε、电导率为 σ 的介质,两极板外接一交变电压 $u = U_0\sin\omega t$。求:(1)两极板间的传导电流强度;(2)两极板间的位移电流强度。

4-7 如图题 4-7 所示为两个绝缘介质的分界面,已知在介质 1 中的电场强度为

$$\vec{E}_1 = \hat{e}_x[A\cos(\omega t - k_1 z) + A\cos(\omega t + k_1 z)]$$

在介质 2 中的电场强度为

$$\vec{E}_2 = \hat{e}_x 2A\cos(\omega t - kz)$$

(1)求两介质中的磁场强度 $\vec{H}_1$ 和 $\vec{H}_2$;(2)验证在分界面两侧的电场和磁场满足边值关系。

4-8 如图题 4-8 所示,已知两块无限大导体平板之间的电场强度为

$$\vec{E} = \hat{e}_y E_0 \sin\left(\frac{\pi z}{d}\right)\cos(\omega t - k_x x) \ \text{V/m}$$

求板间的磁场强度 $\vec{H}$。

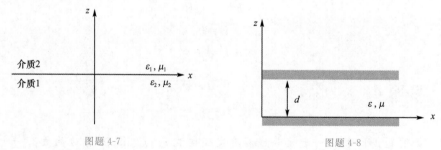

图题 4-7 图题 4-8

4-9 如图题 4-9 所示,已知同轴电缆的内、外半径分别为 a 和 b,若内、外导体间的电场强度为

$$\vec{E} = \hat{e}_\rho E_0 \cos(\omega t - kz)$$

求其中的磁场强度。

4-10 已知真空中时变电磁场的矢量位 $\vec{A} = A_0\sin(kx - \omega t)\hat{e}_z$ 和标量位 $\varphi =$

$\varphi_0 \sin(kx - \omega t)$，求：(1)若 $\varphi_0 \neq 0, \omega \neq 0$，说明 $(\vec{A}, \varphi)$ 满足库仑规范还是洛伦兹规范？(2)磁感应强度 $\vec{B}$；(3)电场强度 $\vec{E}$；(4)位移电流 $\vec{J}_D$。(5)坡印廷矢量 $\vec{S}$。

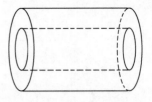

图题 4-9

4-11 已知均匀绝缘介质中电磁场的矢量位为 $\vec{A} = \vec{e}_z \cos kx \cos \omega t$，求：(1)标量位；(2)电场强度；(3)磁场强度。

4-12 如图题 4-12 所示，已知自由空间中传播的电磁波的电场和磁场分别为

$$\vec{E} = \vec{e}_x E_0 \cos(\omega t - kz)$$

$$\vec{H} = \vec{e}_y H_0 \cos(\omega t - kz)$$

求：(1)坡印廷矢量；(2)在某一时刻流入图示长方体中的净功率。

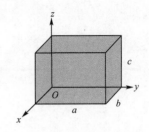

图题 4-12

4-13 在球坐标系中，已知电磁场为

$$\vec{E} = \vec{e}_\theta E_0 \sin\theta \sin(\omega t - kz)$$

$$\vec{H} = \vec{e}_\varphi H_0 \sin\theta \sin(\omega t - kz)$$

求通过以坐标原点为球心、r_0 为半径的球面的功率。

4-14 已知均匀平面波电场强度的复矢量形式：$\vec{E} = \vec{e}_x j E_m e^{jkz} - \vec{e}_y E_m e^{jkz}$，试写出它的瞬时矢量形式。

4-15 在横截面为 $a \times b$ 的矩形金属波导中，TE_{10} 模的电磁场量的复矢量形式为：

$$\vec{E} = -\vec{e}_y j\omega\mu \frac{a}{\pi} H_0 \sin\left(\frac{\pi x}{a}\right) e^{-j\beta z} \ \text{V/m}$$

$$\vec{H} = \left[\vec{e}_x j\beta \frac{a}{\pi} H_0 \sin\left(\frac{\pi x}{a}\right) + \vec{e}_z H_0 \cos\left(\frac{\pi x}{a}\right)\right] e^{-j\beta z} \ \text{A/m}$$

其中 H_0、ω、μ 和 β 都是实常数。求：(1)电磁场量的瞬时矢量形式；(2)坡印廷矢量。

第5章

平面电磁波

第 4 章中的电磁场波动方程说明时变电磁场能在空间中波动传播,这种以波动形式运动的交变电磁场称为电磁波。在前面章节中,我们详细地介绍了麦克斯韦方程组,需要明确的是,媒质中任意电场和磁场的存在形式都必须满足四个麦克斯韦方程,包括产生的源点、传播的媒质和接收或吸收负载中的任意点。

本章主要讲述平面电磁波在理想介质、导电媒质中的传播特性。为方便分析,如无特殊说明,本章所涉及的媒质均是线性、各向同性的均匀无源媒质,即媒质中不包含产生电磁场的自由电荷

$$\rho = 0 \tag{5-1}$$

因此,麦克斯韦方程组退化为

$$\nabla \times \vec{H} = \sigma \vec{E} + \varepsilon \frac{\partial \vec{E}}{\partial t} \tag{5-2}$$

$$\nabla \times \vec{E} = -\mu \frac{\partial \vec{H}}{\partial t} \tag{5-3}$$

$$\nabla \cdot \vec{H} = 0 \tag{5-4}$$

$$\nabla \cdot \vec{E} = 0 \tag{5-5}$$

对式(5-3)两边取旋度,并代入式(5-2),可知

$$\nabla \times \nabla \times \vec{E} = -\mu \frac{\partial (\nabla \times \vec{H})}{\partial t} = -\mu \frac{\partial \left(\sigma \vec{E} + \varepsilon \frac{\partial \vec{E}}{\partial t} \right)}{\partial t} = -\sigma \mu \frac{\partial \vec{E}}{\partial t} - \varepsilon \mu \frac{\partial^2 \vec{E}}{\partial t^2} \tag{5-6}$$

将矢量恒等式

$$\nabla \times \nabla \times \vec{E} = \nabla (\nabla \cdot \vec{E}) - \nabla^2 \vec{E} \tag{5-7}$$

及式(5-5)代入式(5-6),得到

$$\nabla^2 \vec{E} - \mu \sigma \frac{\partial \vec{E}}{\partial t} - \mu \varepsilon \frac{\partial^2 \vec{E}}{\partial t^2} = 0 \tag{5-8}$$

同理,可知

$$\nabla^2 \vec{H} - \mu\sigma \frac{\partial \vec{H}}{\partial t} - \mu\varepsilon \frac{\partial^2 \vec{H}}{\partial t^2} = 0 \tag{5-9}$$

可见,式(5-8)约束了媒质中电场的存在形式;同理,式(5-9)决定了媒质中磁场的存在形式。二者是电磁波波函数的一般形式。

5.1　理想介质中的平面电磁波

5.1.1　理想介质中平面电磁波的波函数

若前文中线性、各向同性的均匀无源媒质的电导率为零($\sigma = 0$),则这样的一类媒质被称为理想介质。式(5-8)与式(5-9)可简化为

$$\nabla^2 \vec{E} - \mu\varepsilon \frac{\partial^2 \vec{E}}{\partial t^2} = 0 \tag{5-10}$$

$$\nabla^2 \vec{H} - \mu\varepsilon \frac{\partial^2 \vec{H}}{\partial t^2} = 0 \tag{5-11}$$

式(5-10)与式(5-11)形式相似,若求解出其中一个方程,那么另一个也可类似解出。下面我们以求解式(5-10)为例,导出平面电磁波波函数。

需要注意的是,函数变量 $\vec{E}$ 和 $\vec{H}$ 均是关于时间和空间位置的函数变量,然而生活中绝大多数波源具有时谐性(或周期性),根据傅立叶理论,这种周期场函数均可表示为正弦函数的无穷级数(傅立叶级数)。因此,为方便讨论,我们假定这里的向量电场 $\vec{E}(\vec{r}, t)$ 为单一频率的时谐电场,有

$$\vec{E}(\vec{r}, t) = \vec{E}(\vec{r}) e^{j\omega t} \tag{5-12}$$

其中,ω 为电磁波的角频率。将式(5-12)代入式(5-10),得到

$$\nabla^2 \vec{E} + \omega^2 \mu\varepsilon \vec{E} = 0 \tag{5-13}$$

为简化上述形式,我们引入电磁波波数 k,它可以用来描述电磁波沿传播方向传播单位距离时引起空间相位变化的快慢

$$k = \frac{2\pi}{\lambda} \tag{5-14}$$

其中,λ 为电磁波波长,有

$$\lambda = \frac{v}{f} = \frac{c}{nf} = \frac{2\pi}{\omega \sqrt{\varepsilon\mu}} \tag{5-15}$$

式中 f 为电磁波频率,n 为媒质的折射率,c 为真空中的光速。将式(5-15)代入式(5-14),可知

$$k = \omega \sqrt{\varepsilon\mu} \tag{5-16}$$

将式(5-16)代入式(5-13),可知

$$\nabla^2 \vec{E} + k^2 \vec{E} = 0 \tag{5-17}$$

上式即**亥姆霍兹方程**。经数学求解,可知式(5-17)中的一种解形式为

$$\vec{E}(\vec{r}) = |\vec{E}| e^{\pm j\vec{k} \cdot \vec{r}} \tag{5-18}$$

结合前面假设中引入的时谐电场表达式(5-12),可知电场形式的瞬时值波函数

$$\vec{E}(\vec{r},t) = |\vec{E}| e^{j(\omega t \pm \vec{k} \cdot \vec{r})} \tag{5-19}$$

用类似方法,可写出磁场形式的瞬时值波函数

$$\vec{H}(\vec{r},t) = |\vec{H}| e^{j(\omega t \pm \vec{k} \cdot \vec{r})} \tag{5-20}$$

可看到,电场和磁场的波函数形式相同;另外,由于电磁波的电场分量和磁场分量可相互转换,因此,一般只需分析求解其中一个波函数即可。

为方便分析,我们通常会将波函数写为直角坐标的形式。不失一般性,这里设电场在 x、y、z 轴方向的相位分别为 θ_x,θ_y 和 θ_z,此时式(5-19)可改写为

$$\begin{aligned}\vec{E}(\vec{r},t) &= \vec{E}(x,y,z,t) \\ &= (\vec{e}_x E_{xm} e^{j\theta_x} + \vec{e}_y E_{ym} e^{j\theta_y} + \vec{e}_z E_{zm} e^{j\theta_z}) e^{j[\omega t \pm (k_x x + k_y y + k_z z)]}\end{aligned} \tag{5-21}$$

对应实数形式

$$\begin{aligned}\vec{E}(\vec{r},t) &= \vec{E}(x,y,z,t) \\ &= \vec{e}_x E_{xm} \cos[\omega t \pm (k_x x + k_y y + k_z z) + \theta_x] + \\ &\quad \vec{e}_y E_{ym} \cos[\omega t \pm (k_x x + k_y y + k_z z) + \theta_y] + \\ &\quad \vec{e}_z E_{zm} \cos[\omega t \pm (k_x x + k_y y + k_z z) + \theta_z]\end{aligned} \tag{5-22}$$

式中 E_{xm},E_{ym},E_{zm} 分别为 x、y、z 轴方向电场分量的幅值。

5.1.2 理想介质中平面电磁波的传播

1. 波阻抗

将式(5-19)代入麦克斯韦方程组的第二个等式(5-3),得

$$\vec{H} = \frac{1}{\omega\mu} \vec{k} \times \vec{E} \tag{5-23}$$

可见,电磁波在传播过程中,电场矢量 $\vec{E}$、磁场矢量 $\vec{H}$ 与波矢量 $\vec{k}$ 三者始终是相互垂直的,且满足右手螺旋法则。式(5-23)进一步变形为

$$\vec{H} = \frac{k}{\omega\mu} \frac{\vec{k}}{k} \times \vec{E} \tag{5-24}$$

式中,$|\vec{k}/k| = 1$。定义电磁波在媒质中的波阻抗为 Z,结合式(5-24),可知

$$Z = \frac{|\vec{E}|}{|\vec{H}|} = \frac{E_m}{H_m} = \frac{\omega\mu}{k} = \sqrt{\frac{\mu}{\varepsilon}} \tag{5-25}$$

值得一提的是,电场强度的单位为 V/m,磁场强度的单位为 A/m,波阻抗 Z 的单位为 Ω,它们之间的关系类似于电压、电流和电阻之间的关系 $U/I = R$。另外,我们通常将式(5-25)用如下形式表示

$$Z = \sqrt{\frac{\mu_r}{\varepsilon_r}} Z_0 \tag{5-26}$$

其中 ε_r 表示电磁波所在媒质的相对介电常数,μ_r 表示电磁波所在媒质的相对磁导率,Z_0 表示真空波阻抗。

$$Z_0 = \sqrt{\frac{\mu_0}{\varepsilon_0}} = 120\pi \ \Omega \approx 377 \ \Omega \tag{5-27}$$

其中 $\varepsilon_0 = \frac{1}{36\pi} \times 10^{-9}$ F/m 表示真空介电常数，$\mu_0 = 4\pi \times 10^{-7}$ H/m 表示真空磁导率。可见媒质的波阻抗 Z 决定于媒质的介电常数和磁导率。

2. 平均功率密度

根据式(5-19)与式(5-20)可知，在无损耗无源均匀媒质中，电磁波的电场幅值和磁场幅值在整个传播过程中均没有变化；另外，将式(5-19)与式(5-20)代入前面章节中的坡印廷矢量关系式(4-34)，可知电磁波在媒质中的平均坡印廷矢量(即：平均功率密度矢量)为

$$\vec{S}_{av} = \frac{1}{2}\mathrm{Re}[\vec{E} \times \vec{H}^*] = \vec{S}_{av} = \frac{1}{2}\frac{|\vec{E}_m|^2}{\sqrt{\mu/\varepsilon}}\vec{e}_{av} \ \frac{1}{2}\frac{|\vec{E}|^2}{Z}\vec{e}_{av} \tag{5-28}$$

$\vec{e}_{av}$ 表示沿平面波电磁能量传播方向的单位矢量。

3. 相速度

设电磁波沿着 z 轴正向传播，电场仅在 x 轴方向有分量，且初始相位为 0，此时波动方程退化为

$$E(z,t) = E_{xm}\cos(\omega t - kz) \tag{5-29}$$

为便于理解，将式(5-29)变形为

$$E(z,t) = E_{xm}\cos(kz - \omega t) \tag{5-30}$$

由此，关于电场随空间和时间变化的情况，我们可以从这个角度去认识：首先确定 $t = t_0 = 0$ 时刻(此时相位 $\omega t = 0$)，电场空间分布如图 5-1 所示。

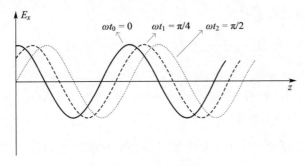

图 5-1 电场空间分布

接着，确定 $t = t_1, t_2, t_3 \cdots$ 时刻，相位会随着时间增加，此时正弦(或余弦)电场随时间的变化情况就类似于在 z 轴正半轴末端拉动整条正弦曲线(形状不变)向 z 轴正方向平移。平移的速度可理解为曲线波峰或波谷移动的速度，即所谓的相速度(简称相速)

$$v_p = \frac{dz}{dt} \tag{5-31}$$

注意，相位的变化量满足

$$dz \cdot k = \omega \cdot dt \tag{5-32}$$

代入式(5-31)，得

$$v_p = \frac{dz}{dt} = \frac{\omega}{k} \tag{5-33}$$

进一步将式(5-16)代入式(5-33),得到

$$v_p = \frac{1}{\sqrt{\varepsilon \mu}} = \frac{1}{\sqrt{\varepsilon_r \mu_r}} \frac{1}{\sqrt{\varepsilon_0 \mu_0}} = \frac{c}{n} \qquad (5\text{-}34)$$

式中 n 和 c 分别为媒质折射率和真空中的光速,有

$$n = \sqrt{\varepsilon_r \mu_r} \qquad (5\text{-}35)$$

$$c = \frac{1}{\sqrt{\varepsilon_0 \mu_0}} \qquad (5\text{-}36)$$

可见,相速度与电磁波频率无关,它本质上取决于媒质的介电常数和磁导率。

【例 5-1】 已知自由空间中均匀平面波电场强度为 $\vec{E} = 94.25\cos(\omega t + 6z)\vec{e}_x$ V/m。求:电磁波相速度(a)电磁波相速度,(b)波的频率,(c)波长,(d)磁场强度,(e)媒质中的平均功率密度。

解 (a)自由空间中波以光速传播。由于波沿着 z 轴负方向运动,相速是

$$\vec{v}_p = -3 \times 10^8 \vec{e}_z \text{ m/s}$$

(b)由于 $k = 6$ rad/m,因此波的角频率为

$$\omega = k v_p = 6 \times 3 \times 10^8 = 1.8 \times 10^9 \text{ rad/s}$$

(c)自由空间中的波长为

$$\lambda_0 = \frac{2\pi}{k} = \frac{2\pi}{6} = 1.047 \text{ m}$$

(d)电场强度的相量形式为

$$\vec{E} = 94.25 e^{j6z} \vec{e}_x \text{ V/m}$$

相应的后向行波磁场强度为

$$\vec{H} = -\frac{94.25}{377} e^{j6z} \vec{e}_y = -0.25 e^{j6z} \vec{e}_y \text{ A/m}$$

或

$$\vec{H}(z,t) = -0.25\cos(1.8 \times 10^9 t + 6z)\vec{e}_y \text{ A/m}$$

(e)媒质中的平均功率密度为

$$\vec{S}_{av} = \frac{1}{2}\text{Re}[\vec{E} \times \vec{H}^*] = -\frac{1}{2} \times 94.25 \times 0.25 \vec{e}_z = -11.78\vec{e}_z \text{ W/m}^2$$

【例 5-2】 自由空间中均匀平面波的波长为 18 cm,如果将其置于某种理想介质中,发现其波长会变为 9 cm。假设该理想介质为不导电的非磁性介质,试确定该介质的相对介电常数。

解 无限大空间中均匀平面电磁波的波长与空间中的介电常数和磁导率有关。真空中波长

$$\lambda_0 = \frac{2\pi}{k_0} = \frac{2\pi}{\omega\sqrt{\varepsilon_0 \mu_0}} = 0.18 \text{ m}$$

理想介质中波长

$$\lambda = \frac{2\pi}{k} = \frac{2\pi}{\omega\sqrt{\varepsilon_r \mu_r}\sqrt{\varepsilon_0 \mu_0}} = 0.09 \text{ m}$$

由于理想介质为非磁性介质，即 $\mu_r = 1$，因此对比上述两个表达式，不难得出

$$\varepsilon_r = 4$$

5.2　导电媒质中的平面电磁波

通过前一节内容可知，电磁波在理想介质中电磁场幅值不会随时间和空间的变化而变化，电磁波在媒质中的传播过程没有能量损耗，即理想介质是一种无损耗的媒质。实际上，自然界的媒质普遍具有电磁损耗特性，即媒质电导率不为零（$\sigma \neq 0$），此时电磁场分布和传输特性将会发生变化。

1. 导电媒质中的电场波函数

在导电媒质中，仍然假定电磁波是一种时谐电场，麦克斯韦方程式(5-2)可改写为

$$\nabla \times \vec{H} = \mathrm{j}\omega\varepsilon\vec{E} + \sigma\vec{E} = \mathrm{j}\omega\left(\varepsilon - \mathrm{j}\frac{\sigma}{\omega}\right)\vec{E} = \mathrm{j}\omega\varepsilon_c\vec{E} \tag{5-37}$$

其中，ε_c 为导电媒质的介电常数，有

$$\varepsilon_c = \varepsilon - \mathrm{j}\frac{\sigma}{\omega} \tag{5-38}$$

不难发现，此时导电媒质中麦克斯韦方程与前面理想介质中的形式一致，即根据式(5-10)可直接写出导电媒质中对应的电场方程

$$\nabla^2\vec{E} - \mu\varepsilon_c\frac{\partial^2\vec{E}}{\partial t^2} = 0 \tag{5-39}$$

注意，理想介质介电常数 ε 为实数，导电媒质介电常数 ε_c 为复数。同样的，式(5-39)的求解过程与方程式(5-10)类似，为方便分析，仍然假定电磁波沿着 z 轴正向传播，电场仅在 x 轴方向有分量，且初始相位为 0；因此，结合式(5-29)，可直接写出导电媒质中的电场波函数

$$E(z,t) = E_{xm}\cos(\omega t - kz) \tag{5-40}$$

这里导电媒质中的波数 k 为

$$k = \omega\sqrt{\varepsilon_c\mu} = \omega\sqrt{\varepsilon\mu}\left(1 - \mathrm{j}\frac{\sigma}{\omega\varepsilon}\right)^{1/2} \tag{5-41}$$

注意，为方便后续概念引入，通常将导电媒质中的波数用传播常数表示，有

$$\gamma = \mathrm{j}k = \mathrm{j}\omega\sqrt{\varepsilon_c\mu} = \mathrm{j}\omega\sqrt{\varepsilon\mu}\left(1 - \mathrm{j}\frac{\sigma}{\omega\varepsilon}\right)^{1/2} \tag{5-42}$$

可见，导电媒质中的传播常数 γ 与电磁波的频率不呈线性关系。电场波函数式(5-40)对应的复数形式为

$$E(z,t) = E_{xm}\mathrm{e}^{\mathrm{j}\omega t}\mathrm{e}^{-\mathrm{j}kz} = E_{xm}\mathrm{e}^{\mathrm{j}\omega t}\mathrm{e}^{-\gamma z} \tag{5-43}$$

令 $\gamma = \alpha + \mathrm{j}\beta$，结合式(5-42)，可知

$$\alpha = \omega\sqrt{\frac{\varepsilon\mu}{2}\left(\sqrt{1 + \left(\frac{\sigma}{\omega\varepsilon}\right)^2} - 1\right)} \tag{5-44}$$

$$\beta = \omega \sqrt{\frac{\varepsilon\mu}{2}\left(\sqrt{1+\left(\frac{\sigma}{\omega\varepsilon}\right)^2}+1\right)} \tag{5-45}$$

式(5-43)波函数的复数形式进一步变形为

$$E(z,t) = E_{xm} e^{j\omega t} e^{-\alpha z} e^{-j\beta z} \tag{5-46}$$

对应的实数形式为

$$E(z,t) = E_{xm} e^{-\alpha z} \cos(\omega t - \beta z) \tag{5-47}$$

其中,α 称为衰减常数(单位:Np/m);$e^{-\alpha z}$ 称为衰减因子,β 称为相位常数(单位:rad/m);$e^{-j\beta z}$ 称为空间相位因子。

2. 导电媒质中的波阻抗

根据波阻抗定义式(5-25),可知导电媒质中的波阻抗

$$Z = \sqrt{\frac{\mu}{\varepsilon_c}} = \sqrt{\frac{m}{\varepsilon - j\dfrac{\sigma}{\omega}}} = \sqrt{\frac{\mu}{\varepsilon}}\left(1 - j\frac{\sigma}{\omega\varepsilon}\right)^{-1/2} \tag{5-48}$$

转化为复数形式,有

$$Z = |Z| e^{j\varphi} \tag{5-49}$$

其中,$|Z|$ 和 φ 分别表示波阻抗的幅值和相位角,有

$$|Z| = \left(\frac{\mu}{\varepsilon}\right)^{1/2}\left(1+\left(\frac{\sigma}{\omega\varepsilon}\right)^2\right)^{-1/4} \tag{5-50}$$

$$\varphi = \frac{1}{2}\arctan\left(\frac{\sigma}{\omega\varepsilon}\right) \tag{5-51}$$

3. 导电媒质中的平均功率密度

根据式(5-28)可知,导电媒质中的电磁波平均功率密度为

$$\vec{S}_{av} = \frac{1}{2}\text{Re}\lfloor \vec{E} \times \vec{H}^* \rfloor = \frac{1}{2}\frac{F_{rm}^2}{\sqrt{\mu/\varepsilon_c}}\frac{\vec{h}}{k} = \frac{1}{2}\frac{E_0^2}{|Z_c|}\cos\varphi \frac{\vec{k}}{k} \tag{5-52}$$

对比理想介质与导电媒质中的电场波函数及传输参数,可发现:它们的差别在于 $\sigma/\omega\varepsilon$ 是否为 0;实际上,后续章节将依据其数值的相对大小去区分或定义弱导电媒质和良导电媒质。

5.2.1 弱导电媒质中的平面电磁波

弱导电媒质是指满足条件 $\left|\dfrac{\sigma}{\omega\varepsilon}\right| \ll 1$ 的导电媒质。在这种媒质中,位移电流起主要作用,传导电流的影响很小,可忽略不计。

在 $\left|\dfrac{\sigma}{\omega\varepsilon}\right| \ll 1$ 的条件下,波数表达式(5-42)可近似为

$$\gamma = j\omega \sqrt{\varepsilon\mu}\left(1-j\frac{\sigma}{\omega\varepsilon}\right)^{1/2} \approx j\omega \sqrt{\varepsilon\mu}\left(1-j\frac{\sigma}{2\omega\varepsilon}\right) \tag{5-53}$$

相应的衰减常数和相位常数分别为

$$\alpha \approx \frac{\sigma}{2}\sqrt{\frac{\mu}{\varepsilon}} \tag{5-54}$$

$$\beta \approx \omega \sqrt{\varepsilon\mu} \tag{5-55}$$

类似的,波阻抗表达式(5-48)可近似为

$$Z = \sqrt{\frac{\mu}{\varepsilon}} \left(1 - j\frac{\sigma}{\omega\varepsilon}\right)^{-1/2} = \sqrt{\frac{\mu}{\varepsilon}} \left(1 + j\frac{\sigma}{2\omega\varepsilon}\right) \tag{5-56}$$

由式(5-55)和式(5-56)可知,电磁波在弱导电媒质中传播特性近似于在理想介质的传播特性,只是在传播过程中存在极少量的衰减(见式(5-54))。

5.2.2 良导电媒质中的平面电磁波

良导电媒质是指满足条件 $\left|\frac{\sigma}{\omega\varepsilon}\right| \gg 1$ 的媒质。电磁波在良导电媒质传播时,会引起明显的传导电流,对位移电流的影响反而很小。

在 $\left|\frac{\sigma}{\omega\varepsilon}\right| \gg 1$ 的条件下,根据式(5-48),波阻抗为

$$Z = \sqrt{\frac{\mu}{\varepsilon}} \left(1 - j\frac{\sigma}{\omega\varepsilon}\right)^{-1/2} \approx \sqrt{\frac{\omega\mu}{\sigma}} e^{j\frac{\pi}{4}} \tag{5-57}$$

可见,在良导电媒质中,磁场的相位滞后于电场 $\pi/4$。

根据式(5-33),相速近似为

$$v_p = \frac{\omega}{k} \approx \sqrt{\frac{2\omega}{\sigma\mu}} \tag{5-58}$$

可见,在良导电媒质中,相速主要与电磁波的频率和媒质的磁导率及电导率有关。

同样的,根据式(5-41),波数可近似为

$$\gamma = j\omega\sqrt{\varepsilon\mu} \left(1 - j\frac{\sigma}{\omega\varepsilon}\right)^{1/2} \approx j\omega\sqrt{\varepsilon\mu} \left(-j\frac{\sigma}{\omega\varepsilon}\right)^{1/2} = j\omega\sqrt{\varepsilon\mu}\sqrt{\frac{\sigma}{\omega\varepsilon}} (-j)^{1/2} = \sqrt{\pi f\sigma\mu} (1+j)$$

$$\tag{5-59}$$

可见,此时衰减常数 α 和相位常数 β 满足

$$\alpha = \beta \approx \sqrt{\pi f\sigma\mu} \tag{5-60}$$

由此可知,良导电媒质衰减常数 α 随电磁波的频率、媒质的磁导率及电导率增大而增大。因此,高频电磁波在良导电媒质中衰减得非常快,通常传播一段距离以后就衰减完了。

在工程上,将这种电磁波局限于媒质表面附近区域的现象,称为**趋肤效应**。一般用趋肤深度(或穿透深度)δ 来描述电磁波的趋肤程度,定义为电磁波的幅值衰减为初始值的 $1/e$(或 0.368)时电磁波所传播的距离,即

$$e^{-\alpha\delta} = 1/e \tag{5-61}$$

结合式(5-60),可知趋肤深度

$$\delta = \frac{1}{\alpha} = \frac{1}{\sqrt{\pi f\sigma\mu}} = \frac{1}{\beta} \tag{5-62}$$

对于良导电媒质而言,趋肤深度又可表示为

$$\delta = \frac{1}{\beta} = \frac{\lambda}{2\pi} \tag{5-63}$$

因此,良导电媒质的趋肤深度一般小于波长的六分之一。

【例 5-3】 频率为 $f = 1.8\,\text{GHz}$ 的电磁波在相对介电常数实部为 $\varepsilon_r = 25$、相对磁导率为 $\mu_r = 1.6$ 和电导率为 $\sigma = 2.5\,\text{S/m}$ 的导电媒质中传播,已知在该媒质中的电场分量形式为 $\vec{E} = 0.1e^{-\alpha z}\cos(\omega t - \beta z)\hat{e}_x\,\text{V/m}$。请计算电磁波在该媒质中的传播常数 γ、趋肤深度 δ、波长 λ、导电媒质的波阻抗 z 和相速 v_p。

解 电磁波的角频率 ω 为

$$\omega = 2\pi f = 2\pi \times 1.8 \times 10^9 = 36\pi \times 10^8\,\text{rad/s}$$

导电媒质复数形式介电常数 ε_c 为

$$\varepsilon_c = \varepsilon_0\varepsilon_r - \text{j}\frac{\sigma}{\omega} = \frac{10^{-9}}{36\pi} \times 25 - \text{j}\frac{2.5}{36\pi \times 10^8} = \varepsilon_0\varepsilon_r(1-\text{j})$$

传播常数 γ 为

$$\gamma = \text{j}\omega\sqrt{\varepsilon_c\mu} = \text{j}\omega\sqrt{\varepsilon_0\varepsilon_r(1-\text{j})\mu_0\mu_r} \approx (129 + \text{j}312)\,\text{m}^{-1}$$

可知衰减常数 α 和相位常数 β,分别为

$$\alpha \approx 129\,\text{Np/m}, \beta = 312\,\text{rad/s}$$

即得趋肤深度 δ 为

$$\delta = \frac{1}{\alpha} \approx 7\,\text{mm}$$

波长 λ 为

$$\lambda = \frac{2\pi}{k} = \frac{2\pi}{\beta} \approx 20\,\text{mm}$$

导电媒质的波阻抗 Z_c 为

$$Z_c = \sqrt{\frac{\mu}{\varepsilon_c}} = \sqrt{\frac{\mu_r\mu_0}{\varepsilon_r\varepsilon_0(1-\text{j})}} \approx 67 \times e^{\text{j}\frac{\pi}{8}}\,\Omega$$

电磁波的相速 v_p 为

$$\vec{v}_p = \frac{\omega}{\beta}\hat{e}_z = \frac{36\pi \times 10^8}{312}\hat{e}_z = 3.6 \times 10^7\,\text{m/s}$$

【例 5-4】 某个无线电装置的屏蔽罩由铜制成,已知铜的电导率为 $5.8 \times 10^7\,\text{S/m}$。为了防止无线电磁波干扰,一般要求铜屏蔽罩的厚度至少为 5 个趋肤深度。请分别计算无线电磁波频段在 $200\,\text{KHz} \sim 3\,\text{GHz}$ 时和在 $10\,\text{KHz} \sim 3\,\text{GHz}$ 时铜罩的最小厚度。

解 趋肤深度 δ 可表示为

$$\delta = \frac{1}{\sqrt{\pi f\mu\sigma}}$$

屏蔽罩的厚度取决于低频部分,且铜为非磁性物质,其相对磁导率为 1。因此,无线电磁波在 $200\,\text{KHz} \sim 3\,\text{GHz}$ 时,将 $f = 200\,\text{KHz}$ 代入上述公式,可知铜罩的最小厚度为 $0.74\,\text{mm}$;同理,无线电磁波在 $10\,\text{KHz} \sim 3\,\text{GHz}$ 时,将 $f = 10\,KHz$ 代入上述公式,可知铜罩的最小厚度为 $3.3\,\text{mm}$。

5.3 平面电磁波垂直入射

上一小节介绍了平面电磁波在无限大媒质中的传播情况,如果电磁波在传播过程中遇到另外一种媒质,此时电磁波又该如何传播了?

本质上,电磁波遇到两种媒质分界面时,会在分界面处激发出时变电流,这些激发出来的二次源又会激发形成一种反向电磁波(反射电磁波)和一种正向电磁波(透射电磁波),这两种电磁波传播情况可通过前面章节介绍的电磁边界条件分析计算。

5.3.1 电磁波垂直入射单层分界面

为方便引入相关概念,我们先讨论电磁波垂直入射另一媒质分界面时的情况,如图 5-2 所示。

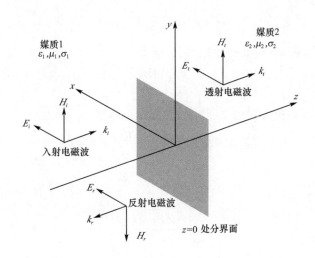

图 5-2 垂直于均匀平面波传播方向的分界面

$z<0$ 的半空间充满参数为 ε_1、μ_1 和 σ_1 的媒质 1,$z>0$ 的半空间充满参数为 ε_2、μ_2 和 σ_2 的媒质 2,电磁波从媒质 1 垂直入射到 $z=0$ 处的分界面上。根据式(5-42)和式(5-48),可知此时媒质 1 中传播常数和波阻抗分别为

$$\gamma_1 = j\omega\sqrt{\varepsilon_1\mu_1\left(1-j\frac{\sigma_1}{\omega\varepsilon_1}\right)} \tag{5-64}$$

$$Z_1 = \sqrt{\frac{\mu_1}{\varepsilon_1}}\left(1-j\frac{\sigma_1}{\omega\varepsilon_1}\right)^{-1/2} \tag{5-65}$$

类似的,媒质 2 中传播常数和波阻抗分别为

$$\gamma_2 = j\omega\sqrt{\varepsilon_2\mu_2\left(1-j\frac{\sigma_2}{\omega\varepsilon_2}\right)} \tag{5-66}$$

$$Z_2 = \sqrt{\frac{\mu_2}{\varepsilon_2}} \left(1 - j\frac{\sigma_2}{\omega\varepsilon_2}\right)^{-1/2} \tag{5-67}$$

为简化讨论,设入射电磁波的电场平行于 x 轴。此时,入射电磁波在媒质 1 中的电场和磁场空间方程分别为

$$\vec{E}_i(z) = \vec{e}_x E_{im} e^{-\gamma_1 z} \tag{5-68}$$

$$\vec{H}_i(z) = \vec{e}_y \frac{1}{Z_1} E_{im} e^{-\gamma_1 z} \tag{5-69}$$

媒质 1 中反射电磁波的电场和磁场空间方程分别为

$$\vec{E}_r(z) = \vec{e}_x E_{rm} e^{\gamma_1 z} \tag{5-70}$$

$$\vec{H}_r(z) = -\vec{e}_y \frac{1}{Z_1} E_{rm} e^{\gamma_1 z} \tag{5-71}$$

同理,可写出媒质 2 中透射电磁波的电场和磁场空间方程分别为

$$\vec{E}_t(z) = \vec{e}_x E_{tm} e^{-\gamma_2 z} \tag{5-72}$$

$$\vec{H}_t(z) = \vec{e}_y \frac{1}{Z_2} E_{tm} e^{-\gamma_2 z} \tag{5-73}$$

根据边界条件,在 $z=0$ 处的分界面上,满足

$$E_{1x} = E_{2x} \tag{5-74}$$

$$H_{1y} = H_{2y} \tag{5-75}$$

将式(5-68)~式(5-73)代入式(5-74)和式(5-75),可得到

$$\begin{cases} E_{im} + E_{rm} = E_{tm} \\ \dfrac{E_{im}}{Z_1} - \dfrac{E_{rm}}{Z_1} = \dfrac{E_{tm}}{Z_2} \end{cases} \tag{5-76}$$

求解该方程组,得

$$E_{rm} = \frac{Z_2 - Z_1}{Z_2 + Z_1} E_{im} \tag{5-77}$$

$$E_{tm} = \frac{2Z_2}{Z_2 + Z_1} E_{im} \tag{5-78}$$

定义反射电磁波振幅与入射电磁波振幅的比值为分界面的**反射系数**,用 Γ 表示,由式(5-77)可知

$$\Gamma = \frac{Z_2 - Z_1}{Z_2 + Z_1} \tag{5-79}$$

定义透射电磁波振幅与入射电磁波振幅的比值为分界面的**透射系数**,用 τ 表示,由式(5-78)可知

$$\tau = \frac{2Z_2}{Z_2 + Z_1} \tag{5-80}$$

为方便理解相关概念,下面分两种极端情况讨论:

(1)当媒质 1 和媒质 2 均为理想介质,即 $\sigma_1 = \sigma_2 = 0$ 时,根据式(5-65)和式(5-67)可知 Z_1 和 Z_2 均为实数;另外,根据式(5-68)和式(5-70),计算可知在媒质 1 中入射、反射电磁

波的电场叠加后的振幅为

$$|\vec{E}_1(z)| = E_{im}\sqrt{1+\Gamma^2+2\Gamma\cos(2\beta_1 z)} \tag{5-81}$$

①当 $\Gamma > 0$ 时,表明反射电磁波与入射电磁波同相位。若 $2\beta_1 z = -2m\pi$,则在 $z = -m\lambda_1/2$, $(m=0,1,2,3\cdots)$ 处,合成电场振幅达到最大值

$$|\vec{E}_1(z)|_{\max} = E_{im}(1+\Gamma) \tag{5-82}$$

若 $2\beta_1 z = -(2m+1)\pi$,则在 $z = -(2m+1)\lambda_1/4$, $(m=0,1,2,3\cdots)$ 处,合成电场振幅达到最小值

$$|\vec{E}_1(z)|_{\min} = E_{im}(1-\Gamma) \tag{5-83}$$

②当 $\Gamma < 0$ 时,表明反射电磁波与入射电磁波反相位,即二者相位差为 π,这就是所谓的半波损失。若 $2\beta_1 z = -(2m+1)\pi$,则在 $z = -(2m+1)\lambda_1/4$, $(m=0,1,2,3\cdots)$ 处,合成电场振幅达到最大值

$$|\vec{E}_1(z)|_{\max} = E_{im}(1+\Gamma) \tag{5-84}$$

当 $2\beta_1 z = -2m\pi$ 时,即在 $z = -m\lambda_1/2$, $(m=0,1,2,3\cdots)$ 处,合成电场振幅达到最小值

$$|\vec{E}_1(z)|_{\min} = E_{im}(1-\Gamma) \tag{5-85}$$

由此可见,在上述 $\Gamma > 0$ 和 $\Gamma < 0$ 两种情况下,入射电磁波与反射电磁波合成后的电场振幅最大值与最小值所对应的位置 z 刚好相反。另外,不难推算出:无论哪种情况,合成后的电场振幅最大值与最小值对应的位置,也刚好与合成后的磁场振幅最大值与最小值的位置相反;即合成电场振幅最大的位置对应合成磁场振幅最小的位置,反之亦然。

(2)当媒质 1 为理想介质,媒质 2 为理想导体媒质,即 $\sigma_1 = 0, \sigma_2 = \infty$ 时,根据式(5-65)和式(5-67),可知 $Z_1 = -1$ 和 $Z_2 = 0$;根据式(5-68)和式(5-70)可知入射和反射电磁波在媒质 1 中合成电场为

$$|\vec{E}_1(z)| = 2E_{im}|\sin(\beta_1 z)| \tag{5-86}$$

若 $\beta_z 1 = -(2m+1)\pi/2$,则在 $z = -(2m+1)\lambda_1/4$, $(m=0,1,2,3\cdots)$ 处,合成电场振幅达到最大值

$$|\vec{E}_1(z)|_{\max} = 2E_{im} \tag{5-87}$$

若 $\beta_1 z = -m\pi$,则在 $z = -m\lambda_1/2$, $(m=0,1,2,3\cdots)$ 处,合成电场振幅达到最小值

$$|\vec{E}_1(z)|_{\min} = 0 \tag{5-88}$$

同理,合成后的电场振幅最大值与最小值所对应的位置,也刚好与合成后的磁场振幅最大值与最小值所对应的位置相反;即合成电场振幅最大值的位置对应合成磁场振幅最小值的位置,反之亦然。

综合以上两种情况可知,无论是哪种情况,在媒质 1 中均会形成电场和磁场驻波,均存在不随时间变化的波节(电场或磁场振幅为 0)和波腹(电场或磁场振幅达到最大值)。

值得一提的是,在工程中,常用驻波系数(或驻波比)S 来描述合成电磁波的特性,其定义是合成波的电磁场强度的最大值与最小值之比,有

$$S = \frac{|\vec{E}_1|_{\max}}{|\vec{E}_1|_{\min}} = \frac{1+|\Gamma|}{1-|\Gamma|} \tag{5-89}$$

此驻波系数通常转化为以分贝为单位的数据,即 $20\log_{10}S$。

另外,还可计算电磁波在媒质 1 中的平均坡印廷矢量

$$\vec{S}_{1av}=\frac{1}{2}\text{Re}[\hat{e}_x E_1(z)\times\hat{e}_y H_1^*(z)] \tag{5-90}$$

入射电磁波在媒质 1 中的平均坡印廷矢量为

$$\vec{S}_{iav}=\frac{1}{2}\text{Re}[\hat{e}_x E_i(z)\times\hat{e}_y H_i^*(z)] \tag{5-91}$$

反射射电磁波在媒质 1 中的平均坡印廷矢量为

$$\vec{S}_{rav}=\frac{1}{2}\text{Re}[\hat{e}_x E_r(z)\times\hat{e}_y H_r^*(z)] \tag{5-92}$$

类似地,电磁波在媒质 2 中的平均坡印廷矢量为

$$\vec{S}_{2av}=\frac{1}{2}\text{Re}[\hat{e}_x E_2(z)\times\hat{e}_y H_2^*(z)] \tag{5-93}$$

透射电磁波在媒质 2 中的平均坡印廷矢量为

$$\vec{S}_{tav}=\vec{S}_{2av}=\frac{1}{2}\text{Re}[\hat{e}_x E_t(z)\times\hat{e}_y H_t^*(z)] \tag{5-94}$$

另外,结合式(5-79)和(5-80),以及上述式(5-90)~式(5-94),可推知电磁波在分界面处反射率 R 和透射率 T,分别为

$$R=|\Gamma|^2 \tag{5-95}$$

$$T=|\tau|^2 \tag{5-96}$$

5.3.2　电磁波垂直入射多层分界面

前面　节讨论了电磁波在内层媒质相邻的界面产生的反射和透射情况。实际上,在工程上会经常遇到电磁波在三层或三层以上媒质的反射与透射情况。下面我们以三层理想介质为例,介绍处理多层媒质反射与透射的一般方法。

三层不同的无损耗媒质,如图 5-3 所示,两个分界面相互平行,在 $z<0$ 的半空间充满 ε_1、μ_1 和 σ_1 的媒质 1,在 $0<z<d$ 区域充满 ε_2、μ_2 和 σ_2 的媒质 2,在 $z>d$ 区域充满 ε_3、μ_3 和 σ_3 的媒质 3。当电磁波从媒质 1 中垂直入射时,在分界面 $z=0$ 和 $z=d$ 处都要发生反射和透射;因此,媒质 1 和媒质 2 中均存在入射电磁波和反射电磁波,而媒质 3 中仅有透射电磁波。

媒质 1 中的入射电磁波和反射电磁波,分别为

$$\begin{cases}\vec{E}_{1i}(z)=\hat{e}_x E_{1im}\,\text{e}^{-\beta_1 z}\\[2mm]\vec{H}_{1i}(z)=\hat{e}_y\dfrac{1}{Z_1}E_{1im}\,\text{e}^{-\beta_1 z}\end{cases} \tag{5-97}$$

$$\begin{cases}\vec{E}_{1r}(z)=\hat{e}_x E_{1rm}\,\text{e}^{\beta_1 z}\\[2mm]\vec{H}_{1r}(z)=-\hat{e}_y\dfrac{1}{Z_1}E_{1rm}\,\text{e}^{\beta_1 z}\end{cases} \tag{5-98}$$

媒质 2 中的入射电磁波和反射电磁波,分别为

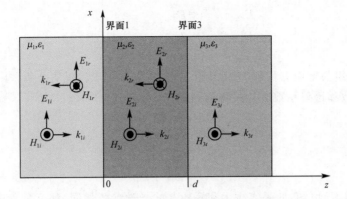

图 5-3　垂直入射多层分界面

$$\begin{cases} \vec{E}_{2i}(z) = \vec{e}_x E_{2im} e^{-\beta_2 z} \\ \vec{H}_{2i}(z) = \vec{e}_y \dfrac{1}{Z_2} E_{2im} e^{-\beta_2 z} \end{cases} \tag{5-99}$$

$$\begin{cases} \vec{E}_{2r}(z) = \vec{e}_x E_{2rm} e^{\beta_2 z} \\ \vec{H}_{2r}(z) = -\vec{e}_y \dfrac{1}{Z_2} E_{2rm} e^{\beta_2 z} \end{cases} \tag{5-100}$$

媒质 3 中的透射电磁波为

$$\begin{cases} \vec{E}_{3t}(z) = \vec{e}_x E_{3tm} e^{-\beta_3(z-d)} \\ \vec{H}_{3t}(z) = \vec{e}_y \dfrac{1}{Z_3} E_{3tm} e^{-\beta_3(z-d)} \end{cases} \tag{5-101}$$

根据连续边界条件,电场和磁场在分界面处均满足连续性。

在 $z=0$ 的界面 1 处,有

$$\begin{cases} E_{1im} + E_{1rm} = E_{2im} + E_{2rm} \\ \dfrac{E_{1im}}{Z_1} - \dfrac{E_{1rm}}{Z_1} = \dfrac{E_{2im}}{Z_2} - \dfrac{E_{2rm}}{Z_2} \end{cases} \tag{5-102}$$

在 $z=d$ 的界面 2 处,有

$$\begin{cases} E_{2im} e^{-\beta_2 d} + E_{2rm} e^{-\beta_2 d} = E_{3tm} \\ \dfrac{E_{2im}}{Z_2} e^{-\beta_2 d} - \dfrac{E_{2rm}}{Z_2} e^{-\beta_2 d} = \dfrac{E_{3tm}}{Z_3} \end{cases} \tag{5-103}$$

首先,根据方程组(5-103)、方程组(5-99)和方程组(5-100),可知界面 2 处的反射系数和透射系数分别为

$$\Gamma_2 = \frac{E_{2rm}}{E_{2im}} = \frac{Z_3 - Z_2}{Z_3 + Z_2} \tag{5-104}$$

$$\tau_2 = \frac{E_{3tm}}{E_{2im}} = \frac{2Z_3}{Z_3 + Z_2} e^{-\beta_2 d} \tag{5-105}$$

接着,将方程组(5-102)两边同时乘以 $e^{-\beta_2 d}$,并联立方程组(5-103),可得

$$\begin{cases} E_{1im} \mathrm{e}^{-\beta_2 d} + E_{1rm} \mathrm{e}^{-\beta_2 d} = E_{3tm} \\ \dfrac{E_{1im}}{Z_1} \mathrm{e}^{-\beta_2 d} - \dfrac{E_{1rm}}{Z_1} \mathrm{e}^{-\beta_2 d} = \dfrac{E_{3tm}}{Z_3} \end{cases} \tag{5-106}$$

显然,上述方程组与前面方程组(5-103)形式相同,若进一步将媒质 2 看作一个界面,那么其有效反射系数和透射系数表达式将形同式(5-104)与式(5-105),有

$$\Gamma_{ef} = \frac{E_{1rm}}{E_{1im}} = \frac{Z_3 - Z_1}{Z_3 + Z_1} \tag{5-107}$$

$$\tau_{ef} = \frac{E_{3tm}}{E_{1im}} = \frac{2Z_3}{Z_3 + Z_1} \mathrm{e}^{-\beta_2 d} \tag{5-108}$$

根据式(5-107)可知,如果媒质 1 和媒质 3 的光学参数相同,那么反射系数为 0;根据式(5-108)可知,如果媒质 2 的 $\beta_2 d = (2m+1)\pi/2$,其中 $m = 0,1,2,3\cdots$,那么 $d = (2m+1)\lambda_2/2$,此时 $\tau_{ef} = -1$。这表明,电磁波可以无损耗地通过媒质。类似的,三层及以上媒质的垂直入射情况均可采用类似的方法求解,这里不再赘述。

【例 5-5】 TEM 波由空气垂直入射到非磁性电介质 ε_r 的分界面上并造成 20% 的功率被反射。试确定该介质的相对介电常数。

解 题设中非磁性介质的波阻抗为

$$Z_2 = \sqrt{\frac{\mu}{\varepsilon}} = \sqrt{\frac{1}{\varepsilon_r} \frac{\mu_0}{\varepsilon_0}} = \frac{1}{\sqrt{\varepsilon_r}} \sqrt{\frac{\mu_0}{\varepsilon_0}} = \frac{1}{\sqrt{\varepsilon_r}} Z_0$$

因此,其电场反射系数为

$$\Gamma = \frac{Z_2 - Z_1}{Z_2 + Z_1} = \frac{\dfrac{1}{\sqrt{\varepsilon_r}} Z_0 - Z_0}{\dfrac{1}{\sqrt{\varepsilon_r}} Z_0 + Z_0} = \frac{1 - \sqrt{\varepsilon_r}}{1 + \sqrt{\varepsilon_r}}$$

结合式(5-95)可知,即

$$R = |\Gamma|^2 = \left(\frac{1 - \sqrt{\varepsilon_r}}{1 + \sqrt{\varepsilon_r}}\right)^2 = 20\%$$

求解上式得

$$\varepsilon_r = 6.85$$

注意:相对介电常数的其中一个解 $\varepsilon_r = 0.146$,因小于 1 而被舍弃。

【例 5-6】 已知海水的相对介电常数 $\varepsilon_r = 81$,相对磁导率 $\mu_r = 1$,电导率 $\sigma = 4$ S/m。若有频率 $f = 1$ MHz 的均匀平面电磁波从空气垂直入射到海面,请计算分界面处的反射系数 Γ 和透射系数 τ。

解 将 $\sigma = 4$ S/m、$\omega = 2\pi f = 2\pi \times 10^6$ rad/s 和 $\varepsilon = \varepsilon_r \varepsilon_0 = 81 \times \dfrac{1}{36\pi} \times 10^{-9}$ F/m 代入下式

$$\left|\frac{\sigma}{\omega\varepsilon}\right| = 888.89 \gg 1$$

可知,此频率下海水在属于良导电媒质。此时,海水的本征阻抗 Z_2 可通过式(5-57)计算,

即

$$Z_2 = \sqrt{\frac{\omega\mu}{\sigma}}\, \mathrm{e}^{\mathrm{j}\frac{\pi}{4}} = \sqrt{\frac{\omega\mu_r\mu_0}{\sigma}}\, \mathrm{e}^{\mathrm{j}\frac{\pi}{4}} = \sqrt{\frac{2\pi\times10^6\times1\times4\pi\times10^{-7}}{4}}\, \mathrm{e}^{\mathrm{j}\frac{\pi}{4}} = \frac{\pi}{\sqrt{5}}\mathrm{e}^{\mathrm{j}\frac{\pi}{4}} = 1.40\mathrm{e}^{\mathrm{j}\frac{\pi}{4}}\ \Omega$$

空气的本征阻抗 $Z_0 = 120\ \pi\Omega$。另外,系统属于单分界面系统,因此可根据式(5-79)和式(5-80)可分别计算得到分界面处的反射系数 Γ 和透射系数 τ

$$\Gamma = \frac{Z_2 - Z_0}{Z_2 - Z_0} = \frac{1.40\mathrm{e}^{\mathrm{j}\frac{\pi}{4}} - 120\pi}{1.40\mathrm{e}^{\mathrm{j}\frac{\pi}{4}} + 120\pi} = 0.994\ 7 + \mathrm{j}0.005\ 2$$

$$\tau = \frac{2Z_2}{Z_2 + Z_0} = \frac{2\times1.40\mathrm{e}^{\mathrm{j}\frac{\pi}{4}}}{2\times1.40\mathrm{e}^{\mathrm{j}\frac{\pi}{4}} + 120\pi} = 0.005\ 3 + \mathrm{j}0.005\ 2$$

从上述结果可知,反射系数接近于 -1,表明绝大部分入射电磁波被反射;其次,透射系数接近于 0,说明只有极少部分电磁波透射进入海水。

5.4 平面电磁波斜向入射

前面几节讨论的问题均是关于电磁波垂直入射到单层或多层媒质的情况。生活中经常会遇到电磁波以不同角度入射到分界面的情形,这时入射电磁波、反射电磁波和透射电磁波的传播方向一般也不会垂直于分界面。通常将入射电磁波的波矢量与分界面法线矢量的夹角称作**入射角**,而将这两个矢量构成的平面称为**入射波平面**。如果入射波的电场垂直于入射波平面,那么此入射波称作**垂直极化波**;如果入射波的电场平行于入射波平面,那么此入射波称作**平行极化波**。实际上,电磁波中的电场除了平行于和垂直于入射波平面这两种情况以外,电场与入射波平面的夹角还可以是其他角度;不过,这些电磁波均可以分解为垂直极化波和平行极化波这两个分量。

为方便引入相关概念和讨论,这里我们以单界面为例,就入射波为垂直极化波和平行极化波这两种情形,来分别讨论斜向入射时电磁波的反射与透射情况。

5.4.1 垂直极化波斜向入射

设在 $z<0$ 的半空间充满介电常数 ε_1、磁导率 μ_1 的理想媒质 1;在 $z>0$ 的半空间充满介电常数 ε_2、磁导率 μ_2 的理想媒质 2。均匀平面电磁波从媒质 1 斜入射到 $z=0$ 的分界面,如图 5-4 所示。θ_i 是入射波的波矢量与分界面法线之间的夹角,称为入射角;θ_r 是反射波的波矢量与分界面法线之间的夹角,称为反射角;θ_t 是透射波的波矢量与分界面法线之间的夹角,称为透射角(或折射角)。此时,媒质 1 中入射电磁波(垂直极化波)的电场和磁场可分别表示为

$$\vec{E}_i = \vec{e}_y E_{im}\, \mathrm{e}^{-\mathrm{j}[k_1\sin(\theta_i)x + k_1\cos(\theta_i)z]} \tag{5-109}$$

$$\vec{H}_i = [-\vec{e}_x H_{im}\cos(\theta_i) + \vec{e}_z H_{im}\sin(\theta_i)]\mathrm{e}^{-\mathrm{j}[k_1\sin(\theta_i)x + k_1\cos(\theta_i)z]} \tag{5-110}$$

类似的,反射电场和反射磁场分别为

中入射电场和入射磁场分别为

$$\vec{E}_i = [\vec{e}_x E_{im}\cos(\theta_i) - \vec{e}_z E_{im}\sin(\theta_i)]\vec{e}^{-j[k_1\sin(\theta_i)x + k_1\cos(\theta_i)z]} \tag{5-121}$$

$$\vec{H}_i = \vec{e}_y H_{im}\mathrm{e}^{-j[k_1\sin(\theta_i)x + k_1\cos(\theta_i)z]} \tag{5-122}$$

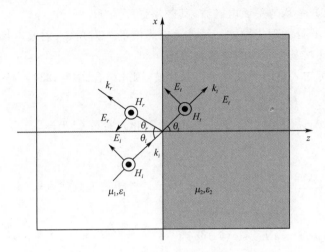

图 5-5　平行极化波斜向入射理想介质分界面

类似地,反射电场和反射磁场分别为

$$\vec{E}_r = [-\vec{e}_x E_{rm}\cos(\theta_r) - \vec{e}_z E_{rm}\sin(\theta_r)]\mathrm{e}^{-j[k_1\sin(\theta_r)x - k_1\cos(\theta_r)z]} \tag{5-123}$$

$$\vec{H}_r = \vec{e}_y H_{rm}\mathrm{e}^{-j[k_1\sin(\theta_r)x - k_1\cos(\theta_r)z]} \tag{5-124}$$

在媒质 2 中透射电场和透射磁场分别为

$$\vec{E}_t = [\vec{e}_x E_{tm}\cos(\theta_t) - \vec{e}_z E_{tm}\sin(\theta_t)]\mathrm{e}^{-j[k_2\sin(\theta_t)x + k_2\cos(\theta_t)z]} \tag{5-125}$$

$$\vec{H}_t = \vec{e}_y H_{tm}\mathrm{e}^{-j[k_2\sin(\theta_t)x + k_2\cos(\theta_r)z]} \tag{5-126}$$

由电磁边界条件,在 $z=0$ 的分界面上磁场的切向分量连续性质,可知

$$\vec{e}_y H_{im}\mathrm{e}^{-jk_1\sin(\theta_i)x} + \vec{e}_y H_{rm}\mathrm{e}^{-jk_1\sin(\theta_r)x} = \vec{e}_y H_{tm}\mathrm{e}^{-jk_2\sin(\theta_t)x} \tag{5-127}$$

式(5-127)对所有 x 均成立,同样必有

$$k_1\sin(\theta_i) = k_1\sin(\theta_r) = k_2\sin(\theta_t) \tag{5-128}$$

与式(5-116)相同,式(5-128)也是分界面上的相位匹配条件。

同样地,由式(5-128)的前一个等式,可知

$$\theta_i = \theta_r \tag{5-129}$$

即反射角等于入射角。另外,由式(5-128)的后一个等式,同样得到

$$\frac{\sin(\theta_t)}{\sin(\theta_i)} = \frac{k_1}{k_2} = \frac{n_1}{n_2} \tag{5-130}$$

式(5-130)为电磁波的折射定律。

根据式(5-121)~式(5-130),计算可知平行极化波的反射系数和透射系数分别为

$$\Gamma_p = \frac{E_{rm}}{E_{im}} = \frac{Z_1 \cos(\theta_i) - Z_2 \cos(\theta_t)}{Z_1 \cos(\theta_i) + Z_2 \cos(\theta_t)} \tag{5-131}$$

$$\tau_p = \frac{E_{tm}}{E_{im}} = \frac{2Z_2 \cos(\theta_i)}{Z_1 \cos(\theta_i) + Z_2 \cos(\theta_t)} \tag{5-132}$$

【例 5-7】 已知一均匀平面电磁波,其磁场强度为 $\vec{H}_i = -\vec{e}_y e^{-j\sqrt{2}\pi(x+z)}$ A/m,从空气斜入射到位于 $z=0$ 处的理想导体。请计算电磁波的入射角、入射波电场表达式、反射波电场和磁场表达式以及合成波的电场和磁场。

解 由题意可知入射电磁波为平行极化波,因此结合式(5-122),可知,

$$\vec{H}_i = \vec{e}_y H_{im} e^{-j[k_1 \sin(\theta_i)x + k_1 \cos(\theta_i)z]} = -\vec{e}_y e^{-j\sqrt{2}(x+z)}$$

观察上式可发现 $k_1 \sin(\theta_i) = \sqrt{2}\pi = k_1 \cos(\theta_i)$,因此入射角 θ_i 为

$$\theta_i = \arctan(1) = \frac{\pi}{4}$$

即也可知 $k_1 = 2\pi$,$E_{im} = H_{im} Z_0 = -120\pi$ V/m。将相关参数代入式(5-121),可知入射波电场表达式

$$\vec{E}_i = [\vec{e}_x E_{im} \cos(\theta_i) - \vec{e}_z E_{im} \sin(\theta_i)] e^{-j[k_1 \sin(\theta_i)x + k_1 \cos(\theta_i)z]} = (-\vec{e}_x + \vec{e}_z) \frac{120\pi}{\sqrt{2}} e^{-j\sqrt{2}\pi(x+z)}$$

根据电磁波反射定律,可知反射角 $\theta_r = \theta_i = \frac{\pi}{4}$。由于理想导体的阻抗 $Z_2 = 0$,且入射波为平行极化波,因此结合式(5-131)和式(5-132)可知

$$\Gamma_p = 1, \tau_p = 0$$

此时根据反射系数和透射系数的定义,可知

$$E_{im} = E_{rm} = E_m = -120\pi \text{ V/m}$$

$$E_{tm} = 0$$

将上述相关参数代入式(5-123)和式(5-124),可知反射波电场和磁场表达式分别为

$$\vec{E}_r = (\vec{e}_x + \vec{e}_z) \frac{120\pi}{\sqrt{2}} e^{-j\sqrt{2}\pi(x-z)}$$

$$\vec{H}_r = -e^{-j\sqrt{2}\pi(x-z)} \vec{e}_y \text{ A/m}$$

合成波的电场和磁场,分别为

$$\vec{E}_1 = \vec{E}_i + \vec{E}_r = [\vec{e}_x j \sin(\sqrt{2}\pi z) + \vec{e}_z \cos(\sqrt{2}\pi z)] 120\pi\sqrt{2} e^{-j\sqrt{2}\pi x}$$

$$\vec{H}_1 = \vec{H}_i + \vec{H}_r = -\vec{e}_y 2\cos(\sqrt{2}\pi z) \vec{e}^{-j\sqrt{2}\pi x}$$

【例 5-8】 已知平行极化的均匀平面电磁波以 30° 的入射角从空气斜入射到相对介电系数为 4 的理想介质中。若入射波电场强度的幅值为 10 V/m,频率为 10 GHz,求媒质 2 的透射波方程。

解 媒质(空气)1 的本征阻抗 Z_1 和折射率 n_1 分别为

$$Z_1 = Z_0 = 120\pi\Omega$$

$$n_1 = n_0 = 1$$

式中 Z_1 和 n_0 分别为真空的阻抗和折射率。理想介质的本征阻抗 Z_2 和折射率 n_2 分别为

$$Z_2 = \frac{Z_0}{\sqrt{\varepsilon_{2r}/\mu_{2r}}} = \frac{120\pi}{\sqrt{4}} = 60\pi\,\Omega$$

$$n_2 = n_0\sqrt{\varepsilon_r \mu_r} = \sqrt{4 \times 1} = 2$$

电磁波在理想介质中的传播矢量 k_2 为

$$k_2 = \omega\sqrt{\varepsilon_2 \mu_2} = 2\pi f\sqrt{\varepsilon_{2r}\mu_{2r}\varepsilon_0\mu_0} = 2\pi \times 10^{10}\sqrt{4 \times 1 \times \frac{1}{36\pi} \times 10^{-9} \times 4\pi \times 10^{-7}} = \frac{400\pi}{3}\ \text{rad/m}$$

根据电磁波折射定律(式 5-130)可知,透射角(折射角)θ_t 满足

$$\sin(\theta_t) = \frac{n_1}{n_2}\sin(\theta_i) = \frac{1}{2} \times \sin\left(\frac{\pi}{6}\right) = \frac{1}{4}$$

即 $\cos(\theta_t) = \sqrt{15}/4$。由于入射电磁波为平行极化波,根据透射系数公式(5-132)可知透射系数 τ_p 为

$$\tau_p = \frac{2Z_2\cos(\theta_i)}{Z_1\cos(\theta_i) + Z_2\cos(\theta_t)} = \frac{2 \times 60\pi \times \cos\left(\frac{\pi}{6}\right)}{120\pi \times \cos\left(\frac{\pi}{6}\right) + 60\pi \times \frac{\sqrt{16}}{4}} = \frac{4}{4+\sqrt{5}} \approx 0.64$$

根据透射系数定义,可知透射电场幅值 $E_{tm} = \tau_p E_{im} \approx 0.64 \times 10 = 6.4$ V/m,透射磁场幅值 $H_{tm} = E_{tm}/Z_2 \approx \frac{0.64}{60\pi} = 0.034$ A/m。设理想介质表面处于 $z=0$ 的平面内,根据式(5-125)和式(5-126)可知入射电场和磁场的一般形式为

$$\vec{E}_t = E_{tm}[\vec{e}_x\cos(\theta_t) - \vec{e}_z\sin(\theta_t)]\mathrm{e}^{-jk_2[\sin(\theta_t)x+\cos(\theta_t)z]} \approx (6.20\vec{e}_x - 1.60\vec{e}_z)\mathrm{e}^{-j(104.72x+405.58z)}\ \text{V/m}$$

$$\vec{H}_t = \vec{e}_y H_{tm}\mathrm{e}^{-jk_2[\sin(\theta_t)x+\cos(\theta_t)z]} \approx 0.034\vec{e}_y\mathrm{e}^{-j(104.72x+405.58z)}\ \text{A/m}$$

5.5　电磁波的极化与群速

5.5.1　电磁波极化概念及分类

均匀平面电磁波的 $\vec{E}, \vec{H}$ 和 $\vec{k}$ 三者相互保持垂直,且满足右手螺旋法则,若已知媒质的本征阻抗,对于电场或者磁场,只要确定其一,另一个的大小和方向也就确定了。通常,我们习惯采用电场矢量 表征电磁波。电磁波的极化类型是以电场矢量末端随时间变化的轨迹形状来确定,例如,当正向面对入射电磁波时,如果该轨迹是圆形,则为圆极化波;如果该轨迹是椭圆或线段,则该电磁波即为椭圆极化波或线极化波。

设均匀平面电磁波沿着 z 轴正方向传播,电场分量为

$$\vec{E} = E_{xm}\cos(\omega t - \beta z)\vec{e}_x + E_{ym}\cos(\omega t - \beta z - \varphi)\vec{e}_y \tag{5-133}$$

式中 φ 表示 y 轴方向电场分量与 x 轴方向电场分量的相位差。为便于理解,设 $t=0$,此

时式(5-133)可写为

$$\dot{\vec{E}} = (E_{xm}\vec{e}_x + E_{ym}e^{-j\varphi}\vec{e}_y)e^{-j\beta z} \tag{5-134}$$

为建立 x 轴方向电场分量 E_x 与 y 轴方向电场分量 E_y 之间的关系,设定 $z=0$,代入式(5-133),可知二者为

$$E_x = E_{xm}\cos(\omega t) \tag{5-135}$$

$$E_y = E_{ym}\cos(\omega t - \varphi) \tag{5-136}$$

利用数学三角函数关系,消除式(5-135)与式(5-136)中的 ωt 后,可转化为

$$\frac{E_x^2}{E_{xm}^2} - \frac{2E_xE_y}{E_{xm}E_{ym}}\cos\varphi + \frac{E_y^2}{E_{ym}^2} = \sin^2\varphi \tag{5-137}$$

上式是一个椭圆方程,表明合成场强矢量 $\vec{E}$ 的末端在一个椭圆上旋转,如图 5-6 所示,即该电磁波为椭圆极化波。其中,θ 表示椭圆的长轴与 x 轴的夹角,有

$$\tan2\theta = \frac{2E_{xm}E_{ym}}{E_{xm}^2 - E_{ym}^2}\cos\varphi \tag{5-138}$$

此时迎着波的传播方向看去,若电场矢量的旋转方向与波的传播方向符合右手螺旋法则,则称这种波为右旋椭圆极化波;反之,若满足左手螺旋法则,则称之为左旋椭圆极化波。

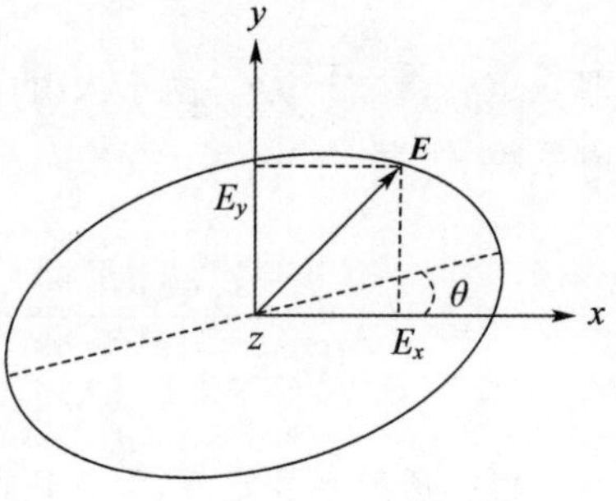

图 5-6 椭圆极化波

若相位滞后量 $\varphi = \pm\dfrac{\pi}{2}$,且 $E_{xm} = E_{ym} = E_m$,此时式(5-137)退化为圆方程

$$E_x^2 + E_y^2 = E_m^2 \tag{5-139}$$

可见,合成场强矢量 $\vec{E}$ 的大小不随时间变化而变化,其末端在一个圆上旋转,如图 5-7 所示。

在通信中,圆极化波穿过雨区时受到的吸收衰减影响不仅较小,而且更容易达到发送端和接收端电磁波极化特性一致的要求。例如:雷达、飞机、火箭以及卫星等系统设备间的通信通常采用圆极化波。

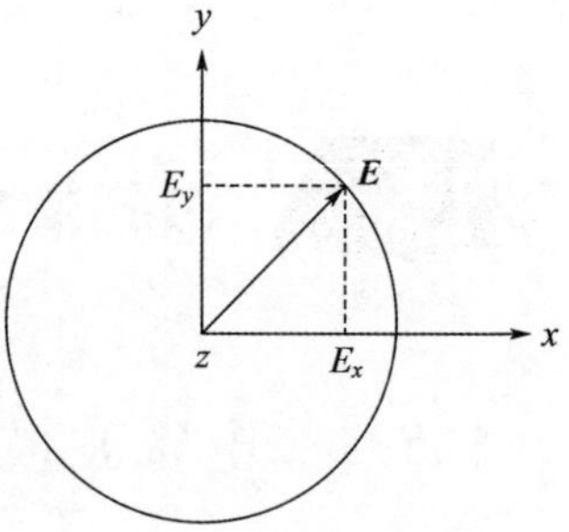

若 $\varphi = 0$ 或 $\varphi = \pi$,代入式(5-136),并结合式(5-135),可得

$$E_x = E_{xm}\cos(\omega t) \tag{5-140}$$

$$E_y = E_{ym}\cos(\omega t) \tag{5-141}$$

图 5-7 圆极化波

可知,这两束电磁波的电场强度随着时间将同步增加或减小,合成波的电场强度 $\vec{E}$ 的轨迹落在某一条线上,如图 5-8 所示,这种电磁波称为线极化波。

合成电磁波的电场 $\vec{E}$ 的方向与 x 轴的夹角为 θ,有

$$\tan\theta = \frac{E_{ym}}{E_{xm}} \tag{5-142}$$

上述线性极化中,如果电场矢量仅在水平方向上变化,即 $\theta = 0$,这种电磁波在工程应用中称为水平极化波,例如:电视塔发射的电磁波通常为这种水平极化波。如果电场矢量仅在垂直方向上变化,即 $\theta = \pi/2$,则称为垂直极化波,例如:广播站发射的电磁波通常是这种垂直极化波。

可见,线极化波、圆极化波均可看作椭圆极化波的特殊情况;反之,各种极化波可以分解为线极化波的合成。

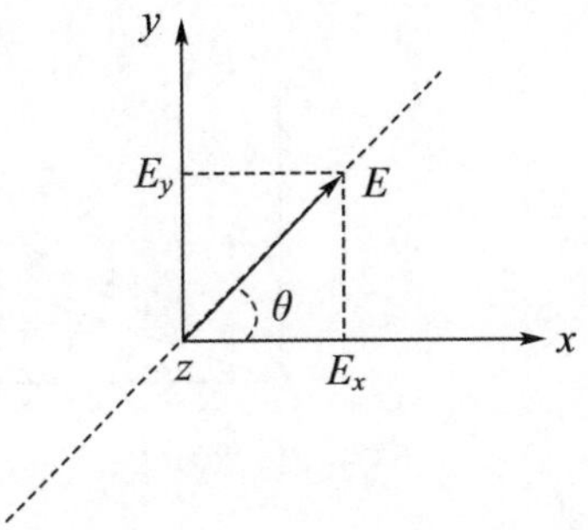

图 5-8　线极化波

5.5.2　物质色散与电磁波波速

实际上,在前面 5.1.2 小节分析平面电磁波在理想介质中传播特性时,我们简单介绍了相速度的概念,它描述了电磁波相位面在某一参考方向的推进速度。例如,仍然以沿正 z 轴方向入射的平面电磁波为例,其电场分量强度可用如下式描述

$$E = E_m \cos(\omega t - \beta z) \tag{5-143}$$

相位为 φ 的相位面,满足

$$\varphi = \omega t - \beta z = C \tag{5-144}$$

式中 C 为常数。对式(5-144)两边作关于时间 的求导,可知

$$v_p = \frac{\mathrm{d}z}{\mathrm{d}t} = \frac{\omega}{\beta} \tag{5-145}$$

式中相位常数 β 可写为

$$\beta = k = \omega\sqrt{\varepsilon\mu} \tag{5-146}$$

式中 ε 和 μ 分别表示媒质的介电常数和磁导率。式(5-146)代入式(5-145)可知

$$v_p = \frac{1}{\sqrt{\varepsilon\mu}} \tag{5-147}$$

可见相速度 v_p 仅与媒质的介电常数 ε 和磁导率 μ 有关。因此,对于无限大的均匀媒质,如果其电磁常数 (ε, μ) 不是电磁波频率的函数,那么电磁波在该媒质中的相速度 v_p 不会随着电磁波的频率改变而改变,这样一类物质,我们称之为非色散媒质。实际上,自然界中许多媒质的介电常数或磁导率都是关于电磁波频率的函数,因此电磁波在这些媒质中的相速度会随着电磁波频率变化而变化,即产生了所谓的色散现象。

需要指出的是,正如前面描述的那样,电磁波相速的大小是相对某一参考方向而言的。例如,对于平面波而言,参考方向与传播方向的夹角为 θ,电磁波的波速为 v,如图 5-9 所示,则相速 v_p 为

$$v_p = \frac{v}{\cos\theta} \tag{5-148}$$

可以看出,电磁波的相速始终大于等于波速,甚至可以高于光速。这看似与相对论理论相矛盾(任何物体的速度不能高于光速),不过需要注意的是,电磁波的相速表征的是电磁波等相面的推进速度,不代表信号的传递速度(因为等相位面都是同步的),更不代表电磁波能量的传播速度,能表征能量传播速度的是电磁波的群速。下面,我们讨论

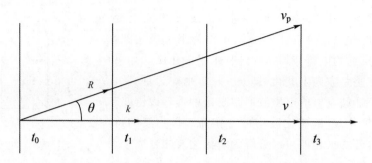

图 5-9　电磁波的相速与波速

电磁波在媒质中的群速度。

　　能够传递信号的电磁波总是由不同频率的电磁波叠加而成的,称为波群或波包。在传播过程中,这些电磁波的角速度和相位常数非常接近,表现出来的共同速度称为群速。为方便观察群波叠加的情形,假定有两个平面电磁波,均沿着 z 轴正方向传播,二者的电场强度分别为

$$E_1 = E_m \cos[(\omega + \Delta\omega)t - (\beta + \Delta\beta)z] \tag{5-149}$$

$$E_2 = E_m \cos[(\omega - \Delta\omega)t - (\beta - \Delta\beta)z] \tag{5-150}$$

其中,$\Delta\omega \ll \omega$,$\Delta\beta \approx 0$。叠加后的电磁波,其总电场强度为

$$E = 2E_m \cos(\Delta\omega t - \Delta\beta z)\cos(\omega t - \beta z) \tag{5-151}$$

由上式可见,合成波可看作一个经过幅度调制的电磁波。式(5-151)的前面部分 $2E_m \cos(\Delta\omega t - \Delta\beta z)$ 为调制波,又称为包络波,后面部分 $\cos(\omega t - \beta z)$ 为载波。该包络波的移动速度(传播速度)称为群速。类似的,可求出包络波的群速为

$$v_g = \frac{\Delta\omega}{\Delta\beta} = \frac{\mathrm{d}\omega}{\mathrm{d}\beta} \tag{5-152}$$

　　群速度 v_g 还可以被改写为下面一种形式

$$v_g = \frac{\mathrm{d}\omega}{\mathrm{d}\beta} = \frac{\mathrm{d}(v_p\beta)}{\mathrm{d}\beta} = v_p + \beta\frac{\mathrm{d}v_p}{\mathrm{d}\beta} = v_p + \frac{\omega}{v_p}\frac{\mathrm{d}v_p}{\mathrm{d}\omega}v_g$$

对上式作进一步的变形,可知

$$v_g = \frac{v_p}{1 - \frac{\omega}{v_p}\frac{\mathrm{d}v_p}{\mathrm{d}\omega}} \tag{5-153}$$

即由(5-153)可知,群速度 v_g 与相速度 v_p 二者大小关系有以下三种情况:

　　(1) $\frac{\mathrm{d}v_p}{\mathrm{d}\omega} < 0$,即相速随着频率的增加而减小,此时 $v_g < v_p$,即群速小于相速,这类现象称为正常色散;

　　(2) $\frac{\mathrm{d}v_p}{\mathrm{d}\omega} = 0$,即相速与频率无关,此时 $v_g = v_p$,即群速等于相速,同时无色散现象;

　　(3) $\frac{\mathrm{d}v_p}{\mathrm{d}\omega} > 0$,即相速随着频率的增加而增加,此时 $v_g > v_p$,即群速大于相速,这类现象称为反常色散。

【例 5-9】 若某区域内的电场强度给定为

$$\vec{E} = (3\vec{e}_x + j4\vec{e}_y)e^{-0.2z}e^{-j0.5z} \ \text{V/m}$$

求波的极化。

解 区域中电场能表示为

$$E_x(z,t) = 3e^{-0.2z}\cos(\omega t - 0.5z)$$

$$E_y(z,t) = -4e^{-0.2z}\sin(\omega t - 0.5z)$$

在 $z=0$ 处的平面中,这两个分量为

$$\frac{1}{3}E_x(0,t) = \cos(\omega t)$$

$$-\frac{1}{4}E_y(0,t) = \sin(\omega t)$$

两式平方后相加得

$$\frac{1}{9}E_x^2(0,t) + \frac{1}{16}E_y^2(0,t) = 1$$

这是一个椭圆的方程,因此波为椭圆极化波,长轴沿 y 轴,短轴沿 x 轴。

当 $\omega t = 0, (t=0)$ 时,有

$$E_x(0,0) = 3$$

$$E_y(0,0) = 0$$

而电场的端点在正 x 轴上。当 $\omega t = \pi/2, (t=\pi/2\omega)$ 时,有

$$E_x(0,\pi/2\omega) = 0$$

$$E_y(0,\pi/2\omega) = -4$$

电场的端点在负 y 轴上。因此,旋转方向为顺时针方向。此转向符合左手螺旋法则,所以给定的电场为左旋椭圆极化波。

习题 5

5-1 在 $\mu = \mu_0, \varepsilon = \varepsilon_r\varepsilon_0$ 的介质中沿 y 方向传播的均匀平面波电场强度为

$$\vec{E} = 377\cos(10^9 t - 5y)\vec{e}_z \ \text{V/m}$$

求:(1)相对介电常数,(2)传播速度,(3)本征阻抗,(4)波长,(5)磁场强度,(6)波的平均功率密度。

5-2 频率为 100 MHz 的时谐均匀平面波在各向同性的均匀、理想介质中沿 $-z$ 轴方向传播,其介质特性参数分别为 $\varepsilon_r = 4$、$\mu_r = 1$、$\sigma = 0$。设电场取向与 x 和 y 轴的正方向都成 $45°$,而且当 $t=0, z=1/8$ m 时,电场的大小等于其振幅值,即 $\sqrt{2} \times 10^{-4}$ V/m。求:电场强度和磁场强度的表达式。

5-3 已知非磁性理想介质中均匀平面波的电场强度矢量为

$$\vec{E} = (2\vec{e}_x + 6\vec{e}_y + 9\vec{e}_z)e^{j(1.1 \times 10^9 t - 6x - 7y + Cz)} \ \text{V/m}$$

试求该电磁波的频率 f,波长 λ,波矢量 $\vec{k}$,磁场强度矢量 $\vec{H}$,能量密度的平均值和能流密度的平均值以及介质的相对介电常数。

5-4 已知无界理想媒质($\varepsilon = 9\varepsilon_0$, $\mu = \mu_0$, $\sigma = 0$)中,正弦均匀平面电磁波的频率 $f = 10^8$ Hz,电场强度 $\vec{E} = \hat{e}_x 4e^{-jkz} + \hat{e}_y 3e^{-jkz + j\frac{\pi}{3}}$ V/m。试求:

(1)均匀平面电磁波的相速 v、波长 λ、相移常数 k 和波阻抗 η;

(2)电场强度和磁场强度的瞬时值表达式;

(3)与电磁波传播方向垂直的单位面积上通过的平均功率。

5-5 已知自由空间中均匀平面电磁波的电场:

$$\vec{E} = 37.7\cos(3\pi \times 10^8 t - 2\pi x)\hat{e}_y \text{ V/m}$$

求:

(1)电磁波的频率、速度、波长、相位常数以及传播方向。

(2)该电磁波的磁场表达式。

(3)该电磁波的坡印廷矢量和坡印廷矢量的平均值。

5-6 自由空间中一均匀平面波的磁场强度为

$$\vec{H} = (\hat{e}_y + \hat{e}_z)H_0\cos(\omega t - \pi x) \text{ A/m}$$

求:

(1)波的传播方向;

(2)波长和频率;

(3)电场强度;

(4)瞬时坡印廷矢量。

5-7 自由空间中均匀平面波的电场强度表达式如下

$$\vec{E} = 12\pi\cos(\omega t + \pi z)\hat{e}_x \text{ V/m}$$

试分析:

(1)波的传播方向、相速和波阻抗;

(2)波长;

(3)频率;

(4)磁场强度;

(5)平均坡印廷矢量。

5-8 频率为 50 MHz 的均匀平面波在潮湿的土壤($\varepsilon_r = 16$, $\mu_r = 1$, $\sigma = 0.02$ S/m)中传播。试计算:(1)传播常数;(2)相速;(3)波长;(4)波阻抗;(5)功率密度衰减 90% 时所对应的传输距离。

5-9 已知土壤的电导率为 10^3 S/m,相对介电常数为 5,海水的电导率为 4 S/m,相对介电常数为 80,它们都是非磁性媒质。有一均匀平面电磁波在空气中传播时,其波长为 300 m。

试分别计算电磁波进入土壤和海水后:(1)相速,(2)波长,(3)能量衰减一半时的传播距离。

5-10 频率为 50 MHz 的均匀平面波在媒质($\varepsilon_r = 16$, $\mu_r = 1$, $\sigma = 0.02$ S/m)中传播,垂直入射到另一媒质($\varepsilon_r = 25$、$\mu_r = 1$、$\sigma = 0.2$ S/m)表面。若分界面处入射电场强度的振幅为 10 V/m,求透射波的平均功率密度。

5-11 电场强度为 $\vec{E} = \hat{e}_x E_0\sin\left(t - \dfrac{z}{c}\right)$ 的均匀平面波由空气垂直入射到与玻璃介质

板的交界面上$(z=0)$。其中，c 为光速，玻璃介质板的电磁参数为 $\mu_r=1$，$\varepsilon_r=4$。试求反射波和透射波的电场强度表达式。

5-12　均匀平面波由空气垂直入射到介电常数为 $\varepsilon_r=4$ 的理想介质中，假设空气与介质的分界面为无限大平面并在直角坐标系 xoy 面内。若入射的电场强度方程为 $\vec{E}_i = \vec{e}_x E_{i0} e^{-jk_1 z}$，平均功率密度为 $10\ \mathrm{W \cdot m^{-2}}$，求：

(1)反射系数及反射波平均功率密度；

(2)透射系数及透射波平均功率密度；

(3)边界上磁场强度的表达式；

(4)媒质 2 满足什么样的条件时，电磁波不发生反射。

5-13　自由空间传播的均匀平面波电场强度已知为 $\vec{E}_i = 377 e^{-j0.866z} e^{-j0.5y} \vec{e}_x\ \mathrm{V/m}$。它以与分界面法线成 $30°$ 的角度入射到介质$(\varepsilon_r=9)$上。求：(1)波的频率，(2)两种媒质中电场表达式，(3)介质中波的平均功率密度。设介质磁导率与自由空间相同。

5-14　简谐变化的均匀平面波由空气入射到 $z=0$ 处的理想导体平面上。已知入射波电场的表达式为 $\vec{E} = \vec{e}_y 10 e^{-j(6x+8z)}\ \mathrm{V/m}$。求：

(1)入射角；

(2)频率 f 及波长 λ；

(3)反射波电场的复数形式；

(4)合成波电场的表达式。

5-15　光纤一般由纤芯、包层和涂覆层构成，其中纤芯、包层起到导波的作用，涂覆层起到保护光纤、避免受到外界的侵蚀及其他损伤的作用。如图题 5-15 所示，图中未画出包层外面的涂覆层。若纤芯的折射率为 n_1，包层

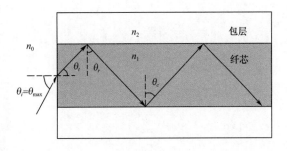

图题 5-15

的折射率为 n_2，满足 $n_1 > n_2$，则以某一角度从光纤端部入射的光，其在纤芯中的折射光将以全反射的形式在纤芯内部传播。对应折射光的临界角 θ_c，入射光的入射角 θ_i 达到最大值 θ_{max}。如果入射角大于 θ_{max}，那么入射光在纤芯和包层的分界面上有透射光，从而不能有很好的导波效果。一般称 θ_{max} 为光纤端面入射临界角（或称入射临界角）。根据上述已知条件，求入射临界角的大小。

5-16　空气中有一均匀平面电磁波的电场强度矢量为 $\vec{E}_i = (\sqrt{3}\vec{e}_x + \vec{e}_z) e^{j\frac{\pi}{3}(x-\sqrt{3}z)}$ V/m，从 $y=0$ 入射面上入射到 $x=0$ 的半无限大介质平面上，其相对介电常数和磁导率分别为 $\varepsilon_r=1$ 和 $\mu_r=1$。试求空气中的反射波和介质中透射波的电场强度和磁场强度的复矢量形式和瞬间矢量形式。

5-17　如图题 5-17 所示，用二维介质波导作为传输线来传输电磁能量。

要求电磁波以任意角入射到介质线的一端面时，透入介质中的电磁波能量全部传输到另一端。试求介质线相对介电常数的最小值。

5-18　已知一个向正 x 轴方向传播的平面电磁波在空间某点的表达式为

$$\vec{E} = (E_y \vec{e}_y + \vec{E}_z \vec{e}_z) \text{ V/m}$$

在 $x=0$ 的平面上,电场强度的分量分别为:$E_y = (\alpha_1 \sin \omega t + \alpha_2 \cos \omega t)$ V/m,$E_z = (4\sin \omega t + 5\cos \omega t)$ V/m。若此波为圆极化波,求 α_1 和 α_2 的值,并判断该电磁波是左旋还是右旋圆极化波。

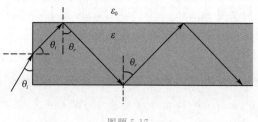

图题 5-17

5-19 指出下列各均匀平面波的极化方式:

(1) $\vec{E} = (\vec{e}_x e^{j\frac{\pi}{3}} + \vec{e}_y) e^{-jkz}$;

(2) $\vec{E} = (\vec{e}_y - j\vec{e}_z) e^{-jkz}$;

(3) $\vec{E} = (3\vec{e}_x - j2\vec{e}_y) e^{jkz}$;

(4) $\vec{E} = (2\vec{e}_x + \vec{e}_y - \sqrt{2}\vec{e}_z) e^{-jk(x-y+\frac{z}{\sqrt{3}})}$。

5-20 证明:任意线性极化波可以分解为两个振幅相等、旋向相反的圆极化波的叠加。

第6章

导行电磁波

前一章,我们介绍了平面电磁波在无界空间的传播特性,以及电磁波遇到单层分界面和多层分界面时的反射和透射现象。本章我们将介绍平面电磁波在一个由某种媒质界定的区域内的传播情况,这种媒质可以是金属、介质等,这种能够束缚和引导电磁波传播的结构我们称之为**导波系统**,被引导的电磁波称为导行电磁波(简称:**导行波**)。

常见的导波系统有矩形波导、圆形波导、传输线等,结构形状如图 6-1 所示。

(a)矩形波导   (b)圆形波导   (c)同轴线

图 6-1   典型导波系统

近年来,周期性波导迅速成为研究的热点,例如光子晶体波导、表面等离子体波导、基片集成波导等。本章主要介绍并分析矩形波导、圆形波导、同轴波导、谐振腔和传输线这五种典型波导中的电磁场分布及电磁波传播情况。

6.1 导行波电磁场及传播

求解导波系统中电磁场分布和电磁波传输的问题,本质上还是属于分析电磁场的边值问题,即在给定边界条件下解电磁波波动方程,由此可以得到导波系统中的电磁场分布及电磁波传播特性。对于不同的导波系统,我们首先给出求解电磁场($\vec{E},\vec{H}$)及传播常数的一般方法。

为了方便讨论而又不失一般性,我们以一种非特定形状横截面的导波系统为例,如图

6-2 所示,分析计算其内部电场分量和磁场分量。

波导壁是理想导体($\sigma = \infty$),波导内部填充了各向同性的理想介质($\sigma = 0$),研究区域没有源分布($\rho = 0$,$\vec{J} = 0$),且入射电磁波仍然属于时谐场,角频率为ω,并假定横截面电磁场幅值沿着 z 轴方向是均匀的,即波导内部电场与磁场可用如下表达式描述

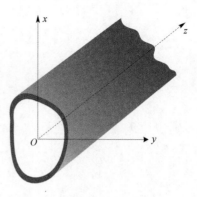

$$\vec{E}(x,y,z) = \vec{E}(x,y)\mathrm{e}^{-\gamma z} \tag{6-1}$$

$$\vec{H}(x,y,z) = \vec{H}(x,y)\mathrm{e}^{-\gamma z} \tag{6-2}$$

图 6-2　任意横截面形状的均匀波导

下面通过麦克斯韦方程组来求解上述电磁场分布及传播常数。由前面假设条件($\rho = 0$,$\vec{J} = 0$),则波导内部的电磁场需满足

$$\nabla \times \vec{E} = -\mathrm{j}\omega\mu\vec{H} \tag{6-3}$$

$$\nabla \times \vec{H} = \mathrm{j}\omega\varepsilon\vec{E} \tag{6-4}$$

将式(6-1)和式(6-2)代入式(6-3)和式(6-4)中,并经过数学变形,可得到波导内部各横向场分量

$$E_x = -\frac{1}{\gamma^2 + \omega^2\varepsilon\mu}\left(\gamma\frac{\partial E_z}{\partial x} + \mathrm{j}\omega\mu\frac{\partial H_z}{\partial y}\right) \tag{6-5}$$

$$E_y = -\frac{1}{\gamma^2 + \omega^2\varepsilon\mu}\left(\gamma\frac{\partial E_z}{\partial y} - \mathrm{j}\omega\mu\frac{\partial H_z}{\partial x}\right) \tag{6-6}$$

$$H_x = -\frac{1}{\gamma^2 + \omega^2\varepsilon\mu}\left(\gamma\frac{\partial H_z}{\partial x} - \mathrm{j}\omega\varepsilon\frac{\partial E_z}{\partial y}\right) \tag{6-7}$$

$$H_y = -\frac{1}{\gamma^2 + \omega^2\varepsilon\mu}\left(\gamma\frac{\partial H_z}{\partial y} + \mathrm{j}\omega\varepsilon\frac{\partial E_z}{\partial x}\right) \tag{6-8}$$

可看到,波导中横向电场分量(E_x 和 E_y)和磁场分量(H_x 和 H_y)可通过纵向电场分量(E_z)和磁场分量(H_z)计算得到。基于此,为方便后续讨论,这里对波导中的电磁波作进一步的分类:(1)在传播方向上,若波导内部不存在电场分量和磁场分量,这种电磁波称作横电磁波(TEM 波);(2)在传播方向上,若不存在电场分量,但含有磁场分量,这种电磁波称作横电波(TE 波);(3)在传播方向上,若存在电场分量,但不含有磁场分量,这种电磁波称作横磁波(TM 波)。

6.1.1　横电磁(TEM)导行波

对于 TEM 波而言,若将 $E_z = 0$ 和 $H_z = 0$ 代入式(6-5)~式(6-8)中,可看到:如果 $\gamma^2 = \omega^2\varepsilon\mu \neq 0$,那么横向的横向电场分量($E_x$ 和 E_y)和磁场分量(H_x 和 H_y)均为 0,也就是说,该导波系统中没有电磁波,即不支持 TEM 波传输;反之,若该波导系统能引导 TEM 波传输,则要求

$$\gamma^2 + \omega^2\varepsilon\mu = 0 \tag{6-9}$$

此时，TEM 波的传播常数为

$$\gamma = j\omega\sqrt{\varepsilon\mu} \tag{6-10}$$

在上述情况下，可知 TEM 波的相速 υ_p 为

$$\upsilon_p = \frac{\omega}{\beta} = \frac{\omega}{\omega\sqrt{\varepsilon\mu}} = \frac{1}{\sqrt{\varepsilon\mu}} \tag{6-11}$$

即 TEM 波在波导中的相速与在无界空间中的相速一致；其次，此时波导的阻抗为 Z_{TEM} 为

$$Z_{TEM} = \frac{E_x}{H_y} = \frac{\gamma}{j\omega\varepsilon} = \sqrt{\frac{\mu}{\varepsilon}} = Z \tag{6-12}$$

即 TEM 波在波导中的阻抗与在无界空间中的阻抗一致。

从以上分析可知，导波系统中的 TEM 波的传播特性与无界空间中的一致，都是均匀平面波的传播特性。

6.1.2　横电(TE)、横磁(TM)导行波

对于横电波(TE 波)而言，波导内部的纵向电场分量为零($E_z = 0$)，代入式(6-5)~式(6-8)可知

$$E_x = -\frac{1}{\gamma^2 + \omega^2\varepsilon\mu} j\omega\mu \frac{\partial H_z}{\partial y} \tag{6-13}$$

$$E_y = \frac{1}{\gamma^2 + \omega^2\varepsilon\mu} j\omega\mu \frac{\partial H_z}{\partial x} \tag{6-14}$$

$$H_x = -\frac{1}{\gamma^2 + \omega^2\varepsilon\mu} \gamma \frac{\partial H_z}{\partial x} \tag{6-15}$$

$$H_y = -\frac{1}{\gamma^2 + \omega^2\varepsilon\mu} \gamma \frac{\partial H_z}{\partial y} \tag{6-16}$$

根据式(6-13)和式(6-16)可知，TE 波的波阻抗为

$$Z_{TE} = \frac{E_x}{H_y} = j\frac{\omega\mu}{\gamma} \tag{6-17}$$

TE 波电场与磁场的关系为

$$\vec{E} = -Z_{TE}(\hat{e}_z \times \vec{H}) \tag{6-18}$$

对于横磁波(TM 波)而言，波导内部的纵向磁场分量为零($H_z = 0$)，代入式(6-5)~式(6-8)可知

$$E_x = -\frac{1}{\gamma^2 + \omega^2\varepsilon\mu} \gamma \frac{\partial E_z}{\partial x} \tag{6-19}$$

$$E_y = -\frac{1}{\gamma^2 + \omega^2\varepsilon\mu} \gamma \frac{\partial E_z}{\partial y} \tag{6-20}$$

$$H_x = \frac{1}{\gamma^2 + \omega^2\varepsilon\mu} j\omega\varepsilon \frac{\partial E_z}{\partial y} \tag{6-21}$$

$$H_y = -\frac{1}{\gamma^2 + \omega^2 \varepsilon \mu} j\omega\varepsilon \frac{\partial E_z}{\partial x} \qquad (6\text{-}22)$$

根据式(6-19)和式(6-22)可知,TM 波的波阻抗为

$$Z_{TM} = \frac{E_x}{H_y} = \frac{\gamma}{j\omega\varepsilon} \qquad (6\text{-}23)$$

TM 波电场和磁场的关系为

$$\vec{H} = \frac{1}{Z_{TM}} \hat{e}_z \times \vec{E}$$

综上可知,对于 TE 波和 TM 波而言,由于存在纵向场分量不为零的情形($E_z \neq 0$ 或 $H_z \neq 0$),因此要求 $\gamma^2 + \omega^2 \varepsilon \mu \neq 0$。进一步,如果设

$$\gamma^2 + \omega^2 \varepsilon \mu = k_c^2 \qquad (6\text{-}24)$$

式中 k_c 称为导波系统的**截止波数**,其值由波导的形状、大小和电磁波传播类型决定,而传播常数 γ 反映了 TE 波和 TM 波的传播特性,后面我们将结合具体的波导讨论这个问题。

6.2 矩形波导

矩形波导的波导壁一般由铜或铝等金属制备,且波导内一般是无损耗的介质(例如:空气),它是一类结构简单、机械强度大、损耗低、功率容量大、用途非常广泛的导波系统。

6.2.1 矩形波导中电磁场分布

矩形波导结构如图 6-3 所示,沿着 x 轴方向内腔边长为 a,沿着 y 轴方向内腔边长为 b。波导内部填充媒质的介电常数和磁导率分别为 ε 和 μ,波导壁为理想导体。

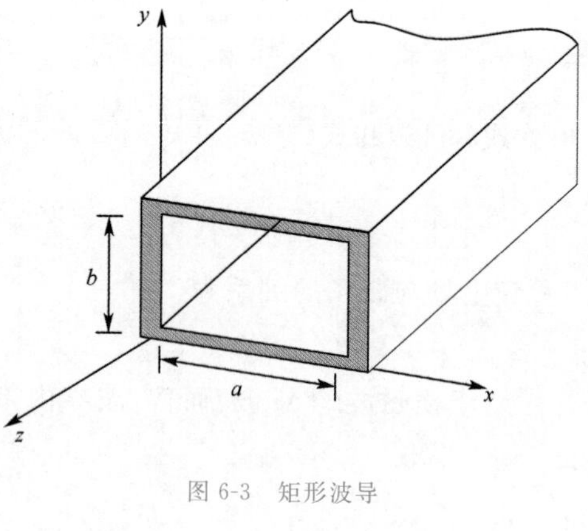

1. 矩形波导中 TE 波电磁场分布

对于 TE 波而言,根据前面电磁波分类可知,$E_z = 0$,$H_z \neq 0$。欲求其他横向场分量(E_x, H_x, E_y, H_y),根据式(6-13)~式(6-16)可知,必须先求解出 H_z 分量。前面介绍过,在矩形波导中,各个电磁场分量仍然满足亥姆霍兹方程,即

$$\nabla^2 H_z + k^2 H_z = 0 \qquad (6\text{-}25)$$

另外,根据前面假设:横截面沿着 z 轴方向是均匀的,即可将式(6-2)改写为

$$H_z(x,y,z) = H(x,y)e^{-\gamma z} \qquad (6\text{-}26)$$

接下来,将式(6-26)代入式(6-25),得到

图 6-3 矩形波导

$$\left(\frac{\partial^2}{\partial^2 x}+\frac{\partial^2}{\partial^2 y}+\frac{\partial^2}{\partial^2 z}+k_c^2\right)H_z(x,y)=0 \tag{6-27}$$

此外,由边界条件可知,在矩形波导壁面分界处的磁场分量 H_z 梯度需连续。例如, 与 yOz 面平行的 $x=0$ 壁面处,有

$$\left.\frac{\partial H_z}{\partial x}\right|_{x=0}=0 \tag{6-28}$$

与 yOz 面平行的 $x=a$ 壁面处,有

$$\left.\frac{\partial H_z}{\partial x}\right|_{x=a}=0 \tag{6-29}$$

与 xOz 面平行的 $y=0$ 壁面处,有

$$\left.\frac{\partial H_z}{\partial y}\right|_{y=0}=0 \tag{6-30}$$

与 xOz 面平行的 $y=b$ 壁面处,有

$$\left.\frac{\partial H_z}{\partial y}\right|_{y=b}=0 \tag{6-31}$$

利用数学变量分离法,并结合上述边界条件式(6-28)~式(6-31),可求出式(6-27)的通解,即 TE 波的纵向磁场分量为

$$H_z(x,y,z)=H_m\cos\left(\frac{m\pi}{a}x\right)\cos\left(\frac{n\pi}{b}y\right)e^{-\gamma z},\ (m,n=0,1,2\cdots) \tag{6-32}$$

进一步,将式(6-32)代入式(6-13)~式(6-16)可知其他横向场分量

$$E_x(x,y,z)=j\frac{\omega\mu}{k_c^2}\left(\frac{n\pi}{b}\right)H_m\cos\left(\frac{m\pi}{a}x\right)\sin\left(\frac{n\pi}{b}y\right)e^{-\gamma z} \tag{6-33}$$

$$E_y(x,y,z)=-j\frac{\omega\mu}{k_c^2}\left(\frac{m\pi}{a}\right)H_m\sin\left(\frac{m\pi}{a}x\right)\cos\left(\frac{n\pi}{b}y\right)e^{-\gamma z} \tag{6-34}$$

$$H_x(x,y,z)=\frac{\gamma}{k_c^2}\left(\frac{m\pi}{a}\right)H_m\sin\left(\frac{m\pi}{a}x\right)\cos\left(\frac{n\pi}{b}y\right)e^{-\gamma z} \tag{6-35}$$

$$H_y(x,y,z)=\frac{\gamma}{k_c^2}\left(\frac{n\pi}{b}\right)H_m\cos\left(\frac{m\pi}{a}x\right)\sin\left(\frac{n\pi}{b}y\right)e^{-\gamma z} \tag{6-36}$$

注意:这里横向电磁场不能同时为 0,于是 m 和 n 的取值可以为 0,但不能同时为 0。

2. 矩形波导中 TM 波电磁场分布

类似地,对于 TM 波而言,根据前面电磁波分类可知,$E_z \neq 0, H_z=0$。欲求其他横向场分量(E_x,H_x,E_y,H_y),根据式(6-19)~式(6-22)可知,必须先求解出 E_z 分量。在矩形波导中,各个电磁场分量仍然满足亥姆霍兹方程,即

$$\nabla^2 E_z+k^2 E_z=0 \tag{6-37}$$

另外,根据前面的假设:横截面沿着 z 轴方向是均匀的,即可将式(6-1)改写为

$$E_z(x,y,z)=E(x,y)e^{-\gamma z} \tag{6-38}$$

接下来,将式(6-38)代入式(6-37),有

$$\left(\frac{\partial^2}{\partial^2 x}+\frac{\partial^2}{\partial^2 y}+\frac{\partial^2}{\partial^2 z}+k_c^2\right)E_z(x,y)=0 \tag{6-39}$$

此外,由边界条件可知,在矩形波导壁面分界处的电场分量 $E_z=0$。例如,与 yOz 面平行的 $x=0$ 壁面处,有

$$E_z\big|_{x=0}=0 \tag{6-40}$$

与 yOz 面平行的 $x=a$ 壁面处,有

$$E_z\big|_{x=a}=0 \tag{6-41}$$

与 xOz 面平行的 $y=0$ 壁面处,有

$$E_z\big|_{y=0}=0 \tag{6-42}$$

与 xOz 面平行的 $y=b$ 壁面处,有

$$E_z\big|_{y=b}=0 \tag{6-43}$$

同样地,利用数学变量分离法,并结合上述边界条件式(6-40)～式(6-43),可求解式(6-39)的通解,即 TM 波的纵向电场分量为

$$E_z(x,y,z)=E_m\sin\left(\frac{m\pi}{a}x\right)\sin\left(\frac{n\pi}{b}y\right)e^{-\gamma z},\ (m,n=0,1,2,\cdots) \tag{6-44}$$

进一步,将式(6-44)代入式(6-19)～式(6-22)可知其他横向场分量

$$E_x(x,y,z)=-\frac{\gamma}{k_c^2}\left(\frac{m\pi}{a}\right)E_m\cos\left(\frac{m\pi}{a}x\right)\sin\left(\frac{n\pi}{b}y\right)e^{-\gamma z} \tag{6-45}$$

$$E_y(x,y,z)=-\frac{\gamma}{k_c^2}\left(\frac{n\pi}{b}\right)E_m\sin\left(\frac{m\pi}{a}x\right)\cos\left(\frac{n\pi}{b}y\right)e^{-\gamma z} \tag{6-46}$$

$$H_x(x,y,z)=\frac{j\omega\varepsilon}{k_c^2}\left(\frac{n\pi}{h}\right)E_m\sin\left(\frac{m\pi}{a}x\right)\cos\left(\frac{n\pi}{b}y\right)e^{-\gamma z} \tag{6-47}$$

$$H_y(x,y,z)=-\frac{j\omega\varepsilon}{k_c^2}\left(\frac{m\pi}{a}\right)E_m\cos\left(\frac{m\pi}{a}x\right)\sin\left(\frac{n\pi}{b}y\right)e^{-\gamma z} \tag{6-48}$$

注意:由于纵向电场分量不能为 0,且横向电磁场不能同时为 0,因此,m 和 n 均不可以取 0。

6.2.2　矩形波导中电磁波传输

1.传输参数

根据式(6-32)和式(6-44),可知矩形波导中的 TE 波和 TM 波的截止波数均可表示为

$$k_c=\sqrt{k_x^2+k_y^2}=\sqrt{\left(\frac{m\pi}{a}\right)^2+\left(\frac{n\pi}{b}\right)^2} \tag{6-49}$$

这里,m 和 n 有不同的取值,对应于 m、n 的每一种组合都可能是电磁波在矩形波导中传播的一种模式,我们通常简称为 TE_{mn} 模和 TM_{mn} 模。显然,不同的模式常常对应不同的截止波数 k_c。就矩形波导而言,相同的 m、n 组合,TE_{mn} 模和 TM_{mn} 模具有相同的截止波数 k_c,这种现象称之为模式的简并。

　　另外,根据式(6-49)可以看出,截止波数 k_c 不仅取决于波导的结构尺寸,还与电磁波在波导中的传播模式有关。将式(6-49)代入式(6-24),可知 TE 波和 TM 波的传播常数

$$\gamma=\sqrt{k_c^2-k^2}=\sqrt{\left(\frac{m\pi}{a}\right)^2+\left(\frac{n\pi}{b}\right)^2-\omega^2\mu\varepsilon} \tag{6-50}$$

为简化后续讨论,这里引入工作频率

$$f=\frac{\omega}{2\pi}=\frac{k}{2\pi\sqrt{\varepsilon\mu}} \tag{6-51}$$

和截止频率

$$f_c=\frac{\omega_c}{2\pi}=\frac{k_c}{2\pi\sqrt{\varepsilon\mu}} \tag{6-52}$$

代入式(6-50),变形后得到

$$\gamma=\mathrm{j}k\sqrt{1-\left(\frac{f_c}{f}\right)^2} \tag{6-53}$$

　　结合前面式(6-1)和式(6-2)可知,当 $f\leqslant f_c$ 时,传播常数 γ 为实数,此时波导内部电磁场属于衰减场,电磁波无法进行有效传播;当 $f>f_c$ 时,传播常数 γ 为虚数,表示电磁波可沿波导传输。

　　相应地,相位常数

$$\beta=i\gamma=k\sqrt{1-\left(\frac{f_c}{f}\right)^2} \tag{6-54}$$

波导中电磁波波长

$$\lambda_g=\frac{2\pi}{\beta}=\frac{\lambda}{\sqrt{1-\left(\frac{f_c}{f}\right)^2}}>\lambda \tag{6-55}$$

其中,$\lambda=2\pi/(\omega\sqrt{\varepsilon\mu})$ 表示无界空间中的波长。

　　相速度

$$\upsilon_{p1}=\frac{\omega}{\beta}=\frac{\upsilon_p}{\sqrt{1-\left(\frac{f_c}{f}\right)^2}}>\upsilon_p \tag{6-56}$$

其中,$\upsilon_p=\dfrac{1}{\sqrt{\varepsilon\mu}}$ 表示无界空间中的相速度。

　　TE 模和 TM 模下的波阻抗分别为

$$Z_{\mathrm{TE}}=\frac{E_x}{H_y}=\frac{\mathrm{j}\omega\mu}{\gamma}=\frac{Z}{\sqrt{1-\left(\frac{f_c}{f}\right)^2}} \tag{6-57}$$

$$Z_{\mathrm{TM}}=\frac{E_x}{H_y}=\frac{\gamma}{\mathrm{j}\omega\varepsilon}=Z\sqrt{1-\left(\frac{f_c}{f}\right)^2} \tag{6-58}$$

其中,$Z=\sqrt{\mu/\varepsilon}$ 表示无界空间中的波阻抗。

2. 传输模式

由前面的分析结果可知，电磁波能在波导中传输的条件是：工作频率大于波导截止频率，即电磁波波数大于波导截止波数（$k > k_c$），有

$$\sqrt{\left(\frac{m\pi}{a}\right)^2 + \left(\frac{n\pi}{b}\right)^2} < k = 2\pi\sqrt{\varepsilon\mu}\,f \tag{6-59}$$

当波导的尺寸和填充材料确定之后，m 与 n 的取值组合存在多种可能的情况，即存在多种传输模式。

为便于比较分析，对给定的矩形波导尺寸 a 与 b，假定其满足 $a > 2b$。由式（6-49）可知不同 m、n 组合（或不同模式 TE_{mn} 与 TM_{mn}）下的截止波长 λ_c，如图 6-4 所示。

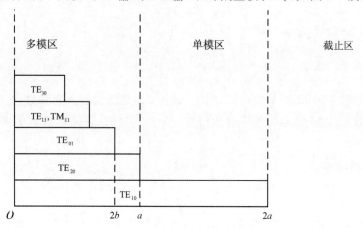

图 6-4　矩形波导中的模式分布图

通常把这种各个模式的截止波长分布图称作**模式分布图**。可以分为三个区：

多模区：波长小于 a 的区域。在这一区域，只要工作波长小于相应模式的截止波长，那么同一工作波长的电磁波可采用多种模式（如 TE_{20}，TE_{01}，TM_{11} 等）传输。

单模区：波长大于 a 且小于 $2a$ 的区域。在此区域内，电磁波只能以 TE_{10} 模传播。实际上，TE_{10} 模是矩形波导截止波长最长的传输模式，因此，也称 TE_{10} 模为矩形波导的**主模**，而其余模式（如 TE_{20}，TE_{01}，TM_{11} 等）称为矩形波导的**高次模**。

截止区：波长大于 $2a$ 的区域。若工作波长分布在该区域，则电磁波就不能在此波导中传播。

3. 传输功率

根据坡印廷定理，波导中传输功率为

$$P = \frac{1}{2}\text{Re}\int_s (\vec{E}\times\vec{H}^*)\cdot d\vec{S} \tag{6-60}$$

若矩形波导中传输的电磁波模式为 TE_{10} 模，则相应的传输功率为

$$P = \frac{ab}{4Z_{\text{TE}_{10}}}E_m^2 \tag{6-61}$$

进一步，若波导内部填充物为空气，空气的击穿场强为 $E_{br} = 30\ \text{kV/cm}$，那么矩形波导的功率容量为

$$P_{br}=\frac{ab}{4Z_{TE_{10}}}E_{br}^2=0.6ab\sqrt{1-\left(\frac{\lambda}{2a}\right)^2}\ \text{MW} \tag{6-62}$$

可见,波导尺寸越大,传输的电磁波的功率就越大,同时矩形波导的功率容量也会越高。不过,现有的波导中可能还存在反射波和局部电场不均匀的现象,因此一般矩形波导的容许功率为

$$P=\left(\frac{1}{3}\sim\frac{1}{5}\right)P_{br} \tag{6-63}$$

【例 6-1】　一空心波导工作于 10 GHz 频率。若波导尺寸为 $a=2$ cm 及 $b=1$ cm,确定波导中的传输模式。

解　首先考虑两个最低次的模式 TE_{01} 和 TE_{10}。并计算二者的截止频率。

$$TE_{01}:f_{c01}=\frac{v_p}{2b}=\frac{3\times10^8}{0.02}=1.5\times10^{10}\ \text{Hz 或 15 GHz}$$

由于工作频率 $f=10$ GHz 低于 $f_{c01}=15$ GHz,TE_{01} 不能成为可能的传输模式。

$$TE_{10}:f_{c10}=\frac{3\times10^8}{2\times2\times10^{-2}}=0.75\times10^{10}\ \text{Hz 或 7.5 GHz}$$

因此,TE_{10} 模是波导中唯一能传输的模式。

【例 6-2】　某一内部为真空的矩形金属波导,其横截面尺寸为 25 mm ×10 mm,频率 $f=10$ GHz 的电磁波进入波导以后,该波导能够传输的电磁波是什么模式？ 波导中填充介电常数 $\varepsilon_r=4$ 的理想介质后,能够传输的模式有无改变？

解　当内部为真空时,工作波长为 $\lambda=30$ mm,截止波长为

$$\lambda_c=\frac{2}{\sqrt{\left(\frac{m}{a}\right)^2+\left(\frac{n}{b}\right)^2}}=\frac{50}{\sqrt{m^2+6.25n^2}}$$

因为 $\lambda_{c,TE10}=50$ mm,$\lambda_{c,TE20}=25$ mm,更高次模的截止波长更短,可见,当该波导中为真空时,能传输的模式仅为 TE_{10} 模。

若填充 $\varepsilon_r=4$ 的理想介质,则工作波长 $\lambda=15$ mm。因此,还可传输其他模式。计算表明 TE_{01},TE_{30},TE_{11},TM_{11},TE_{21},TM_{21} 模均可传输。

6.3　圆形波导

除矩形波导外,圆形波导也是一类应用较多的导波系统,其形状如图 6-5 所示。值得一提的是,圆形波导普遍具有损耗小和双极化的特性,一般用于制作天线馈线、传输线微波谐振腔等。

6.3.1　圆形波导中电磁场分布

圆形波导的分析方法与矩形波导相似。首先,建立纵向场分量的波动方程;然后,求解纵向场的通解,并根据边界条件求出它的特解;接着,利用横向场与纵向场的关系式,求

出所有场分量的表达式;最后,根据表达式讨论它的场分布及传输特性。

由于波导横截面为圆形,因此采用圆柱坐标系来分析较为方便。圆形波导结构如图 6-5 所示,波导的半径为 a,波导内填充介电常数为 ε 和 μ 的媒质,圆形波导管由理想导体构成。设电磁波沿着 z 轴正方向传播,波导内的电磁场仍然为时谐场,角频率为 ω,波导内电磁场的形式为

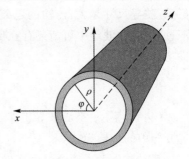

图 6-5 圆形波导

$$\vec{E}(\rho,\varphi,z)=\vec{E}(\rho,\varphi)\mathrm{e}^{-\gamma z} \tag{6-64}$$

$$\vec{H}(\rho,\varphi,z)=\vec{H}(\rho,\varphi)\mathrm{e}^{-\gamma z} \tag{6-65}$$

式中 ρ 和 φ 分别表示极坐标系中某点的极径和极角。结合麦克斯韦方程

$$\nabla\times\vec{H}=\mathrm{j}\omega\varepsilon\vec{E} \tag{6-66}$$

$$\nabla\times\vec{E}=-\mathrm{j}\omega\mu\vec{H} \tag{6-67}$$

将式(6-64)与式(6-65)代入上述麦克斯韦方程(6-66),得到

$$\begin{cases} \dfrac{1}{\rho}\dfrac{\partial H_z}{\partial \varphi}-\dfrac{\partial H_\varphi}{\partial z}=\mathrm{j}\omega\varepsilon E_\rho \\[2mm] \dfrac{\partial H_\rho}{\partial z}-\dfrac{\partial H_z}{\partial \rho}=\mathrm{j}\omega\varepsilon E_\varphi \\[2mm] \dfrac{1}{\rho}\dfrac{\partial}{\partial \rho}(\rho H_\varphi)-\dfrac{1}{\rho}\dfrac{\partial H_\rho}{\partial \varphi}=\mathrm{j}\omega\varepsilon E_z \end{cases} \tag{6-68}$$

将式(6-64)与式(6-65)代入上述麦克斯韦方程(6-67),得到

$$\begin{cases} \dfrac{1}{\rho}\dfrac{\partial E_z}{\partial \varphi}-\dfrac{\partial E_\varphi}{\partial z}=-\mathrm{j}\omega\mu H_\rho \\[2mm] \dfrac{\partial E_\rho}{\partial z}-\dfrac{\partial E_z}{\partial \rho}=-\mathrm{j}\omega\mu H_\varphi \\[2mm] \dfrac{1}{\rho}\dfrac{\partial}{\partial \rho}(\rho E_\varphi)-\dfrac{1}{\rho}\dfrac{\partial E_\rho}{\partial \varphi}=-\mathrm{j}\omega\mu H_z \end{cases} \tag{6-69}$$

联立方程组(6-68)与方程组(6-69),可知,我们同样可采用两个纵向场分量 E_z 和 H_z 来表示其他场分量

$$E_\rho(\rho,\varphi)=-\frac{1}{\gamma^2+k^2}\left(\gamma\frac{\partial E_z}{\partial \rho}+\mathrm{j}\frac{\omega\mu}{\rho}\frac{\partial H_z}{\partial \varphi}\right) \tag{6-70}$$

$$H_\rho(\rho,\varphi)=\frac{1}{\gamma^2+k^2}\left(\mathrm{j}\frac{\omega\varepsilon}{\rho}\frac{\partial E_z}{\partial \varphi}-\gamma\frac{\partial H_z}{\partial \rho}\right) \tag{6-71}$$

$$E_\varphi(\rho,\varphi)=\frac{1}{\gamma^2+k^2}\left(-\frac{r}{\rho}\frac{\partial E_z}{\partial \varphi}+\mathrm{j}\omega\mu\frac{\partial H_z}{\partial \rho}\right) \tag{6-72}$$

$$H_\varphi(\rho,\varphi)=-\frac{1}{\gamma^2+k^2}\left(\mathrm{j}\omega\varepsilon\frac{\partial E_z}{\partial \rho}+\frac{\gamma}{\rho}\frac{\partial H_z}{\partial \varphi}\right) \tag{6-73}$$

圆形波导是单导体波导,因此无法传输 TEM 波,但与矩形波导一样可以传输 TE 波与 TM 波。

1. 圆形波导中 TE 波电磁场分布

对于 TE 波而言，根据前面电磁波分类可知，$E_z=0$，$H_z\neq 0$。欲求其他横向场分量 $(E_\rho, H_\rho, E_\varphi, H_\varphi)$，根据式(6-70)~式(6-73)可知，必须先求解出 H_z 分量。在圆形波导中，各个电磁场分量仍然满足亥姆霍兹方程

$$\nabla^2 H_z + k^2 H_z = 0 \tag{6-74}$$

另外，根据前面假设：横截面沿着 z 轴方向是均匀的，将式(6-65)改写为

$$H_z(\rho,\varphi,z) = H_z(\rho,\varphi)\mathrm{e}^{-\gamma z} \tag{6-75}$$

接下来，将式(6-75)代入式(6-74)，有

$$\frac{\partial^2 H_z}{\partial \rho^2} + \frac{1}{\rho}\frac{\partial H_z}{\partial \rho} + \frac{1}{\rho^2}\frac{\partial^2 H_z}{\partial \varphi^2} + k_c^2 H_z = 0 \tag{6-76}$$

由边界条件可知，在圆形波导壁面分界处的磁场法向分量梯度需连续，即在 $\rho=a$ 壁面处磁场法向分量

$$\left.\frac{\partial H_z}{\partial \rho}\right|_{\rho=a} = 0 \tag{6-77}$$

利用数学变量分离法，并结合上述边界条件式(6-77)，可求解式(6-76)的通解，即 TE 波的纵向磁场分量为

$$H_z(\rho,\varphi) = H_m J_m(k_c\rho)\begin{cases}\sin(m\varphi)\\\cos(m\varphi)\end{cases} \tag{6-78}$$

式中 J_m 为第一类 m 阶贝塞尔函数，其中 $m=1,2,3\cdots$。

另外，由边界条件式(6-77)，可知其中截止波数

$$k_c = k_{cmn} = \frac{p'_{mn}}{a} \tag{6-79}$$

式中 p'_{mn} 表示第一类 m 阶贝塞尔函数的导数等于 $0(J'_{mn}(k_c a)=0$ 时的第 n 个根。

将式(6-78)代入式(6-70)~式(6-73)，可知圆形波导中 TE 波的场分量为

$$E_\rho(\rho,\varphi) = \mathrm{j}\frac{m\omega\mu}{k_c^2\rho}H_m J_m(k_c\rho)\begin{cases}\sin(m\varphi)\\-\cos(m\varphi)\end{cases} \tag{6-80}$$

$$H_\rho(\rho,\varphi) = -\frac{\gamma}{k_c}H_m J'_m(k_c\rho)\begin{cases}\cos(m\varphi)\\\sin(m\varphi)\end{cases} \tag{6-81}$$

$$E_\varphi(\rho,\varphi) = \frac{\omega\mu}{k_c}H_m J'_m(k_c\rho)\begin{cases}\cos(m\varphi)\\\sin(m\varphi)\end{cases} \tag{6-82}$$

$$H_\varphi(\rho,\varphi) = \mathrm{j}\frac{m\beta}{k_c^2\rho}H_m J_m(k_c\rho)\begin{cases}\sin(m\varphi)\\-\cos(m\varphi)\end{cases} \tag{6-83}$$

2. 圆形波导中 TM 波电磁场分布

对于 TM 波而言，根据前面电磁波分类可知，$E_z\neq 0$，$H_z=0$。欲求其他横向场分量 $(E_\rho, H_\rho, E_\varphi, H_\varphi)$，根据式(6-70)~式(6-73)可知，必须先求解出 E_z 分量。在圆形波导中，各个电磁场分量仍然满足亥姆霍兹方程

$$\nabla^2 E_z + k^2 E_z = 0 \tag{6-84}$$

另外,根据前面假设:横截面沿着 z 轴方向是均匀的,将式(6-64)改写为

$$E_z(\rho,\varphi,z) = E_z(\rho,\varphi)e^{-\gamma z} \tag{6-85}$$

接下来,将式(6-85)代入式(6-84),有

$$\frac{\partial^2 E_z}{\partial \rho^2} + \frac{1}{\rho}\frac{\partial E_z}{\partial \rho} + \frac{1}{\rho^2}\frac{\partial^2 E_z}{\partial \varphi^2} + k_c^2 E_z = 0 \tag{6-86}$$

式中 $k_c^2 = \gamma^2 + k^2$。

此外,由边界条件可知,在圆形波导壁面分界处的电场分量 E_z 为 0,即在 $\rho = a$ 壁面处电场法向分量

$$E_z|_{\rho=a} = 0 \tag{6-87}$$

利用数学变量分离法,并结合上述边界条件式(6-87),可求解式(6-86)的通解,即 TM 波的纵向电场分量为

$$E_z(\rho,\varphi) = E_m J_m(k_c\rho) \begin{cases} \cos(m\varphi) \\ \sin(m\varphi) \end{cases} \tag{6-88}$$

式中 J_m 为第一类 m 阶贝塞尔函数,其中 $m = 1,2,3\cdots$。另外,由边界条件式(6-87),可知其中截止波数

$$k_c = k_{cmn} = \frac{p_{mn}}{a} \tag{6-89}$$

式中 p_{mn} 表示第一类 m 阶贝塞尔函数的等于 0($J_{mn}(k_c a) = 0$)时的第 n 个根。

将式(6-78)代入式(6-70)~式(6-73),可知圆形波导中 TE 波的场分量为

$$E_\rho(\rho,\varphi) = -\mathrm{j}\frac{\rho}{k_c}F_m J_m'(h_\ell\rho) \begin{cases} \cos(m\varphi) \\ \sin(m\varphi) \end{cases} \tag{6-90}$$

$$H_\rho(\rho,\varphi) = -\mathrm{j}\frac{m\omega\varepsilon}{k_c^2\rho}E_m J_m(k_c\rho) \begin{cases} \sin(m\varphi) \\ -\cos(m\varphi) \end{cases} \tag{6-91}$$

$$E_\varphi(\rho,\varphi) = \frac{m\gamma}{k_c^2\rho}E_m J_m(k_c\rho) \begin{cases} \sin(m\varphi) \\ -\cos(m\varphi) \end{cases} \tag{6-92}$$

$$H_\varphi(\rho,\varphi) = \frac{\omega\varepsilon\rho}{\gamma k_c}E_m J_m'(k_c\rho) \begin{cases} \cos(m\varphi) \\ \sin(m\varphi) \end{cases} \tag{6-93}$$

由上述结果可知,无论是 TE 模还是 TM 模,圆形波导中 z 轴方向电场分量和磁场分量只存在相移而幅值未发生变化,但在横截面上的电场分量和磁场分量均随 ρ 和 φ 变化而变化;因此,圆形波导横截面上的电磁场是非均匀的。

6.3.2 圆形波导中电磁波传输

1. 传输参数

与矩形波导相同,圆形波导中的 TE_{mn} 模和 TM_{mn} 模的传播特性由相应的传播常数确定,而传播常数 γ、波数 k 及截止波数 k_c 三者仍然满足

$$k_c^2 = \gamma^2 + k^2 \tag{6-94}$$

对于给定尺寸(半径为 a)的圆形波导,与矩形波导一样,如果 m 与 n 也是已知的,那么 TE_{mn} 模和 TM_{mn} 模的截止波数 k_c 将是确定的,并可通过式(6-79)与式(6-89)计算得到。二者相应的截止频率

$$f_c = \frac{k_c}{2\pi\sqrt{\mu\varepsilon}} \tag{6-95}$$

截止波长

$$\lambda_c = \frac{2\pi}{k_c} \tag{6-96}$$

同样的,只有当工作频率大于相应模式的截止频率($f > f_c$)时,电磁波才可以在波导中传输。

相应的,相位常数为

$$\beta = k\sqrt{1-\left(\frac{f_c}{f}\right)^2} \tag{6-97}$$

波导中电磁波波长

$$\lambda_g = \frac{v_p}{f} = \frac{\lambda}{\sqrt{1-\left(\frac{f_c}{f}\right)}} > \lambda \tag{6-98}$$

其中,$\lambda = 2\pi/(\omega\sqrt{\varepsilon\mu})$ 表示无界空间中的波长。

相速度

$$v_{p1} = \frac{\omega}{\beta} = \frac{v_p}{\sqrt{1-\left(\frac{f_c}{f}\right)^2}} > v_p \tag{6-99}$$

其中,$v_p = \dfrac{1}{\sqrt{\varepsilon\mu}}$ 表示电磁波在无界空间中的相速度。

TE 模和 TM 模下的波阻抗分别为

$$Z_{TE} = \frac{E_r}{H_\varphi} = \frac{Z}{\sqrt{1-\left(\frac{f_c}{f}\right)^2}} \tag{6-100}$$

$$Z_{TM} = \frac{E_r}{H_\varphi} = Z\sqrt{1-\left(\frac{f_c}{f}\right)^2} \tag{6-101}$$

其中,$Z = \sqrt{\mu/\varepsilon}$ 表示无界空间中的波阻抗。

2. 传输模式

类似地,由于电磁波能在波导中传输的条件是:工作频率大于波导截止频率,因此当波导的尺寸和填充材料确定之后,m 与 n 的取值组合存在多种可能的情况,即圆形波导内存在多种传输模式。

为了便于比较和分析,给定圆形波导尺寸 $\rho=a$,由式(6-96)、式(6-79)与式(6-89)可知不同 m、n 组合(或不同模式 TE_{mn} 与 TM_{mn})下的截止波长分布图(即模式分布图),如图 6-6 所示。

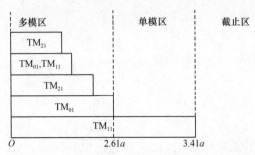

图 6-6 圆形波导中的模式分布图

可以分为三个区:

多模区:波长小于 2.61a 的区域。在这一区域,只要工作波长小于相应模式的截止波长,那么同一工作波长的电磁波可采用多种模式(如 TM_{01},TE_{21} 等)传输。

单模区:波长大于 2.61a 且小于 3.41a 的区域。在此区域内,电磁波只能以 TE_{11} 模传输。实际上,TE_{11} 模是圆形波导截止波长最长的传输模式,因此,也称 TE_{11} 模为圆形波导的**主模**,而其余模式(如 TM_{01},TE_{21} 等)称为圆形波导的**高次模**。

截止区:波长大于或等于 3.41a 的区域。若工作波长分布在该区域,则电磁波就不能在此波导中传播。

另外,值得注意的是,圆形波导中存在双重简并。例如:TE 模与 TM 模具有相同的截止波长,即 $(\lambda_c)_{TE_{0n}}=(\lambda_c)_{TM_{1n}}$,这种简并与矩形波导中的一样,称为 $\vec{F}-\vec{H}$ **简并**。另一种简并是**极化简并**,是圆形波导特有的,即由式(6-80)~式(6-83)和式(6-90)~式(6-93)可知,当 $m\neq 0$ 时,TE 模和 TM 模均具有两个场结构,其中一个包含 $\sin(m\varphi)$ 因子,另一个包含 $\cos(m\varphi)$ 因子。

【例 6-3】 空气填充的圆形波导,其内半径为 $r=2$ cm,传输模式为 TE_{01} 模,试求其截止频率;若在波导中填充介电常数 $\varepsilon_r=2.1$ 的媒质,并保持截止频率不变,波导的半径应如何选择?

解 圆形波导中 TE_{01} 模的截止波长为 $\lambda_c=1.6398r$,当波导内填充空气时,截止频率为

$$f_{c1}=\frac{c}{\lambda_c}=\frac{3\times10^8}{1.6398\times0.02}=9.147\times10^9 \text{ Hz}$$

当圆形波导中填充 $\varepsilon_r=2.1$ 的媒质时,其截止频率为

$$f_{c2}=\frac{c}{\lambda_c\sqrt{\varepsilon_r}}=\frac{c}{1.6398a\sqrt{\varepsilon_r}}$$

因此,当 $f_{c2}=f_{c1}=f_c$ 时

$$a=\frac{c}{1.6398f_c\sqrt{\varepsilon_r}}=\frac{3\times10^8}{1.6398\times9.147\times10^9\times\sqrt{2.1}} \text{ cm}=1.38 \text{ cm}$$

6.4　同轴波导

同轴波导是一种由内、外导体构成的双导体导波系统，也称为同轴线，其形状如图 6-7 所示，广泛用于宽频带反馈线。

6.4.1　同轴波导中电磁场分布

同轴波导的分析方法与前面矩形波导和圆形波导的相似。首先建立纵向场分量的波动方程，然后求解纵向场的通解，并根据边界条件求出它的特解；接着，利用横向场与纵向场的关系式，求出所有场分量的表达式；最后根据表达式讨论它的场分布及传输特性。

与圆形波导横截面相似，均是圆对称结构，因此采用圆柱坐标系来分析较为方便。同轴波导结构如图 6-7 所示，内、外导体为理想导体，内导体半径为 a，外导体的内半径为 b，内、外导体之间填充电参数为 ε 和 μ 的理想介质。同轴波导与圆形波导一样，都可以传输 TE 波与 TM 波。设电磁波沿着 z 轴正方向传播，波导内的电磁场仍然为时谐场，角频率为 ω，波导内电磁场的形式为

$$\vec{E}(\rho,\varphi,z)=\vec{E}(\rho,\varphi)\mathrm{e}^{-\gamma z} \tag{6-102}$$
$$\vec{H}(\rho,\varphi,z)=\vec{H}(\rho,\varphi)\mathrm{e}^{-\gamma z} \tag{6-103}$$

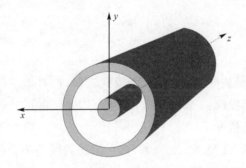

图 6-7　同轴波导

同轴波导内电磁波仍然满足麦克斯韦方程

$$\nabla\times\vec{H}=\mathrm{j}\omega\varepsilon\vec{E} \tag{6-104}$$
$$\nabla\times\vec{E}=-\mathrm{j}\omega\mu\vec{H} \tag{6-105}$$

将式(6-102)与式(6-103)代入上述麦克斯韦方程(6-104)，有

$$\begin{cases} \dfrac{1}{\rho}\dfrac{\partial H_z}{\partial\varphi}-\dfrac{\partial H_\varphi}{\partial z}=\mathrm{j}\omega\varepsilon E_\rho \\[2mm] \dfrac{\partial H_\rho}{\partial z}-\dfrac{\partial H_z}{\partial\rho}=\mathrm{j}\omega\varepsilon E_\varphi \\[2mm] \dfrac{1}{\rho}\dfrac{\partial}{\partial\rho}(\rho H_\varphi)-\dfrac{1}{\rho}\dfrac{\partial H_\rho}{\partial\varphi}=\mathrm{j}\omega\varepsilon E_z \end{cases} \tag{6-106}$$

将式(6-102)与式(6-103)代入上述麦克斯韦方程(6-105),有

$$\begin{cases} \dfrac{1}{\rho}\dfrac{\partial E_z}{\partial \varphi} - \dfrac{\partial E_\varphi}{\partial z} = -\mathrm{j}\omega\mu H_\rho \\[2mm] \dfrac{\partial E_\rho}{\partial z} - \dfrac{\partial E_z}{\partial \rho} = -\mathrm{j}\omega\mu H_\varphi \\[2mm] \dfrac{1}{\rho}\dfrac{\partial}{\partial \rho}(\rho E_\varphi) - \dfrac{1}{\rho}\dfrac{\partial E_\rho}{\partial \varphi} = -\mathrm{j}\omega\mu H_z \end{cases} \tag{6-107}$$

联立方程组(6-106)与方程组(6-107),可知,我们同样可采用两个纵向场分量 E_z 和 H_z 来表示其他场分量

$$E_\rho(\rho,\varphi) = -\frac{1}{\gamma^2+k^2}\left(\gamma\frac{\partial E_z}{\partial \rho} + \mathrm{j}\frac{\omega\mu}{\rho}\frac{\partial H_z}{\partial \varphi}\right) \tag{6-108}$$

$$H_\rho(\rho,\varphi) = \frac{1}{\gamma^2+k^2}\left(\mathrm{j}\frac{\omega\varepsilon}{\rho}\frac{\partial E_z}{\partial \varphi} - \gamma\frac{\partial H_z}{\partial \rho}\right) \tag{6-109}$$

$$E_\varphi(\rho,\varphi) = \frac{1}{\gamma^2+k^2}\left(-\frac{\gamma}{\rho}\frac{\partial E_z}{\partial \varphi} + \mathrm{j}\omega\mu\frac{\partial H_z}{\partial \rho}\right) \tag{6-110}$$

$$H_\varphi(\rho,\varphi) = -\frac{1}{\gamma^2+k^2}\left(\mathrm{j}\omega\varepsilon\frac{\partial E_z}{\partial \rho} + \frac{\gamma}{\rho}\frac{\partial H_z}{\partial \varphi}\right) \tag{6-111}$$

根据上面分析可知,同轴波导中 TE_{mn} 模与 TM_{mn} 模的电磁场分布和传输参数的求解方法与圆形波导中的基本相同,这里不再赘述。这里,我们给出同轴波导中 TE_{11} 和 TM_{01} 的截止波长

$$(\lambda_c)_{TE11} \approx \pi(b+a) \tag{6-112}$$

$$(\lambda_c)_{TM01} \approx 2(b-a) \tag{6-113}$$

在实际应用中,同轴波导主要以 TEM 模式工作,但是当工作频率过高时,同轴波导中还会出现一系列的高次模:TM 模和 TEM 模。下面,我们主要讨论 TEM 模式下的电磁场分布以及传输参数情况。

对于同轴波导中的 TEM 波,$E_z=0$,$H_z=0$,磁力线是闭合曲线,且电场和磁场都在横截面内;因此,式(6-102)和式(6-103)可改写为

$$\vec{E}(\rho,\varphi,z) = \hat{e}_\rho E_\rho \tag{6-114}$$

$$\vec{H}(\rho,\varphi,z) = \hat{e}_\varphi H_\varphi \tag{6-115}$$

将上述两式代入式(6-104)和式(6-105),通过圆柱坐标系展开,得到

$$\gamma H_\varphi = \mathrm{j}\omega\varepsilon E_\rho \tag{6-116}$$

$$\frac{1}{\rho}\frac{\partial}{\partial \rho}(\rho H_\varphi) = 0 \tag{6-117}$$

$$\gamma E_\rho = \mathrm{j}\omega\mu H_\varphi \tag{6-118}$$

$$\frac{1}{\rho}\frac{\partial}{\partial \rho}(\rho E_\varphi) = 0 \tag{6-119}$$

考虑电磁波沿 z 轴正方向传播,其传播因子为 $\mathrm{e}^{-\gamma z}$,因此,式(6-117)的解为

$$H_\varphi = \frac{H_m}{\rho} \mathrm{e}^{-\gamma z} \tag{6-120}$$

将式(6-120)代入式(6-116),可知

$$E_\rho = \frac{\gamma}{\mathrm{j}\omega\varepsilon} H_\varphi = \frac{\gamma}{\mathrm{j}\omega\varepsilon} \frac{H_m}{\rho} \mathrm{e}^{-\gamma z} \tag{6-121}$$

6.4.2 同轴波导中电磁波传输

TEM 波的传输常数为

$$\gamma = \gamma_{\mathrm{TEM}} = \mathrm{j}k = \mathrm{j}\omega\sqrt{\varepsilon\mu} = \mathrm{j}\beta \tag{6-122}$$

式中 $\beta = \omega\sqrt{\varepsilon\mu}$ 为 TEM 波的相位常数。

相速度

$$v_p = \frac{\omega}{\beta} = \frac{1}{\sqrt{\varepsilon\mu}} \tag{6-123}$$

波阻抗

$$Z_{\mathrm{TEM}} = \frac{E_r}{H_\varphi} = \frac{\gamma}{\mathrm{j}\omega\varepsilon} = \sqrt{\frac{\mu}{\varepsilon}} = Z \tag{6-124}$$

从以上分析可知,TEM 波是无色散波,其截止波数

$$k_c = \sqrt{\gamma^2 + k^2} = 0 \tag{6-125}$$

截止波长

$$\lambda_c = \infty \tag{6-126}$$

同轴波导中几个低阶的模式分布如图 6-8 所示。

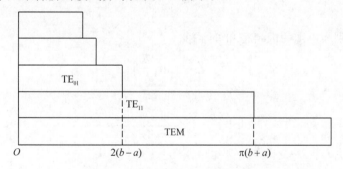

图 6-8 同轴波导中的模式分布图

可看出,同轴波导中的主模为 TEM 模;另外,为保证同轴波导在给定工作频带内只传输 TEM 波,必须使第一个高次模(TE$_{11}$ 模)的波长小于等于工作波长。结合式(6-112)可知,此时

$$a + b \leqslant \frac{\lambda_{\min}}{\pi} \tag{6-127}$$

【例 6-4】 50 m 长的同轴电缆的电感与电容分别为 0.25 μH/m 和 50 pF/m,工作频率为 100 kHz。(a)计算线路的特性阻抗和相位常数,(b)若媒质的磁导率与自由空间相

同,则媒质的介电常数必须为多少?(c)求传输线引起的延迟。

解 (a)电缆的特性阻抗为

$$Z_c = \sqrt{\frac{L_l}{C_l}} = \sqrt{\frac{0.25 \times 10^{-6}}{50 \times 10^{-12}}} = 70.71 \ \Omega$$

相位常数为

$$\beta = \omega \sqrt{L_l C_l} = 2\pi \times 100 \times 10^3 \times \sqrt{0.25 \times 10^{-6} \times 50 \times 10^{-12}}$$
$$= 2.22 \times 10^{-3} \ \text{rad/m}$$

(b)相速度为

$$v_p = \frac{1}{\sqrt{L_l C_l}} = \frac{1}{\sqrt{0.25 \times 10^{-6} \times 50 \times 10^{-12}}} = 2.83 \times 10^8 \ \text{m/s}$$

又由式(6-123),$v_p = \dfrac{1}{\sqrt{\varepsilon \mu}}$,因此

$$\varepsilon_r = \frac{1}{\varepsilon_0 v_p^2 \mu_0} = \frac{1}{8.85 \times 10^{-12} \times (2.83 \times 10^8)^2 \times 4\pi \times 10^{-7}} = 1.12$$

(c)传输线引起的延迟为

$$t_d = \frac{l}{v_p} = \frac{50}{2.83 \times 10^8} = 176.68 \times 10^{-9} \ \text{s}$$

【例 6-5】 一根 10 m 长的同轴电缆的特性阻抗为 50 Ω。电缆内导体与外导体之间绝缘材料的 $\varepsilon_r = 3.5, \mu_r = 1$。若内导体半径为 1 mm,则外导体的半径应为多少?

解 同轴电缆的电感与电容分别为

$$L_l = \frac{\mu}{2\pi} \ln\left(\frac{b}{a}\right) \text{和} C_l = \frac{2\pi\varepsilon}{\ln\left(\frac{h}{a}\right)}$$

式中 a 和 b 分别为电缆的内半径和外半径。

$$Z = \sqrt{\frac{L_l}{C_l}} = \frac{\ln\left(\frac{b}{a}\right)}{2\pi} \sqrt{\frac{\mu}{\varepsilon}}$$

$$50 = \frac{\ln\left(\frac{b}{10^{-3}}\right)}{2\pi} \sqrt{\frac{4\pi \times 10^{-7}}{3.5 \times 8.85 \times 10^{-12}}}$$

$$b = 4.75 \ \text{mm}$$

6.5 谐振腔与传输线

6.5.1 谐振腔中电磁波

波导的两个端口闭合组成的一个封闭腔体,我们称之为**谐振腔**,也叫共振腔。例如,

如果将前面小节中提到的矩形波导、圆形波导和同轴波导的两个端口封闭,就得到了我们常见的矩形谐振腔、圆形谐振腔和同轴谐振腔,如图 6-9 所示。

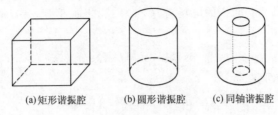

(a)矩形谐振腔　　(b)圆形谐振腔　　(c)同轴谐振腔

图 6-9　谐振腔

在高频的微波中,谐振腔类似于低频无线电波中的 LC 振荡回路,广泛应用于微波技术。例如:谐振腔在微波倍频和放大器中用作选频元件,在微波测量中用作波长计,在微波通信中用作滤波器;另外,谐振腔在雷达设备中还可用作回波箱,用以检测雷达发射和接收系统的性能,以及用来产生一定频率的电磁振荡,例如信号源、音响等。值得一提的是,LC 振荡回路可以产生低频无线电磁波,若要产生更高频率的微波,就必须减小电感 L 或电容 C 的值,但此时趋肤效应和电磁波向外辐射的现象越来越明显,导致 LC 振荡电路的工作效率急转直下,无法满足要求。本节以矩形谐振腔为例,讨论谐振腔内部的电磁场分布与谐振频率。

由前面小节分析可知,TE_{mn} 模和 TM_{mn} 模可在矩形波导内传播。实际上,二者也可以在矩形谐振腔内传播。假设电磁波沿着 z 轴方向入射,金属内壁面分别位于 $x=0$ 和 $x=a$,$y=0$ 和 $y=b$,$z=0$ 和 $z=c$,这时电磁波在 $z=0$ 和 $z=c$ 两个导体壁之间来回反射,最终只有驻波形式电磁波能稳定存在。但其电场与磁场仍然满足亥姆霍兹方程。

设 $u(x,y,z)$ 表示电磁场中任意一个分量,则

$$\nabla^2 u + k^2 u = 0 \tag{6-128}$$

在直角坐标系中运用数学分离变量法,令

$$u(x,y,z) = X(x)Y(y)Z(z) \tag{6-129}$$

上式代入式(6-128),可分离成三个常微分方程

$$\begin{cases} \dfrac{\mathrm{d}^2 X}{\mathrm{d}x^2} + k_x^2 X = 0 \\[2mm] \dfrac{\mathrm{d}^2 Y}{\mathrm{d}y^2} + k_y^2 Y = 0 \\[2mm] \dfrac{\mathrm{d}^2 Z}{\mathrm{d}z^2} + k_z^2 Z = 0 \end{cases} \tag{6-130}$$

其中

$$k_x^2 + k_y^2 + k_z^2 = k \tag{6-131}$$

求解方程组(6-130),可知 $u(x,y,z)$ 的通解为

$$u(x,y,z) = [A_1\cos(k_x x) + B_1\sin(k_x x)] \times$$
$$[A_2\cos(k_y y) + B_2\sin(k_y y)][A_3\cos(k_z z) + B_3\sin(k_z z)] \tag{6-132}$$

其中，A_i，B_i，（$i=1,2,3$）为待定常数。这些常数可通过边界条件作进一步的约束。

假定 $u(x,y,z)$ 表示的 x 方向分量为 E_x，由电场的边界条件可知，此时 $x=0$ 和 $x=a$ 面以及 $y=0$ 和 $y=b$ 面上的电场分量均为零，且垂直于 $z=0$ 和 $z=c$ 面的电场导数为零，可知

$$E_x = C_1 \cos(k_x x) \sin(k_y y) \sin(k_z z) \tag{6-133}$$

同理，可得电场的其他分量为

$$\begin{cases} E_y = C_2 \sin(k_x x) \cos(k_y y) \sin(k_z z) \\ E_z = C_3 \sin(k_x x) \sin(k_y y) \cos(k_z z) \end{cases} \tag{6-134}$$

同时

$$k_x = \frac{m\pi}{a}, k_y = \frac{n\pi}{b}, k_z = \frac{p\pi}{c}, \quad (m,n,p=0,1,2,3,\cdots) \tag{6-135}$$

其中，m，n 和 p 分别代表沿长方体 a，b 和 c 三边的半波数。

用类似的方法，或者根据电场与磁场关系，我们也可求出磁场的三个分量，这里不再赘述。需要指出的是，电场还需满足 $\nabla \cdot \vec{E} = 0$，即

$$C_1 k_x + C_2 k_y + C_3 k_z = 0 \tag{6-136}$$

可知，C_1，C_2 和 C_3 中任意两个是独立的，即给定了其中一个量，另外两个量的关系便确定了；因此，对于每一组（m,n,p），均存在两种独立的模式（TE_{mnp} 模式和 TM_{mnp} 模式）。

为求解矩形谐振腔中的电磁场分布，可借助前面矩形波导中的电磁场分布结果。需要注意的是，电磁波在 $z=c$ 处的端面会发生反射，并沿着 z 轴负方向传播，相应的行波因子为 $\mathrm{e}^{j\beta z}$。根据前面的讨论可知，此时入射波和反射波会叠加形成驻波，其空间分布形式可能为正弦形式（$\sin(\beta z)$），也可能为余弦形式（$\cos(\beta z)$）。

根据边界条件可知，在入射端面（$z=0$ 对应的壁面）和反射端面（$z=c$ 对应的壁面）处，横向电场分量 E_x，E_y 必须为零，纵向电场分量 E_z 不为零；相反，横向磁场分量 H_x，H_y 不能为零，纵向磁场分量 H_z 为零。因此，电磁分量在端面处为零时，其驻波形式为正弦形式；电磁分量在端面处不为零时，其驻波形式为余弦形式。具体如下：

1. TE_{mnp} 模式

$$E_x(x,y,z) = \mathrm{j} \frac{\omega\mu}{k_c^2} \left(\frac{n\pi}{b}\right) H_m \cos\left(\frac{m\pi}{a}x\right) \sin\left(\frac{n\pi}{b}y\right) \sin\left(\frac{p\pi}{c}z\right) \tag{6-137}$$

$$E_y(x,y,z) = -\mathrm{j} \frac{\omega\mu}{k_c^2} \left(\frac{m\pi}{a}\right) H_m \sin\left(\frac{m\pi}{a}x\right) \cos\left(\frac{n\pi}{b}y\right) \sin\left(\frac{p\pi}{c}z\right) \tag{6-138}$$

$$E_z(x,y,z) = 0 \tag{6-139}$$

$$H_x(x,y,z) = -\frac{1}{k_c^2} \left(\frac{m\pi}{a}\right)\left(\frac{p\pi}{c}\right) H_m \sin\left(\frac{m\pi}{a}x\right) \cos\left(\frac{n\pi}{b}y\right) \cos\left(\frac{p\pi}{c}z\right) \tag{6-140}$$

$$H_y(x,y,z) = -\frac{1}{k_c^2} \left(\frac{n\pi}{b}\right)\left(\frac{p\pi}{c}\right) H_m \cos\left(\frac{m\pi}{a}x\right) \sin\left(\frac{n\pi}{b}y\right) \cos\left(\frac{p\pi}{c}z\right)$$

$$H_z(x,y,z) = H_m \cos\left(\frac{m\pi}{a}x\right) \cos\left(\frac{n\pi}{b}y\right) \sin\left(\frac{p\pi}{c}z\right) \tag{6-141}$$

显然,电场三个分量不能同时为零,根据式(6-137)~式(6-139)可知,此时 p 不能取零;另外,结合矩形波导 TE 模式可知,m 和 n 的取值可以为 0,但不能同时为 0。因此,在 TE 模式下,矩形谐振腔的最低阶模式为 TE_{011},TE_{101}。

2. TM_{mnp} 模式

$$E_x(x,y,z) = -\frac{1}{k_c^2}\left(\frac{m\pi}{a}\right)\left(\frac{p\pi}{c}\right)E_m\cos\left(\frac{m\pi}{a}x\right)\sin\left(\frac{n\pi}{b}y\right)\sin\left(\frac{p\pi}{c}z\right) \tag{6-142}$$

$$E_y(x,y,z) = -\frac{1}{k_c^2}\left(\frac{n\pi}{b}\right)\left(\frac{p\pi}{c}\right)E_m\sin\left(\frac{m\pi}{a}x\right)\cos\left(\frac{n\pi}{b}y\right)\sin\left(\frac{p\pi}{c}z\right) \tag{6-143}$$

$$E_z(x,y,z) = E_m\sin\left(\frac{m\pi}{a}x\right)\sin\left(\frac{n\pi}{b}y\right)\cos\left(\frac{p\pi}{c}z\right) \tag{6-144}$$

$$H_x(x,y,z) = \frac{j\omega\varepsilon}{k_c^2}\left(\frac{n\pi}{b}\right)E_m\sin\left(\frac{m\pi}{a}x\right)\cos\left(\frac{n\pi}{b}y\right)\cos\left(\frac{p\pi}{c}z\right) \tag{6-145}$$

$$H_y(x,y,z) = -\frac{j\omega\varepsilon}{k_c^2}\left(\frac{m\pi}{a}\right)E_m\cos\left(\frac{m\pi}{a}x\right)\sin\left(\frac{n\pi}{b}y\right)\cos\left(\frac{p\pi}{c}z\right) \tag{6-146}$$

$$H_z(x,y,z) = 0 \tag{6-147}$$

类似地,可知 p 可以取零;另外,结合矩形波导 TM 模式可知,m 和 n 均不可以取 0。因此,在 TM 模式下,矩形谐振腔的最低阶模式为 TM_{110}。

由式可知

$$\left(\frac{m\pi}{a}\right)^2+\left(\frac{n\pi}{b}\right)^2+\left(\frac{p\pi}{c}\right)^2 = k^2 = \omega^2\varepsilon\mu \tag{6-148}$$

由此可见,谐振腔的尺寸和内部填充物的光学参数决定了电磁波的谐振频率

$$f_{mnp} = \frac{\omega_{mnp}}{2\pi} = \frac{\omega}{2\pi} = \frac{1}{2\sqrt{\varepsilon\mu}}\sqrt{\left(\frac{m}{a}\right)^2+\left(\frac{n}{b}\right)^2+\left(\frac{p}{c}\right)^2} \tag{6-149}$$

注意,这里 f_{mnp} 既代表 TE_{mnp} 模式下的谐振腔的谐振频率,又表示 TM_{mnp} 模式下的谐振腔的谐振频率,这种具有相同谐振频率的不同模式称为**简并模**。对于给定的谐振腔,谐振频率最低的模式称为主模,即主模可能为 TE_{011},TE_{101} 和 TM_{110} 三者中的一个。显然,当谐振腔为正方体时,三者均是谐振腔的主模。

6.5.2 传输线基本参数

前面章节,我们分别介绍了单波导和双波导中的电磁场分布以及电磁波的传播情况。实际上,能够传输 TEM 波的双波导(例如同轴线、平行导线等,如图 6-10 所示)又称为**传输线**。对于传输线中 TEM 波而言,只有横向的电场分量和磁场分量,若结合电路理论,可进一步计算得到传输线的电阻、电感、电容等参数。不同于常规电路中的集总参数,传输线这类"电路"的这些参数属于分布参数,它们的参数值会随着波导中空间位置改变而改变。例如,当电磁波的波长与传输线长度相仿时,传输线上不同部位的电流各不相同,并呈现出一种分布效应现象。尽管如此,但当入射电磁波的波长远大于传输线长度时,电流分布效应非常微弱,传输线上各点处的电流近似相等,此时我们一般将这些分布参数看

作集总参数,从而方便作进一步分析计算。

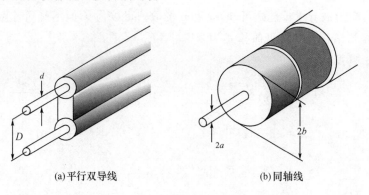

(a)平行双导线　　　　　　(b)同轴线

图 6-10　传输线的外形结构

假设传输线的电路参数是沿线均匀分布的,这种传输线称为均匀传输线,可用单位长度的电阻 R_1(单位:Ω/m),单位长度的电感 L_1(单位:H/m),单位长度的电导 G_1(单位:S/m)和单位长度的电容 C_1(单位:F/m)四个参数来描述。

不失一般性,取 TEM 波传输线任意位置 z 处的线元 dz 讨论,对应的电路模型如图 6-11 所示。

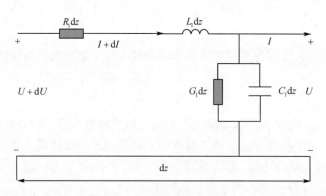

图 6-11　线元 dz 的等效电路图

由基尔霍夫定律可知

$$\begin{cases} \mathrm{d}U(z) = I(z)Z_1 \mathrm{d}z \\ \mathrm{d}I(z) = U(z)Y_1 \mathrm{d}z \end{cases} \tag{6-150}$$

式中 Z_1 和 Y_1 分别表示传输线上单位长度的串联阻抗和并联导纳,即

$$Z_1 = R_1 + \mathrm{j}\omega L_1 \tag{6-151}$$

$$Y_1 = G_1 + \mathrm{j}\omega C_1 \tag{6-152}$$

式(6-150)进一步变形为

$$
\begin{cases}
\dfrac{\mathrm{d}U(z)}{\mathrm{d}z} = I(z)Z_1 \\[3mm]
\dfrac{\mathrm{d}I(z)}{\mathrm{d}z} = U(z)Y_1
\end{cases}
\tag{6-153}
$$

上式两端对 z 求导,得到

$$
\begin{cases}
\dfrac{\mathrm{d}^2 U(z)}{\mathrm{d}z^2} = Z_1 \dfrac{I(z)}{\mathrm{d}z} = Y_1 Z_1 U(z) = \gamma^2 U(z) \\[3mm]
\dfrac{\mathrm{d}^2 I(z)}{\mathrm{d}z^2} = Y_1 \dfrac{U(z)}{\mathrm{d}z} = Y_1 Z_1 I(z) = \gamma^2 I(z)
\end{cases}
\tag{6-154}
$$

上式分别为传输线上的电压波和电流波方程,式中

$$
\gamma = \sqrt{Z_1 Y_1} = \sqrt{(R_1 + \mathrm{j}\omega L_1)(G_1 + \mathrm{j}\omega C_1)} = \alpha + \mathrm{j}\beta
\tag{6-155}
$$

为传播常数,通常是一复数,其实部 α 为衰减常数,虚部 β 为相位常数。

1. 传输线的特性参数

传输线的特性参数同样是由波导(或传输线)的尺寸、填充媒质的参数以及工作频率决定的,主要包含特性阻抗、传播常数、相速度和波导波长。

传输线的特性阻抗定义为传输线上的上行波与下行波的电流之比

$$
Z_0 = \frac{\sqrt{R_1 + \mathrm{j}\omega L_1}}{\sqrt{G_1 + \mathrm{j}\omega C_1}}
\tag{6-156}
$$

当传输线是无损耗传输时,即 $R_1 = 0$ 且 $G_1 = 0$,传输线特性阻抗为

$$
Z_0 = \sqrt{\frac{L_1}{C_1}}
\tag{6-157}
$$

传播常数

$$
\gamma = \sqrt{Z_1 Y_1} = \sqrt{(R_1 + \mathrm{j}\omega L_1)(G_1 + \mathrm{j}\omega C_1)} = \alpha + \mathrm{j}\beta
\tag{6-158}
$$

式(6-158)中 α 称为衰减常数,表示传输线单位常数电压波(或电流波)振幅,有

$$
\alpha = \sqrt{\frac{1}{2}\left[\sqrt{(R_1^2 + \omega^2 L_1^2)(G_1^2 + \omega^2 C_1^2)} - (\omega^2 L_1 C_1 - R_1 G_1)\right]}
\tag{6-159}
$$

式(6-158)中 β 称为相位常数,表示传输线单位长度上电压波的相位因子,有

$$
\beta = \sqrt{\frac{1}{2}\left[\sqrt{(R_1^2 + \omega^2 L_1^2)(G_1^2 + \omega^2 C_1^2)} + (\omega^2 L_1 C_1 - R_1 G_1)\right]}
\tag{6-160}
$$

当传输线是无损耗传输,即 $R_1 = 0$ 且 $G_1 = 0$ 时,则

$$
\alpha = 0
\tag{6-161}
$$

$$
\beta = \omega\sqrt{L_1 C_1}
\tag{6-162}
$$

传输线中电压波(或电流波)等相位面移动的速度,即相速

$$
v_p = \frac{\omega}{\beta}
\tag{6-163}
$$

当传输线是无损耗传输,即 $R_1 = 0$ 且 $G_1 = 0$ 时,将式(6-162)代入式(6-163),可知

$$v_p = \frac{\omega}{\beta} = \frac{1}{\sqrt{L_1 C_1}} \qquad (6\text{-}164)$$

类似地,电压波(或电流波)在一周期内沿电磁波传输方向传输的距离,即波导波长

$$\lambda_g = \frac{2\pi}{\beta} \qquad (6\text{-}165)$$

当传输线是无损耗传输,即 $R_1 = 0$ 且 $G_1 = 0$ 时,将式(6-162)代入式(6-165),可知

$$\lambda_g = \frac{1}{f\sqrt{L_1 C_1}} \qquad (6\text{-}166)$$

2. 传输线的工作参数

传输线的工作参数是指传输线的传输参数,如:输入阻抗、反射系数和驻波系数等,将随所接负载变化而变化。

传输线任意点的电压和电流的比值定义为该点沿负载方向看去的**输入阻抗**,有

$$Z_{\text{in}}(z) = Z_0 \frac{Z_L + Z_0 \tanh(\gamma z)}{Z_0 + Z_L \tanh(\gamma z)} \qquad (6\text{-}167)$$

式中 Z_L 为终端负载阻抗。

对于无损耗传输线,$\gamma = \alpha + \mathrm{j}\beta = \mathrm{j}\beta$,代入式(6-167),变形得到

$$Z_{\text{in}}(z) = Z_0 \frac{Z_L + \mathrm{j}Z_0 \tan(\beta z)}{Z_0 + \mathrm{j}Z_L \tan(\beta z)} \qquad (6\text{-}168)$$

由上式可知,传输线的输入阻抗 Z_{in} 与负载阻抗 Z_L、特性阻抗 Z_0 以及距离负载终端的位置有关。

传输线上某一位置 z 处的**反射系数** Γ 为

$$\Gamma(z) = \frac{Z_{\text{in}}(z) - Z_0}{Z_{\text{in}}(z) + Z_0} \qquad (6\text{-}169)$$

这里 Γ 一般为复数。如果 z 位于传输线的终端(负载附近),上述反射系数即终端反射系数

$$\Gamma_2 = \frac{Z_L - Z_0}{Z_L + Z_0} \qquad (6\text{-}170)$$

下面我们引入史密斯圆图来讨论反射系数与输入阻抗之间的关系。

对于无损耗传输线,Γ 的极坐标形式为

$$\Gamma(z) = |\Gamma_2|\,\mathrm{e}^{\mathrm{j}(\varphi_2 - 2\beta z)} = |\Gamma_2|\,\mathrm{e}^{\mathrm{j}\varphi} \qquad (6\text{-}171)$$

式中 φ_2 为终端反射系数 Γ_2 的相角,而 $\varphi = \varphi_2 - 2\beta z$ 表示传输线 z 处反射系数的相角,如图 6-12 所示。

当 z 增加时,即向电源方向移动时,$\Gamma(z)$ 顺时针转动,相角 φ 减小;反之,向负载方向移动时,$\Gamma(z)$ 逆时针转动,相角 φ 增大。可看出,沿传输线每移动 $\lambda/2$,即 $2\beta z = 2\pi$,此时反射系数经历一周。另外,由于反射系数的模值不可能大于 1,因此,它的极坐标表示被限制在半径为 1 的圆周内,如图 6-13 所示。

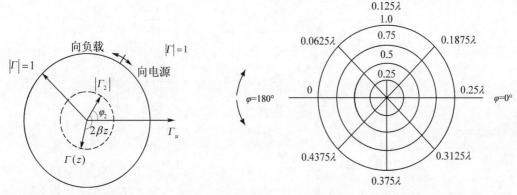

图 6-12 反射系数极坐标表示   图 6-13 反射系数圆

图中任一点与圆心连线的长度反映了传输线上对应点处的反射系数 Γ;因此,同一圆上的各点对应的反射系数相同。若终端反射系数 Γ_2 的相角 $\varphi_2 = 0$,那么该连线与右边实轴夹角即该反射系数的相角 φ。传输线位置 z 的起点为实轴左边的端点(初值位置为一个波长长度传输线的中心位置),当传输线位置 z 向电源方向移动时(传输线位置 z 移动距离采用波长作为单位),反射系数的相角 φ 逐渐减小,移动 $\lambda/2$ 时,正好与电源重合,相角 $\varphi = 0$;反之,当向负载方向移动时,反射系数的相角 φ 逐渐增大,移动 $\lambda/2$ 时,正好与负载重合,相角 $\varphi = \pi$。

前面利用极坐标系讨论了传输线不同位置处反射系数和相角的变化规律,接下来采用直角坐标系分析传输线某处的阻抗特性对反射系数的影响规律。

将反射系数与阻抗之间的关系式(6-169)变形后,可知输入阻抗

$$Z_{\text{in}}(z) = Z_0 \frac{1 - \Gamma(z)}{1 + \Gamma(z)} \tag{6-172}$$

输入阻抗 Z_{in} 复数形式

$$Z_{\text{in}} = Z_{inr} + \text{j} Z_{ini} \tag{6-173}$$

式中 Z_{inr} 表示输入阻抗中归一化的电阻,Z_{ini} 表示输入阻抗中归一化的电抗。

反射系数 Γ 复数形式

$$\Gamma = \Gamma_r + \text{j}\Gamma_i \tag{6-174}$$

将式(6-173)与式(6-174)代入式(6-172),可知

$$\begin{cases} \left(\Gamma_r - \dfrac{Z_{inr}}{1 + Z_{inr}}\right)^2 + \Gamma_i = \left(\dfrac{1}{1 + Z_{inr}}\right)^2 \\ (\Gamma_r - 1)^2 + \left(\Gamma_i - \dfrac{1}{Z_{ini}}\right)^2 = \left(\dfrac{1}{Z_{ini}}\right)^2 \end{cases} \tag{6-175}$$

在方程组(6-175)中,第一个方程表示归一化电阻圆,第二个方程表示归一化电抗圆。如图 6-14 所示。

可以看出,电阻圆圆心位置为($Z_{inr}/(1 + Z_{inr})$,0),半径为 $1/(1 + Z_{inr})$。当输入阻抗中归一化电阻为零($Z_{inr} = 0$)时,电阻圆的圆心将位于(0,0)处,半径为 1;随着输入阻抗中

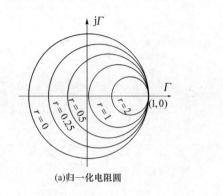 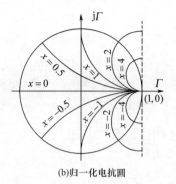

(a)归一化电阻圆   (b)归一化电抗圆

图 6-14 阻抗圆

归一化电阻 Z_{inr} 增大,电阻圆的圆心逐渐右移,半径逐渐减小;当输入阻抗中归一化电阻趋于无穷大($Z_{inr}=\infty$)时,电阻圆的圆心将位于(1,0)处,半径为 0。

类似地,电抗圆圆心位置为$(1,1/Z_{ini})$,半径为 $1/Z_{ini}$。当输入阻抗中归一化电抗为零($Z_{ini}=0$)时,电抗圆的圆心将位于(1, ∞)处,半径为无穷大;随着输入阻抗中归一化电抗 Z_{ini} 增大,电阻圆的圆心逐渐向实轴移动,半径逐渐减小;当输入阻抗中归一化电抗趋于无穷大时($Z_{ini}=\infty$)时,电抗圆的圆心将位于(1,0)处,半径为 0。

上述反射系数圆图、归一化电阻圆图和归一化电抗圆图构成了完整的阻抗圆图,也称为**史密斯圆图**。史密斯圆图是用来分析传输线匹配问题的有效工具,它具有概念清晰、求解直观的特点;例如,阻抗圆(电阻圆与电抗圆)的上半圆代表阻抗中归一化电抗为感抗,其下半圆代表阻抗中归一化电抗为容抗;阻抗圆中实轴上的点代表阻抗为纯电阻(无电抗),其中实轴左端点表示传输线短路,实轴右端点表示传输线开路。史密斯圆图直观描述了无损耗传输线各种特性参数的关系,在微波电路设计、天线特性测量等方面有着广泛的应用。

一般情况下,传输线上存在入射波和反射波,它们会相互干涉形成驻波。入射波和反射波若同相叠加则会达到最大值,若反相叠加则会达到最小值。传输线上电压最大值与电压最小值之比,称为电压驻波系数或电压驻波比,用 S 表示,即

$$S=\frac{U_{max}}{U_{min}}=\frac{1+|\Gamma(z)|}{1-|\Gamma(z)|}\tag{6-176}$$

类似地,传输线上电流最大值与电流最小值之比,称为电流驻波系数或电流驻波比。不难推导出,电流驻波系数将与电压驻波系数相等;另外,对于无损耗传输线,驻波系数与 z 无关。值得一提的是,行波系数定义为驻波系数的倒数,即

$$K=\frac{1}{S}=\frac{1-|\Gamma(z)|}{1+|\Gamma(z)|}\tag{6-177}$$

6.5.3 传输线工作状态

传输线一般有三种工作状态,如:行波状态、驻波状态以及混合波状态。

1. 行波状态

当传输线上没有反射波出现，即只有入射波时，便会形成行波状态。可知此时反射系数 $\Gamma(z)=0$，由式(6-172)可知输入阻抗

$$Z_{in}(z)=Z_0 \qquad (6\text{-}178)$$

即沿传输线的输入阻抗等于特性阻抗。因此，沿线各点的输入阻抗均等于其特性阻抗；相应地，沿线的电压和电流的相位相同，且二者的振幅不随沿线上 z 的位置变化而变化。

2. 驻波状态

当传输线上的反射波与入射波振幅相等时，则会形成驻波状态。可知此时反射系数 $\Gamma(z)$ 的模为 0，由式(6-170)可知，若传输线终端开路，则

$$Z_L=\infty \qquad (6\text{-}179)$$

若短路，则

$$Z_L=0 \qquad (6\text{-}180)$$

若负载为纯电抗(容抗或感抗)，则

$$Z_L=\pm jZ_{Li} \qquad (6\text{-}181)$$

以上三种情况均会形成驻波状态，其区别在于传输线终端处电磁波的相位有所不同。下面以传输线终端短路的情况($Z_L=0$)为例，讨论传输线工作在全波状态时的特性。

根据式(6-170)可知，传输线终端短路时，终端反射系数为

$$\Gamma_2=\frac{Z_L-Z_0}{Z_L+Z_0}\bigg|_{Z_L=0}=-1=e^{j\pi} \qquad (6\text{-}182)$$

这时，传输线上的电压为

$$U(z)=U_2^+ e^{j\beta z}+U_2^- e^{-j\beta z}=j2|U_2^+ e^{j(\theta+\pi)}|\sin(\beta z) \qquad (6\text{-}183)$$

同理，传输线上的电流为

$$I(z)=\frac{2|U_2^+|e^{j(\theta+\pi)}}{Z_0}\cos(\beta z) \qquad (6\text{-}184)$$

驻波状态下电压、电流沿线的瞬时分布曲线和振幅分布曲线，如图 6-15 所示。

可看出电压波和电流波都形成了驻波，二者的振幅都是位置 z 的函数，其中振幅最大的位置称为波腹点，振幅最小(为零)的位置称为波节点；另外，波节点两侧的电压(或电流)反相。需要注意的是，传输线上的电压和电流在时间上有 $T/4$ 的相位差，同时在空间上也表现为有 $\lambda/4$ 的相移。

3. 混合波状态

当传输线终端所接的负载阻抗既不等于特性阻抗，也不是短路、开路或者纯电抗负载时，那么传输线上将同时存在入射波和反射波，但两者的振幅不会相等，二者叠加以后就形成混合波状态。

对于无损耗传输线，电压和电流可表示为

$$U(z)=U_2^+ e^{j\beta z}+U_2^- e^{-j\beta z}=U_2^+ e^{j\beta z}(1-\Gamma_2)+2\Gamma_2 U_2^+ \cos(\beta z) \qquad (6\text{-}185)$$

$$I(z)=I_2^+ e^{j\beta z}+I_2^- e^{-j\beta z}=I_2^+ e^{j\beta z}(1-\Gamma_2)+j2\Gamma_2 I_2^+ \sin(\beta z) \qquad (6\text{-}186)$$

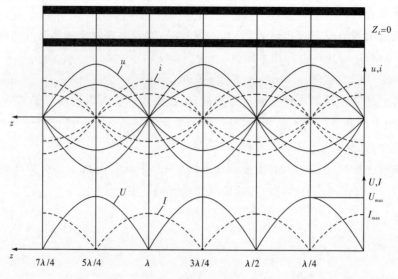

图 6-15 终端短路线上的驻波电压和电流

可看出,传输线上的电压、电流均由两部分组成:第一部分代表向负载方向传输的单向行波;第二部分代表驻波。行波与驻波成分的多少取决于反射系数,可用驻波系数表示

$$S=\frac{U_{\max}}{U_{\min}}=\frac{I_{\max}}{I_{\min}}=\frac{1+|\Gamma_2|}{1-|\Gamma_2|} \tag{6-187}$$

所以,当 $|\Gamma_2|=0$ 时,$S=1$,传输线工作在行波状态;当 $|\Gamma_2|=1$ 时,$S=\infty$,传输线工作在驻波状态;当 $0<|\Gamma_2|<1$ 时,$1<S<\infty$,传输线工作在混合波状态。

【例 6-6】 铜矩形谐振腔,尺寸为 $a=3$ cm,$b=1$ cm,$l=4$ cm,运行于主模。铜的电导率为 5.76×10^7 S/m。试确定腔的谐振频率和品质因数。

解 TE_{10} 模是矩形谐振腔的主模,相应的谐振频率为

$$f_{10}=\frac{v_p}{2}\sqrt{\left(\frac{1}{a}\right)^2+\left(\frac{1}{l}\right)^2}=\frac{3\times10^8}{2}\sqrt{\left(\frac{1}{0.03}\right)^2+\left(\frac{1}{0.04}\right)^2}$$
$$=6.25\times10^9 \text{ Hz 或 } 6.25 \text{ GHz}$$

趋肤深度 δ_c 为

$$\delta_c=\frac{1}{\sqrt{\pi f\sigma_c\mu}}=\frac{1}{\sqrt{\pi\times6.25\times10^9\times5.76\times10^7\times4\pi\times10^{-7}}}=8.39\times10^{-7} \text{ m}$$

品质因数为

$$Q\approx7\,427$$

【例 6-7】 一条 25 m 的无损耗传输线终端接有在 10 MHz 时等效阻抗为 $(40+j30)$ Ω 的负载。传输线的单位长度电感与电容分别为 310.4 nH/m 和 38.28 pF/m。试计算在传输线的发送端和中点的输入阻抗。

解 特性阻抗和相位常数分别为

$$\vec{Z}_c=\sqrt{\frac{310.4\times10^{-9}}{38.28\times10^{-12}}}\approx90 \text{ Ω}$$

和

$$\beta = 2\pi \times 10 \times 10^6 \sqrt{310.4 \times 10^{-9} \times 38.28 \times 10^{-12}} = 0.217 \text{ rad/m}$$

在发送端的输入阻抗为

$$\vec{Z}_{in}(0) = 90\left[\frac{40+j30+j90\tan(0.217 \times 25)}{90+j(40+j30)\tan(0.217 \times 25)}\right]$$
$$= 35.49 \underline{/-5.61°} \ \Omega = (35.32-j3.47)\Omega$$

在中点的输入阻抗为

$$\vec{Z}_{in}(12.5) = 90\left[\frac{40+j30+j90\tan(0.217 \times 12.5)}{90+j(40+j30)\tan(0.217 \times 25)}\right]$$
$$= 35.49 \underline{/-5.61°} \ \Omega = (35.32-j3.47)\Omega$$

习题6

6-1 空心矩形波导的 $a=5$ cm, $b=2$ cm, 工作频率为 20 GHz。求:

(1) TM_{21} 模的截止频率并判断它是否为衰减模式。若不是, 确定其相位常数、相速、群速及传播波长。

(2) TM_{21} 模的波阻抗。

(3) 若波导中外加电场幅值为 500 V/m, 求波导所传送的平均功率。

试确定波导中最低次的 TM_{11} 模的截止频率、电场和磁场分布、相位常数、特征阻抗及平均功率流。

6-2 空心矩形波导的 $a=5$ cm, $b=2$ cm, 工作频率为 1 GHz。

(1) 证明在这一频率下 TM_{21} 模不能传播(为衰减模式)。

(2) 确定使电场的 z 分量衰减到它在 $z=0$ 处的幅值的 0.5% 所需的距离。设在 $z=0$ 处电场 z 分量的幅值为 1 kV/m。

6-3 $b=1$ cm 的空心波导 TE_{10} 模的相位常数为 102.65 rad/m。若波导工作频率为 12 GHz, 且只有 TE_{10} 模传播, 计算波导尺寸 a。

6-4 波导管壁由黄铜制成, 其尺寸为 $a=1.5$ cm, $b=0.6$ cm, 电导率 $\sigma=1.57 \times 10^7$ S/m, 填充介电常数 $\varepsilon_r=2.25$, 磁导率 $\mu_r=1.0$ 的聚乙烯介质。设频率为 10 GHz 的 TE_{10} 模在矩形波导中传播, 试求 TE_{10} 模的如下参数:

(1) 波导波长;

(2) 相速度;

(3) 相移常数;

(4) 波阻抗;

(5) 波导壁的衰减常数。

6-5 无限长矩形波导的截面尺寸为 $a \times b$, 其中的 $z>0$ 段为空气, $z \leqslant 0$ 段为 $\varepsilon_r=4.0$, $\mu_r=1.0$ 的理想介质。频率为 f 的电磁波沿 z 方向单模传输, 求仅考虑主模时 $z \leqslant 0$ 区

域的驻波比。

6-6 在尺寸为 $a \times b = 22.86 \text{ mm} \times 10.16 \text{ mm}$ 的矩形波导中,传输 TE_{10} 波,工作频率为 10 GHz。请回答以下几个问题:

(1)求截止波长、截止频率、波导波长和波阻抗;

(2)若波导的宽边尺寸增大一倍,上述参数如何变化?还能传输什么模式?

(3)若波导的窄边尺寸增大一倍,上述参数如何变化?还能传输什么模式?

6-7 已知由空气填充的铜质波导尺寸为 7.2 cm × 3.4 cm,工作于主模,工作频率为 $f = 3$ GHz。如果波导壁引起的衰减常数为

$$\alpha'' = \frac{R_s}{\sqrt{\dfrac{\mu_0}{\varepsilon_0}}\sqrt{1 - \left(\dfrac{\lambda}{2a}\right)^2}}\left[\frac{1}{b} + \frac{2}{a}\left(\frac{\lambda}{2a}\right)^2\right]$$

求当场强振幅衰减一半时的距离。

6-8 空心矩形波导尺寸为 $a = 3$ cm,$b = 1$ cm,假如空气击穿强度为 30 kV/cm,当工作频率为 7 GHz 时,计算传输 TE_{10} 波时的最大功率(为了能安全传输模,通常应将空气击穿强度乘以安全系数,这里安全系数为 0.1)。

6-9 一矩形波导的宽边为 $a = 8$ cm,窄边为 $b = 4$ cm,当工作频率 $f = 3$ GHz 时波导中可传输哪些波形?当工作频率 $f = 5$ GHz 时波导中又可传输哪些波形?

6-10 已知由空气填充的圆形波导直径为 $d = 50$ mm,如果工作频率为 $f = 6.725$ GHz,给出该波导可能传输的模式;如果填充相对介电常数 $\varepsilon_r = 4$ 的理想介质,那么可能传输的模式有哪些?

6-11 有一方圆过渡波导如图题 6-11 所示:

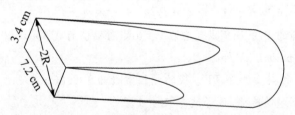

图题 6-11

矩形波导尺寸为 7.2 cm×3.4 cm,工作波长为 10 cm,波导中的介质为空气,圆形波导直径与矩形波导对角线相等,从矩形波导向圆形波导方向传播 TE_{10} 波。试比较电磁波从矩形波导进入圆形波导后,介质波长和波导波长的变化。如果 TE_{11} 波自圆形波导向矩形波导传播,情况会怎样?

6-12 加在 100 m 长平板无损耗传输线的电压为 $v(t) = 100\cos(10^5 t)$ V,板间距离为 2 mm,每板的宽度为 10 mm。若电介质的相对介电常数和相对磁导率分别为 4 和 1,求每板上面电荷密度和面电流密度的瞬时值(时域)表示式。

6-13 一条 500 m 长的无损耗传输线,其分布参数值为 $L_l = 2.6\ \mu\text{H/m}$ 和 $C_l = 28.7$ pF/m,感性负载阻抗为 $(75 + \text{j}150)\Omega$。外施电源电压 V_G 的有效值为 120 V,其内阻

抗 Z_G 为 $(1+\mathrm{j}90)\,\Omega$。试求工作频率为 10 kHz 时

(1)输入端的电压和电流;

(2)负载的电压和电流;

(3)输入传输线的功率;

(4)发送给负载的功率,并求出前向行波和反射波的电压和电流表达式。

6-14　如图题 6-14 所示,AB 和 BC 是两段参数不同的无损耗均匀传输线。已知 $Z_{C1}=$ 50 Ω,$\lambda_1=5$ cm,$l_1=0.625$ cm,$Z_{C2}=100$ Ω,$\lambda_2=10$ cm,$l_2=1.25$ cm。在传输线的终端接有负载 $Z_L=50$ Ω,连接处的并联导纳为 $Y_p=-\mathrm{j}/100$ S。试求 A 点的等效阻抗。

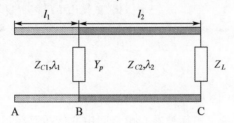

图题 6-14

6-15　截面尺寸为 $a \times b = 22.86$ mm $\times$ 10.16 mm 的矩形波导,传输频率为 10 GHz 的 H_{10} 波,在某横截面上放一导体板,试问在何处再放导体板,才能构成振荡模式为 H_{101} 模的矩形谐振腔;若其包括导体板在内的其他条件不变,只是改变工作频率,则腔体中有无其他振荡模式存在? 若将腔长加大一倍,工作频率不变,此时腔中的振荡模式是什么? 谐振波长有无变化?

6-16　一条 100 m 长的无损耗传输线,其分布电感为 296 nH/m,分布电容为 46.2 pF/m,工作于无负载状态。在传输线输入端接有电压源输送功率。电压源的开路电压为 $v_s(t)=100\cos(10^6 t)$ V,其内阻抗可以忽略。计算:

(1)线路的特性阻抗和相位常数;

(2)接收端的电压和电源供给的电流;

(3)电压源送出的功率。

第7章

电磁波的辐射与接收

在第 5 章中，我们讨论了平面波在自由空间中的传播及在不同媒质分界面上的反射、折射，在第 6 章中，我们讨论了电磁波在导波系统（金属波导）中的传播，这些都未涉及空间中传播的电磁波是如何产生的。在发送端，高频电流能够脱离场源转换为电磁波的形式在空间中传播，这种现象称为电磁波的辐射；而在接收端，将经过空间传播后的电磁波再转化成高频电流，这种现象称为电磁波的接收。无线电设备中用来辐射和接收电磁波的装置称为天线。天线是无线电通信、雷达、导航、遥感、遥测、射电天文以及电子对抗等各种电子信息系统中必不可少的组成部分之一。

本章讨论电磁波的辐射与接收。首先介绍基本振子的辐射，它是分析各种实际天线辐射场的基础；其次介绍接收天线的基本理论；接着介绍天线的基本概念及主要性能指标参数，这些电参数是设计天线的依据；然后重点介绍对称振子天线和阵列天线的性能参数分析方法，通过实例讨论采用 HFSS 进行天线设计与仿真的基本流程；最后介绍移动通信天线，了解基站天线和手机天线在移动通信中的应用和发展情况。

7.1 基本振子的辐射

基本振子包括电基本振子和磁基本振子，它们是最简单和最基本的场源分布。任何实际的天线都可以看成是由许许多多的电基本振子和磁基本振子叠加而成的，故天线在空间中的辐射场可以看作是由这些电基本振子和磁基本振子的辐射场叠加得到的。要研究各种天线的特性，首先应了解基本振子的辐射特性，掌握其远区场分布。

7.1.1 电基本振子(电偶极子)

电基本振子(Electric Short Dipole)又称电流元，实际上是电偶极子或者赫兹偶极子的等效。赫兹最早利用电偶极子产生了电磁波辐射,如图 7-1(a)所示,它实际上就是一段载有高频电流的短导线,其长度 l 远远小于信号波长 λ,如图 7-1(b)所示,因为流动的电流在其两端必然出现等值异性的电荷。电基本振子在结构上有两个特点:一是它可以看作是一个理想化的数学模型(线元,记为 dl),是构成各种线状天线的最基本单元;二是其上电流均匀分布,处处等幅同相。

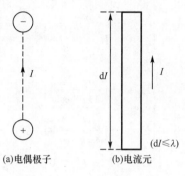

图 7-1　电基本振子的结构示意图

设在球坐标系中,电基本振子位于坐标原点且沿 z 轴方向放置在无限大自由空间中,如图 7-2 所示。

可求得其辐射场的各分量表达式为

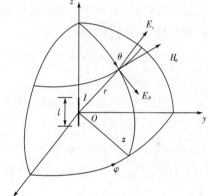

$$\begin{cases} E_\varphi = H_r = H_\theta = 0 \\ H_\varphi = \dfrac{Il}{4\pi}\sin\theta\left(\mathrm{j}\dfrac{k}{r}+\dfrac{1}{r^2}\right)\mathrm{e}^{-\mathrm{j}kr} \\ E_r = \dfrac{Il}{4\pi\omega\varepsilon_0}2\cos\theta\left(\dfrac{k}{r^2}-\mathrm{j}\dfrac{1}{r^3}\right)\mathrm{e}^{-\mathrm{j}kr} \\ E_\theta = \dfrac{Il}{4\pi\omega\varepsilon_0}\sin\theta\left(\mathrm{j}\dfrac{k^2}{r}+\dfrac{k}{r^2}-\mathrm{j}\dfrac{1}{r^3}\right)\mathrm{e}^{-\mathrm{j}kr} \end{cases} \quad (7\text{-}1)$$

式中,下标 r、θ、φ 表示球坐标系中电场和磁场矢量的各分量;$\varepsilon_0 = 10^{-9}/36\pi(\mathrm{F/m})$ 为自由空间的介电常

图 7-2　电基本振子的辐射场

数;$\mu_0 = 4\pi\times10^{-7}(\mathrm{H/m})$ 为自由空间的磁导率;$k = \omega\sqrt{\mu_0\varepsilon_0} = 2\pi/\lambda$ 为自由空间相移常数,λ 为自由空间波长。式中只考虑场分量随空间坐标位置的变化,略去了时间因子 $\mathrm{e}^{\mathrm{j}\omega t}$。

于是,电基本振子的辐射场可表示为

$$\begin{cases} \vec{E} = E_r\hat{e}_r + E_\theta\hat{e}_\theta \\ \vec{H} = H_\varphi\hat{e}_\varphi \end{cases} \quad (7\text{-}2)$$

式中,$\hat{e}_r$、$\hat{e}_\theta$、$\hat{e}_\varphi$ 分别为球坐标系中沿 r、θ、φ 增大方向的单位矢量。由以上二式可见,电基本振子的场强矢量只由三个分量 E_r、E_θ 和 H_φ 组成,每个分量又都包括一个随距离 r 变化的多项式,与距离 r 有着复杂的关系。为了简化场分量的计算,工程上根据距离 r 的远近,就可以做出适当的取舍,即将辐射场区域分为近区和远区分别进行讨论。

1. 近区场(r 很小)

$kr \ll 1$ 即 $r \ll \lambda/2\pi$ 的区域称为近区,此区域内满足

$$\frac{1}{kr} \ll \frac{1}{(kr)^2} \ll \frac{1}{(kr)^3}, \mathrm{e}^{-\mathrm{j}kr} \approx 1$$

因此忽略式(7-1)多项式中的取值很小的项而保留最大项,得到电基本振子的近区场表达式为

$$\begin{cases} H_\varphi = \dfrac{Il}{4\pi r^2}\sin\theta \\[2mm] E_r = -\mathrm{j}\dfrac{Il}{4\pi r^2}\dfrac{2}{\omega\varepsilon_0}\sin\theta \\[2mm] E_\theta = -\mathrm{j}\dfrac{Il}{4\pi r^2}\dfrac{1}{\omega\varepsilon_0}\sin\theta \\[2mm] E_\varphi = H_r = H_\theta = 0 \end{cases} \tag{7-3}$$

近区场具有以下特点:

(1)除了随时间变化之外,其电场 E_r、E_θ 和静电场中电偶极子产生的电场振幅表达式完全相同,其磁场 H_φ 和恒定电流场中电流元的磁场振幅表达式完全相同,故近区场也称为似稳场或准静态场。

(2)与距离 r 的高次方成反比,故随着距离 r 的增大,近区场迅速衰减,离天线较远时可认为近区场近似为零。

(3)近区场的电场和磁场之间始终相差一个因子 j,它们之间存在着 $\pi/2$ 的相位差,于是坡印廷矢量的平均值 $\vec{S}_{av} = \mathrm{Re}[\vec{E} \times \vec{H}]/2 = 0$,能量在电场和磁场之间交换而没有辐射,所以近区场也称为感应场。

必须注意,以上讨论中我们忽略了很小的 $1/r$ 项,下面将会看到正是它们构成了电基本振子远区的辐射实功率。

2. 远区场(r 很大)

$kr \gg 1$ 即 $r \gg \lambda/2\pi$ 的区域称为近区,此区域内满足

$$\frac{1}{kr} \gg \frac{1}{(kr)^2} \gg \frac{1}{(kr)^3}$$

因此忽略式(7-1)多项式中的取值很小的项而保留最大项,得到电基本振子的远区场表达式为

$$\begin{cases} H_\varphi = \mathrm{j}\dfrac{Il}{2\lambda r}\sin\theta\,\mathrm{e}^{-\mathrm{j}kr} \\[2mm] E_\theta = \mathrm{j}\dfrac{60\pi Il}{\pi r}\sin\theta\,\mathrm{e}^{-\mathrm{j}kr} \\[2mm] E_r = E_\varphi = H_r = H_\theta = 0 \end{cases} \tag{7-4}$$

远区场的坡印廷矢量平均值为

$$\vec{S}_{av} = \frac{1}{2}\text{Re}[\vec{E} \times \vec{H}^*] = \frac{15\pi I^2 l^2}{\lambda^2 r^2}\sin^2\theta\hat{e}_r \qquad (7\text{-}5)$$

可见,有能量沿 r 方向向外辐射,故远区场又称为辐射场。该辐射场具有以下特点:

(1)电基本振子的远区场只有 E_θ、H_φ 两个分量,它们在空间上相互垂直,其坡印廷矢量是实数,且指向 $\hat{e}_r$ 方向,这样,$\vec{E}$、$\vec{H}$ 和 $\vec{S}_{av}$ 相互垂直,且符合右手螺旋定则。故传播方向上电磁场的分量为零,称其为横电磁波(TEM 波)。

(2)E_θ、H_φ 均与距离 r 成反比,都含有相位因子 e^{-jkr},说明辐射场的等相位面为 $r=$ 常数的球面,故称其为球面波。这样,辐射场以球面波的形式向外扩散,且随着距离 r 的增大,辐射场减弱。

(3)对辐射场来说,有 $\eta = E_\theta/H_\varphi = 120\pi(\Omega)$,等于媒质的特征阻抗,说明远区场具有与平面波相同的传输特性。

(4)在不同的 θ 方向上,E_θ、H_φ 的大小不同,辐射强度不等,说明电基本振子的辐射具有方向性,而非均匀球面波。

(5)远区场是一种线极化波。

3. 辐射功率 P_r 和辐射电阻 R_r

电基本振子向自由空间辐射的总功率称为辐射功率 P_r,它等于坡印廷矢量在任一包围电基本振子的球面上的积分,即

$$P_r = \oint_S \vec{S}_{av} \cdot d\vec{S} = \oint_S \frac{1}{2}\text{Re}[\vec{E} \times \vec{H}^*] \cdot d\vec{S}$$

$$= \int_0^{2\pi}d\varphi\int_0^\pi \frac{15\pi I^2 l^2}{\lambda^2}\sin^3\theta\,d\theta = 40\pi^2 I^2\left(\frac{l}{\lambda}\right)^2 \qquad (7\text{-}6)$$

既然辐射出去的能量不再返回波源,为方便起见,将天线辐射的功率看成被一个等效电阻所吸收的功率,这个等效电阻就称为辐射电阻 R_r。类似于低频电路,有 $P_r = I^2 R_r/2$,得电基本振子的辐射电阻为

$$R_r = 80\pi^2(l/\lambda)^2 \qquad (7\text{-}7)$$

【例 7-1】　若要在垂直于电基本振子轴线的方向上距离电偶极子 100 km 处使电场强度的有效值 E_θ 大于 $100\ \mu\text{V/m}$,则此电偶极子至少应该辐射多大的功率?

解　根据式(7-4),电基本振子的远区电场为

$$E_\theta = j\eta_0\frac{Il}{2\lambda r}\sin\theta\,e^{-jkr}$$

在垂直于电基本振子轴线的方向上有 $\theta = 90°$,$\sin\theta = 1$。又 $|e^{-jkr}| = 1$,依题意有

$$\eta_0\frac{Il}{2\lambda r} \geqslant E_0 = 100\times 10^{-6}\ \text{V/m}$$

而辐射功率为

$$P_r = \frac{2}{3}\pi\eta_0\left(\frac{Il}{\lambda}\right)^2$$

且 $r = 1\times 10^5$ m,故得

$$P_r \geqslant \frac{2}{3}\pi\eta_0\left(\frac{2rE_0}{\eta_0}\right)^2 = 2.22 \text{ W}$$

【例 7-2】 已知电基本振子长度为 $l=0.1\lambda_0$，电流的幅值为 $I=2$ mA，求它在空气中的辐射电阻和辐射功率。

解 根据式(7-7)，电基本振子的辐射电阻为

$$R_r = 80\pi^2(l/\lambda)^2 = 80\pi^2 \times 0.1^2 = 7.896 \ \Omega$$

电基本振子的电流有效值为 $I=I_m/\sqrt{2}=\sqrt{2}\times10^{-3}$(A)，将其代入式(7-8)得辐射功率为

$$P_r = I^2 R_r = (\sqrt{2\times10^{-3}})^2 \times 7.896 = 15.79 \ \mu\text{W}$$

7.1.2 磁基本振子(磁偶极子)

磁基本振子(Magnetic Short Dipole)又称磁偶极子、磁流元。虽然迄今为止仍不能肯定在自然界中存在有孤立的磁荷和磁流，但是如果引入这种假想的磁荷和磁流，将一部分原来由电荷和电流产生的电磁场用能够产生同样电磁场的磁荷和磁流来取代，即将"电源"换成等效的"磁源"，则可以大大简化计算工作。类似于电偶极子对应于电流元这种实际波源，磁偶极子则对应于小载流圆环这种实际波源，即当载流圆环的半径 $b\ll$ 波长 λ 时，常常将其抽象为磁基本振子这种理想模型。利用磁基本振子可以简化小环天线或者已经建立起来的磁场波源的辐射场计算。

磁基本振子的实际模型是小电流环，如图 7-3 所示为一个置于坐标原点的小圆环，它的半径 $b\ll\lambda$，且环上的谐变电流振幅 I 和相位处处相同。

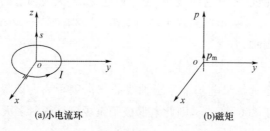

(a)小电流环　　　(b)磁矩

图 7-3　磁基本振子的结构及其等效磁矩

设想一段长为 $l(l\ll\lambda)$ 的磁流元 $I_m l$ 置于球坐标系原点，如图 7-3(b)所示。则等效的磁基本振子的磁矩为

$$\vec{P}_m = \mu_0(I\pi b^2)\hat{e}_z \tag{7-8}$$

磁矩的方向为圆环面的法线方向，和电流的方向符合右手螺旋法则，所以载流圆环也称为磁基本振子。

根据表 7-1 所示的电磁对偶关系，只需将式(7-4)进行相应变换，即得磁基本振子的远区场表达式为

表 7-1　　　　　　　　　　　　　　电磁对偶关系

电源	磁源
电荷 Q_e	磁荷 Q_m
电流 I_e	磁流 I_m
电场 $\vec{E}_e$	磁场 $\vec{H}_m$
磁场 $\vec{H}_e$	电场 $-\vec{E}_m$
介电常数 ε_0	磁导率 μ_0

注：下标 e 对应电源，下标 m 对应磁源。

$$\begin{cases} E_\varphi = -\mathrm{j}\dfrac{I_m l}{2\lambda r}\sin\theta\, \mathrm{e}^{-\mathrm{j}kr} \\[2mm] H_\theta = \mathrm{j}\dfrac{I_m l}{2\lambda r}\sqrt{\dfrac{\varepsilon_0}{\mu_0}}\sin\theta\, \mathrm{e}^{-\mathrm{j}kr} \\[2mm] E_r = E_\theta = H_r = H_\varphi = 0 \end{cases} \tag{7-9}$$

式中 I_m 为磁流。设等效磁荷为 $\pm q_m$，则磁流为

$$I_m = \frac{\mathrm{d}q_m}{\mathrm{d}t} = \frac{\mu_0 \pi b^2}{l}\frac{\mathrm{d}I}{\mathrm{d}t} = \mathrm{j}\frac{\omega\mu_0 \pi b^2}{l}I \tag{7-10}$$

经简化的远区场表达式为

$$\begin{cases} E_\varphi = \dfrac{\omega\mu_0 SI}{2\lambda r}\sin\theta\, \mathrm{e}^{-\mathrm{j}kr} \\[2mm] H_\theta = -\dfrac{\omega\mu_0 SI}{2\lambda r}\sqrt{\dfrac{\varepsilon_0}{\mu_0}}\sin\theta\, \mathrm{e}^{-\mathrm{j}kr} \\[2mm] E_r = E_\theta = H_r = H_\varphi = 0 \end{cases} \tag{7-11}$$

由此得磁偶极子的辐射功率为

$$P_r = \oint_S \vec{S}_{av}\cdot \mathrm{d}\vec{S} = \oint_S \frac{1}{2}\mathrm{Re}[\vec{E}\times\vec{H}^*]\cdot \mathrm{d}\vec{S} = 160\pi^6 I^2 \frac{b^4}{\lambda^4} \tag{7-12}$$

磁偶极子的辐射电阻为

$$R_r = \frac{2P_r}{I^2} = 320\pi^6 \frac{b^4}{\lambda^4} \tag{7-13}$$

【例 7-3】　把长度为 $l = 0.2\ \mathrm{m}$ 的导线做成线状天线和环状天线，试求频率为 30 MHz 时，这两种天线的辐射电阻和它们的比值。

解　频率为 30 MHz 的信号在空气中的波长为 $\lambda = c/f = 10\ \mathrm{m}$，而导线长度仅为 $l = 0.2\ \mathrm{m}$，故线状天线可视为电偶极子，环状天线可视为磁偶极子，其辐射电阻分别为

$$R_{re} = 80\pi^2\left(\frac{l}{\lambda}\right)^2 = 80\pi^2\left(\frac{0.2}{10}\right)^2 = 0.316\ \Omega$$

$$R_{rm} = 320\pi^6\left(\frac{b}{\lambda}\right)^4 = 320\pi^6\left(\frac{0.2/2\pi}{10}\right)^4 = 3.16\times10^{-3}\ \Omega$$

辐射电阻的比值为

$$\frac{R_{re}}{R_{rm}} = 10^4$$

从上面例题可以看出,当偶极子的尺寸远远小于工作波长时,电偶极子的辐射电阻要比磁偶极子的辐射电阻大得多。但是频率升高(波长变短)时,磁偶极子的辐射电阻增加迅速。

电偶极子和磁偶极子是构成实际天线的基本单元,它们的远区场分布是计算实际天线辐射场的基础。为便于形象地理解它们的远区场之间的对偶关系,根据式(7-4)和式(7-5),分别绘出场分布的示意图,如图 7-4 所示。

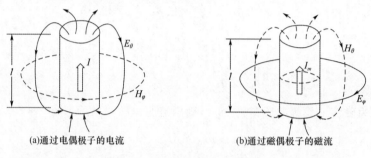

(a)通过电偶极子的电流   (b)通过磁偶极子的磁流

图 7-4   电偶极子和磁偶极子的辐射场

7.2   接收天线基本理论

7.2.1   天线接收电磁波的物理过程

发射机的发射天线向周围空间发射电磁波,会遇到不同的目标或障碍物,到达接收机时,只有一部分电磁波能量被接收天线所吸收,而另一部分则以不同的强度散射到各个方向被损失掉了。下面分析发射天线到接收天线的能量传输情况。

设接收天线距离发射天线的距离为 r,则接收天线处的功率密度为

$$S = \frac{P_{TX}G_{TX}}{4\pi r^2} = \frac{EIRP}{4\pi r^2} \tag{7-14}$$

式中 P_{TX} 为发射机的发射功率,G_{TX} 为发射天线的增益,$EIRP$ 为发射天线的有效全向辐射功率(等于发射功率和发射天线增益的乘积)。在接收天线和发射天线都处于最佳对准姿态并且极化方向相匹配时,接收天线可以吸收的最大功率与发射信号的功率密度 S 成正比,即

$$P_{PX} = A_e S = \frac{\lambda^2}{4\pi}G_{RX}S = EIRP \cdot G_{RX} \cdot \left(\frac{\lambda}{4\pi r}\right)^2 \tag{7-15}$$

式中 A_e 为接收天线的有效接收面积,G_{RX} 为接收天线的增益。

有效接收面积是衡量天线接收无线电波能力的重要指标。当天线以最大接收方向对准来波方向进行接收时,接收天线传送到匹配负载的平均功率为 P_{RX},假定此功率是由一

块与来波方向相垂直的面积所截获,则这个面积就是接收天线的有效接收面积。

7.2.2 收发互易性

接收天线和发射天线的作用是一个可逆过程,也就是说发射天线与接收天线具有互易性。根据互易性分析收发天线可以简化分析过程,如图 7-5 所示。

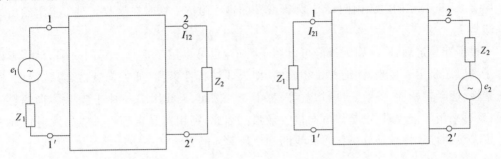

图 7-5 网络理论中的互易定理

线性电路的互易定理指出:同一个线性无源二端网络,若在端口 1-1′上加电动势 e_1,设在接收端口 2-2′的负载 Z_2 中所产生的电流为 I_{12};如果把电动势 e_2 加到端口 2-2′上,设在接于端口 1-1′的负载 Z_1 上产生的电流为 I_{21},则 e_1、e_2 和 I_{12}、I_{21} 间满足如下关系

$$\frac{e_1}{I_{12}} = \frac{e_2}{I_{21}} \tag{7-16}$$

将互易定理应用于收发天线,如图 7-6 所示。

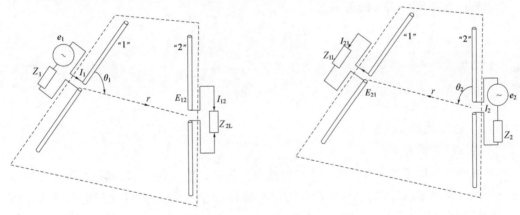

图 7-6 采用互易定理分析收发天线

设天线"1"和天线"2"相距很远,安放在任意的相对位置,其中一个做发射天线,另一个做接收天线。假设两天线间没有其他场源,空间的媒质为线性且各向同性,则两天线满足互易定理的条件。下面讨论两种情况:

(1)"1"发"2"收。把电动势接在天线 1 的输入端,则天线 1 的输入端电流为

$$I_1 = \frac{e_1}{Z_1 + Z_{in1}} \tag{7-17}$$

式中 Z_1 为天线 1 的电源内阻，Z_{in1} 为天线 1 的输入阻抗。这时在接收天线 2 上激发出的电流是 I_{12}。

(2)"2"发"1"收。把电动势 e_2 接在天线 2 的输入端，则天线 2 的输入端电流为

$$I_2 = \frac{e_2}{Z_2 + Z_{in2}} \tag{7-18}$$

式中 Z_2 为天线 2 的电源内阻，Z_{in2} 为天线 2 的输入阻抗。这时在接收天线 1 上激发出的电流是 I_{21}。

根据互易定理，同一副天线既可以用于发射，也可以用于接收。对同一副天线，不论用于发射还是用于接收，性能都是相同的，即天线的特性参数（如方向特性、阻抗特性、极化特性、通频带特性、等效长度、增益等）都不变。例如，天线用于发射时，某一方向辐射最强；反过来用于接收时，也是该方向接收最强。因此，利用互易定理由天线的发射特性去分析天线的接收特性是分析接收天线的一个最简易的方法。

7.2.3 接收天线的某些特殊要求

1. 有效接收面积 A_e

有效接收面积用于衡量天线接收电磁波的能力，它是接收的最大功率 P_{RX} 和接收点功率通量密度 S 之比。应该注意，有效接收面积是天线处于最大接收方向且负载与天线相匹配时计算得到的结果。

有效接收面积简称有效面积，又称有效孔径，根据其定义，可以导出有效面积 A_e 与天线的方向性系数 D 之间的关系为

$$A_e = \frac{D\lambda^2}{4\pi} \tag{7-19}$$

如果考虑天线的效率，则有效接收面积为

$$A_e = \frac{G_{RX}\lambda^2}{4\pi} \tag{7-20}$$

式中 G_{RX} 是接收天线的增益。

2. 等效噪声温度 T_e

等效噪声温度用于衡量接收天线接收微弱信号的能力。在卫星通信、射电天文和超远程雷达及微波遥感等设备中，由于作用距离甚远，因此天线接收的无线电信号非常微弱，此时用方向系数已不能判别天线性能的优劣，而必须以天线输送给接收机的信号功率与噪声功率之比来衡量天线的性能。等效噪声温度即表征天线向接收机输送噪声功率的参数。不同波源发出的能量被天线截取后，在它的输入端呈现为天线的噪声功率。

接收天线把从周围空间接收到的噪声功率送到接收机的过程类似于噪声电阻把噪声功率输送给与其相连负载的过程。因此，接收天线等效为一个温度为 T_e 的电阻，天线向与其匹配的接收机输送的噪声功率 P_n 就等于该电阻所输送的最大噪声功率，即

$$T_e = \frac{P_n}{K_b \Delta f} \tag{7-21}$$

式中，$K_b = 1.38 \times 10^{-23}$(J/K)为玻耳兹曼常数，$\Delta f$ 为接收机的带宽。

噪声源分布在天线周围的空间，天线的等效噪声温度为

$$T_e = \frac{D}{2\pi} \int_0^{2\pi} \int_0^{\pi} T(\theta,\varphi) \mid F(\theta,\varphi) \mid^2 \sin\theta \, \mathrm{d}\theta \mathrm{d}\varphi \qquad (7\text{-}22)$$

式中，$T(\theta,\varphi)$ 为噪声源的空间分布函数；$F(\theta,\varphi)$ 为天线的归一化方向函数。

可见，T_e 的值取决于天线周围空间噪声源的强度和分布及天线架设时的指向，也与天线的方向性有关。T_e 愈高，天线送至接收机的噪声功率愈大，反之愈小。为了减小通过天线而送入接收机的噪声，天线的最大辐射方向不能对准强噪声源，并应尽量降低旁瓣和后瓣电平。

要降低馈电系统的等效噪声温度，就必须降低环境温度和提高馈线的传输效率。为降低馈线系统的损耗，除提高传输效率外，还应尽可能缩短馈线的长度，例如低噪声放大器应尽可能安装在靠近天线处。为了降低环境温度，可采用制冷装置，如将天馈系统中损耗大的元件置于低温容器中。

3. 接收天线的方向性

前已述及收、发天线具有互易性。也就是说，对发射天线的分析，同样适用于接收天线。但从接收的角度讲，要保证正常接收，必须使信号功率与噪声功率的比值(信噪比)达到一定的数值。为此，对接收天线的方向性有以下要求：

(1)主瓣宽度尽可能窄，以抑制干扰。但如果信号与干扰来自同一方向，即使主瓣很窄，也不能抑制干扰；另一方面，当来波方向处于变化时，主瓣太窄则难以保证稳定的接收。因此，如何选择主瓣宽度，应根据具体情况而定。

(2)副瓣电平尽可能低。如果干扰方向恰与旁瓣最大方向相同，则接收噪声功率就会较高，也就是干扰较大；对雷达天线而言，如果旁瓣较大，则由主瓣所看到的目标与旁瓣所看到的目标会在显示器上相混淆，造成跟踪目标的错误。因此，在任何情况下都希望旁瓣电平尽可能的低。

(3)天线方向图中最好能有一个或多个可控制的零点，以便将零点对准干扰方向，而且当干扰方向变化时，零点方向也随之改变，这也称为零点自动形成技术。

7.3　天线的基本概念及电参数

7.3.1　天线的定义、功能及发展历史

任何一种利用电磁波来传递信息的无线电通信系统(如移动通信、卫星通信、微波通信、广播电视、雷达导航等)，都必须有能辐射或接收电磁波的装置，这个装置就是天线，它是无线电通信系统中射频部分必不可少的关键部件之一。典型的无线电通信系统的发射系统射频部分由发射机、馈线和发射天线组成，接收系统射频部分由接收天线、馈线和接

收机组成。无线电通信系统的通信过程如图 7-7 所示,在发送端,信号经发射机调制、上变频、功率放大之后,变成射频电流能量,再经馈线传输送到发射天线,通过发射天线将其转换为某种极化的电磁波能量,并辐射到预定方向;在接收端,电波经过空间(无线信道)传播到达接收点后,接收天线将其转换为射频电流能量,再经馈线输送至接收机输入端,经接收机的低噪声放大、混频、解调出原来发送的信号,从而完成信息的传输。

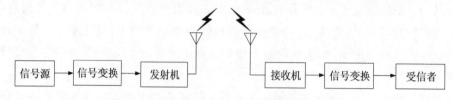

信号源 → 信号变换 → 发射机　　接收机 → 信号变换 → 受信者

图 7-7　无线电通信系统原理框图

虽然各类无线电通信设备所要传输的信息互不相同,但天线在设备中的作用却是基本相同的。从信息传递的角度看,天线的功能主要有:

(1)完成射频电流与空间电磁波之间的能量转换,因此天线本质上是一种能量转换装置。发射天线将导行波模式的射频电流变换成扩散波模式的空间电磁波;接收天线则相反,它将扩散波模式的空间电磁波转换成导行波模式的射频电流。

(2)实现对电磁波能量的集中,即天线具有方向性。用作发射天线时向发射方向集中能量,同时减少其他方向的能量;用作接收天线时,从接收方向的来波中截获更多能量,而对其他方向的来波则以相位抵消方式减少输入能量。

(3)具有极化特性。天线只能发射和接收预定极化的电磁波。

天线的应用已经有 100 多年的历史。麦克斯韦提出经典电磁理论后,赫兹于 1887 年通过实验证实了麦克斯韦理论的正确,在这一实验中使用的赫兹振子就是人类历史上的第一副天线。赫兹实验开创了崭新的无线电时代。1895 年,波波夫和马可尼实现了无线电信号的传送,利用大型发射天线杆成功地进行了飞越多佛尔海峡的无线电通信实验。1901 年,马可尼又完成了自英国到加拿大横越大西洋的无线电通信实验,并取得圆满成功。从天线出现到 20 世纪 20 年代初,是天线发展的初期,此时的天线主要是长波天线,结构庞大、效率低。

20 世纪 20 年代中期到二战初期,中波天线、短波天线得到发展。和长波天线比较,短波天线的有效高度高、辐射电阻大、效率高、方向性好、增益高、通频带宽。二战期间,雷达技术发挥了重要作用,因此超短波天线、微波天线的研究得到重视。到了 20 世纪 60 年代初期,随着无线电技术的发展,天线的理论、生产技术都达到相当高的水平。20 世纪 60 年代初期到 80 年代初期,随着卫星通信的发展,通信卫星天线也随之迅速发展。

从 20 世纪 80 年代初以来,天线的发展更为全面深入。通信的飞速发展对天线提出了很多新的要求,天线的功能也不断有新的突破。除了完成高频能量的转换外,还要求天线系统对传递的信息进行一定的加工和处理,如信号处理天线、单脉冲天线、自适应天线和智能天线等。特别是 1997 年后,第三代移动通信技术成为国内外移动通信领域的研究热点,而智能天线正是实现第三代移动通信系统的关键技术之一。

目前,天线的新技术和新应用仍在不断发展。天线的形状、结构、使用材料五花八门。例如,随着工作频率和设备集成度的提高,通信设备体积越来越小,随之出现了小型化、大带宽、多频段的各种高性能天线。未来的无线通信系统将更广泛地使用阵列天线和智能天线。

7.3.2　天线的分类

在前面的学习中,我们依据天线所处的位置,将天线分为发射天线和接收天线,前者通过馈线与发射机相连,后者通过馈线与接收机相连。发射天线除了功率承载能力和电压承受能力远大于接收天线外,与接收天线可替换使用,且天线基本特性参数不变,此为互易定理。

天线的分类有很多种方法。

(1)按照天线的使用场合(应用领域),可将天线分为移动通信天线(包括基站天线和手机天线)、导航天线、广播电视天线、雷达天线和卫星天线等。

(2)根据天线的工作波长(或频率),可将天线分为超长波天线、长波天线、中波天线、短波天线、超短波天线、微波天线、毫米波天线等。

(3)依据天线辐射元的物理形状,可将天线分为线天线和面天线。线天线由半径远小于波长的金属导线构成,主要用于长波、中波和短波波段;面天线由尺寸大于波长的金属或介质面构成,主要用于微波波段。这两种天线都可用于超短波波段。

(4)根据天线的方向特性分,有定向天线、全向天线、强方向性天线和弱方向性天线。

(5)根据天线的极化特性分,有线极化(包括垂直极化和水平极化)天线、圆极化天线和椭圆极化天线。

(6)根据天线的频带特性分,有窄带天线、宽带天线和超宽带天线。

(7)按照馈电方式分,有对称天线和非对称天线。

(8)按照天线上电流的工作状态分,有行波天线和驻波天线。

(9)按照天线外形分,有 V 形天线、菱形天线、环形天线、螺旋天线、喇叭天线和反射面天线等。

天线的类型根据应用需要还可以细分,如移动通信基站中的全向天线和定向天线,无源天线和有源天线,室内天线和室外天线,单极化、双极化和多极化天线,阵列天线和智能天线等。

7.3.3　天线的主要电参数

描述和设计天线主要针对以下电性能技术指标:方向性及方向图、增益和效率、阻抗特性、有效长度、极化特性、频带宽度等,下面逐一介绍。

1. 天线的方向性及方向图

天线辐射或接收电磁波时一般具有方向性,即天线产生的辐射场强度在离天线等距离的空间各点随着方向的不同而改变,或者天线接收从不同方向传来的等强度电磁波所呈现的能量不同。换句话说,天线在有的方向辐射或接收较强,而在有的方向辐射或接收较弱甚至为零。天线的方向性描述了天线向一定方向辐射电磁波的能力。

以电基本振子为例,由式(7-4)知,它的远区场是有方向性的,场强大小与函数 $\sin\theta$ 成正比。在 $\theta=0°$ 和 $\theta=180°$ 方向上,即在振子轴的方向上辐射为零,而在通过振子中心并垂直于振子轴的方向上,即 $\theta=90°$ 方向上辐射最强,如图 7-8 所示。

方向图用于表示天线在各个方向辐射(或接收)场强的相对大小。以天线的中心为原点,向各方向作射线,在距离天线同样距离但不同方向上测量辐射(或接收)电磁波的场强,使各方向的射线长度与场强成正比,即得天线的三维方向图,这样的方向图一般是一空间曲面,如图 7-8(a)所示。

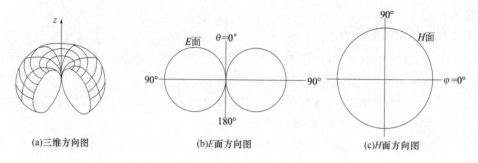

(a)三维方向图   (b)E面方向图   (c)H面方向图

图 7-8 电基本振子的方向图

天线辐射场强振幅的相对大小随空间方向的分布情况一般用方向性函数来表示,记为

$$F(\theta,\varphi)=\frac{|E(\theta,\varphi)|}{|E_{\max}|} \tag{7-23}$$

方向图是天线辐射具有方向性的形象化图形表示,而方向性函数则是用精确的数学函数式子来表示天线辐射的方向性。对电偶极子来说,其方向性函数为

$$F(\theta,\varphi)=\sin\theta \tag{7-24}$$

按照方向性函数,即可绘出天线的方向图。由于绘制三维的立体方向图比较困难,天线工程上通常采用两个互相垂直的主平面上的方向图,分别称为 E 面方向图和 H 面方向图。

对于线状天线来说,天线的方向图常用包含天线导线轴的平面及垂直于天线导线轴的平面来表示,分别如图 7-8(b)、图 7-8(c)所示。包含导线轴线的平面如 xOz 及 yOz 平面,$\varphi=0°$ 或 $\varphi=90°$,此时方向性函数简化为 $f(\theta)$,由此绘出的方向图称为 E 面方向图,与地球比拟,相当于包含有子午线,故又称之为子午平面;垂直于导线轴线的平面为平面 xOy,此时 $\theta=90°$,方向性函数简化为 $f(\varphi)$,由此绘出的方向图称为 H 面方向图,与地球比拟,相当于包含有赤道平面,故又称之为赤道平面。

对于面天线来说,则常将电场矢量所在的平面称为 E 平面,而将磁场矢量所在的平面称为 H 平面。

对于强方向性天线,其方向图可能包含有多个波瓣,它们分别称为主瓣、副瓣及尾瓣,如图 7-9 所示。方向图的主瓣是指具有最大辐射场强的波瓣,它正好处在 $\theta=0°$ 的特殊方向上,实际应用中主瓣也可能偏离这个特殊方向,而处于某一个角度方向上。除主瓣外,所有偏离最大辐射方向的波瓣都称为副瓣或者旁瓣,一个方向图可能有多个副瓣。处于主瓣正后方的波瓣则称为尾瓣或者后瓣,尾瓣也可能有多个。

工程上通常采用通过天线最大辐射方向上的两个相互垂直的平面来表示二维方向图,即 E 面方向图和 H 面方向图,图 7-10 是 E 面方向图的极坐标形式。此外,为了讨论天线的辐射功率的空间分布状况,引入功率方向性函数 $F_p(\theta,\varphi)$,它与场强方向性函数 $F(\theta,\varphi)$ 间的关系为

$$F_p(\theta,\varphi)=F^2(\theta,\varphi)$$

E 面场强方向性和功率方向性直角坐标形式如图 7-11 所示。

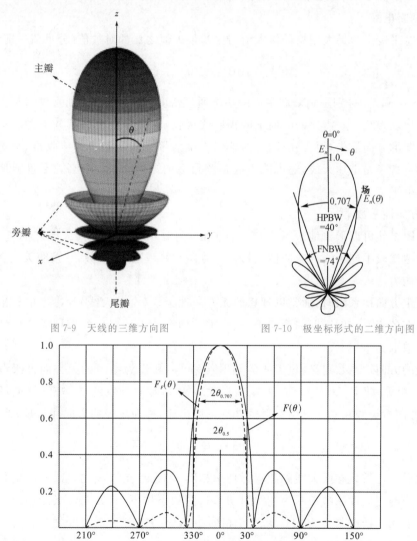

图 7-9 天线的三维方向图　　　　　图 7-10 极坐标形式的二维方向图

图 7-11 直角坐标形式的二维方向图

(1)主瓣宽度

天线的辐射功率主要集中在主瓣上。所谓主瓣宽度,是指主瓣最大辐射方向两侧两个半功率点之间的夹角,即辐射功率密度降至最大辐射方向上功率密度一半时的两个辐射方向间的夹角,以 $2\theta_{0.5}$ 或者 HPBW 表示,又称半功率波瓣宽度。对场强来说,主瓣宽度是指场强降至最大场强值的 $1/\sqrt{2} = 0.707$ 时的两个方向间的夹角。主瓣最大方向两侧的第一个零辐射方向间的夹角,称为零点波瓣宽度,并用 $2\theta_0$ 或者 FNBW 表示。

主瓣宽度越窄,表示天线的方向性越强。根据天线理论,天线的主瓣宽度与天线在这一平面内的最大尺寸和波长的比值成反比,即与 L/λ 成反比。米波段的引向天线的主瓣宽度为几十度到十几度,厘米波段的抛物面天线为几度或一度以下。

(2)副瓣电平

副瓣电平定义为最大副瓣的极大值与主瓣最大值之比的对数值(分贝值),即

$$10\lg \frac{S_1}{S_0}(\text{dB}) \text{ 或 } 20\lg \frac{E_1}{E_0}(\text{dB}) \tag{7-25}$$

式中 S_1 和 S_0 分别是副瓣和主瓣的功率通量密度;E_1 和 E_0 分别是副瓣和主瓣的场强。副瓣代表天线在不需要的方向上的辐射或接收,它不仅会使一部分辐射能量白白向空间不必要的方向散失,而且在接收时,外部干扰信号会从副瓣进入接收机,影响设备的正常工作。如果是雷达天线,还可能引起检测目标的方向错误。故必须尽可能地降低天线的副瓣电平。

(3)方向性系数 D

方向图虽然可以形象地表示天线的方向性,但是不便于在不同天线之间进行比较。为了定量地比较不同天线的方向性,引入了"方向性系数"这个参数,它表明天线在空间集中辐射的能力。

在确定方向性系数时,通常以理想的无方向性天线(全向天线)为参考的标准。无方向性天线在各个方向的辐射强度相等,其三维方向图为一球面。我们把无方向性天线的方向性系数取为 $D=1$。

天线的方向性系数定义:设天线的辐射功率 P_Σ 和作为参考的无方向性天线的辐射功率 P_{Σ_0} 相等,即 $P_\Sigma = P_{\Sigma_0}$ 时,天线在最大辐射方向上产生的功率密度(或场强的平方)与无方向性天线在同一点处辐射的功率密度之比,称为天线的方向性系数,即

$$D = D_{\max} = \frac{S_{\max}}{S_0}\bigg|_{P_\Sigma = P_{\Sigma_0}} \text{ 或 } D = D_{\max} = \frac{|E_{\max}|^2}{|E_0|^2}\bigg|_{P_\Sigma = P_{\Sigma_0}} \tag{7-26}$$

注意以上比较是在两天线的总辐射功率相等、观察点至天线的距离相等的条件下进行的。天线的方向性系数表示为在辐射功率相同的条件下,有方向性天线在最大辐射方向上的辐射功率密度与无方向性天线在相同距离处的辐射功率密度之比。若用分贝表示,则有 $D(\text{dB}) = 10\lg D$。

一般来说,米波引向天线的方向性系数为几十,米波同相水平天线阵为几百,微波抛物面天线可达几千、几万或更高。

由方向性系数的定义,可得方向性系数的计算公式为

$$D = \frac{r^2 |E_{\max}|^2}{60 P_\Sigma} \tag{7-27}$$

式中 r 为空间中任意一点距天线的距离。

【例 7-4】　已知某天线在 E 平面上的方向性函数为

$$F(\theta) = \cos\left(\frac{\pi}{4}\cos\theta - \frac{\pi}{4}\right)$$

①画出其 E 面方向图;

②计算其半功率波瓣宽度。

解　①采用 MATLAB 软件可画出该天线的 E 面方向图如图 7-12 所示。

②半功率波瓣宽度是指场强下降到最大值的 $1/\sqrt{2}$ 的两个点之间的角度,令

$$\left|\cos\left(\frac{\pi}{4}\cos\theta - \frac{\pi}{4}\right)\right| = \frac{1}{\sqrt{2}}$$

解得

$$\cos\theta = 0 \text{ 或者 } \theta = \pm 90°$$

故半功率波瓣宽度为

$$2\theta_{0.5} = 180°$$

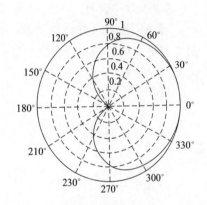

图 7-12　E 面方向图

2. 天线的增益和效率

(1)天线效率 η_A

天线效率定义为天线辐射功率 P_Σ 与输入天线的总功率 P_i 之比，记为 η_A，即

$$\eta_A = \frac{P_\Sigma}{P_i} = \frac{P_\Sigma}{P_\Sigma + P_L} \tag{7-28}$$

式中 P_L 为欧姆损耗功率,由天线的铜耗、介质损耗、加载元件的损耗以及接地损耗等产生。

通常采用辐射电阻 R_Σ 度量天线辐射功率的能力。天线的辐射电阻是一个虚拟量，而非实体电阻，它定义为通过 R_Σ 的电流等于天线上的最大电流 I_m 时，其损耗的功率就等于辐射功率。可见,辐射电阻越大,天线的辐射能力就越强。由此可得辐射功率与辐射电阻的关系为

$$P_L = \frac{1}{2} I_m^2 R_L \tag{7-29}$$

$$P_\Sigma = \frac{1}{2} I_m^2 R_\Sigma \tag{7-30}$$

损耗功率与损耗电阻的关系为

$$P_L = \frac{1}{2} I_m^2 R_L \tag{7-31}$$

将式(7-29)和式(7-30)代入式(7-28),得天线效率为

$$\eta_A = \frac{R_\Sigma}{R_\Sigma + R_L} = \frac{1}{1 + R_L/R_\Sigma} \tag{7-32}$$

可见,要提高天线效率,应尽可能提高辐射电阻 R_Σ,降低耗损电阻 R_L。

一般来说,中长波以及电尺寸很小的天线,R_Σ 均较小,而地面及邻近物体的吸收所造成的 R_L 较大,因此天线效率很低,可能仅有百分之几,这时需要采用一些特殊措施,如通过铺设地网和设置顶负载来改善其效率。而超短波和微波天线的电尺寸可以做得很大,辐射能力强,其效率可接近于 1。

(2)天线增益 G

天线的增益又称增益系数,它定义为:在输入功率相等($P_i = P_{i0}$)的条件下,天线在最大辐射方向上某点的功率密度和理想的无方向性天线在同一点处的功率密度(或场强振幅的平方值)之比,即

$$G = \frac{S_{max}}{S_0} = \frac{|E_{max}|^2}{|E_0|^2}\bigg|_{P_i = P_{i0}} \tag{7-33}$$

增益是综合衡量天线能量转换和方向特性的参数,它是方向系数与天线效率的乘积,即

$$G = D \cdot \eta_A \tag{7-34}$$

可见,天线的方向系数和效率愈大,则增益愈大。将式(7-27)和式(7-32)代入上式得

$$G = \frac{r^2|E_{max}|^2}{60P_i} \tag{7-35}$$

由此可得天线在最大辐射方向上的场强为

$$|E_{max}| = \frac{\sqrt{60GP_i}}{r} = \frac{\sqrt{60D\eta_A P_i}}{r} \tag{7-36}$$

假设天线为理想的无方向性天线,即 $D = 1$,$\eta_A = 1$,$G = 1$,则它在空间各方向上的场强为

$$|E_{max}| = \frac{\sqrt{60P_i}}{r} \tag{7-37}$$

可见,天线的增益描述了实际天线与理想的无方向性天线相比,在最大辐射方向上将输入功率放大的倍数。增益系数也可用分贝表示,即 $G(\text{dB}) = 10\lg G$。

3. 天线的阻抗特性

(1)输入阻抗 Z_{in}

天线输入阻抗是指加在天线输入端的高频电压与输入端电流之比,如图 7-13 所示,即

$$Z_{in} = \frac{U_{in}}{I_{in}} \tag{7-38}$$

通常,输入阻抗分为电阻及电抗两部分,即 $Z_{in} = R_{in} \pm jX_{in}$。其中 R_{in} 为输入电阻,

X_{in} 为输入电抗。$Z_{in}=R_{in}+jX_{in}$ 表示输入阻抗呈阻感性，$Z_{in}=R_{in}-jX_{in}$ 表示输入阻抗呈阻容性。

根据电路理论，把输入天线的功率看作被一个阻抗所吸收的功率，则天线可以看成一个等效阻抗。天线与馈线相连，又可以把天线看成馈线的负载。于是，天线的输入阻抗就成为馈线的负载阻抗。

要使天线效率高，就必须使天线与馈线良好匹配。根据传输线理论，当天线的输入

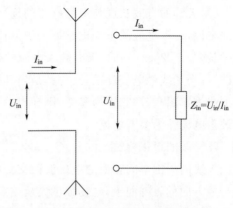

图 7-13 天线的输入阻抗及其等效

阻抗等于传输线的特性阻抗时，馈线工作在行波状态，天线获得最大功率。

天线的输入阻抗取决于天线的结构、工作频率以及天线周围物体的影响等。仅仅在极少数情况下才能严格地按理论计算出来，一般采用近似方法计算或直接由实验测定。

（2）辐射电阻 R_{Σ}

如果把天线向外辐射的功率看作被某个等效阻抗所吸收的功率，则称此等效阻抗为辐射阻抗。辐射功率与辐射电阻的关系为

$$P_{\Sigma}=\frac{1}{2}I_m^2 R_{\Sigma}=I^2 R_{\Sigma} \tag{7-39}$$

这里 I 是电流的有效值。

辐射阻抗的精确计算相当困难，通常采用近似方法计算。

4. 天线的有效长度 L_e

设天线的实际长度为 L，其上电流分布为 $I(z)$，如图 7-14 所示。

最大辐射方向上距离天线 r 处的场强为

$$E_{max}=\int_{-L/2}^{L/2}dE=\frac{60\pi}{\lambda r}\int_{-L/2}^{L/2}I(z)dz \tag{7-40}$$

将其等效为长度为 L_e 的电流元，电流元的参考电流为 I_A（天线输入端电流），则最大辐射方向上的场强为

$$E_{max}=\frac{60\pi I L_e}{\lambda r} \tag{7-41}$$

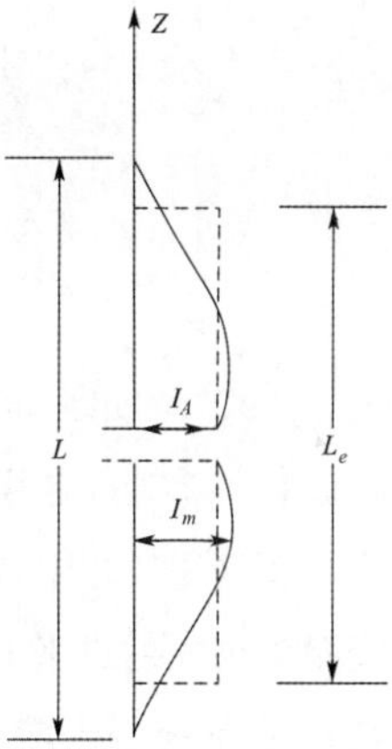

令以上两式相等，可得天线的有效长度为

$$L_e=\frac{1}{I_A}\int_{-L/2}^{L/2}I(z)dz \tag{7-42}$$

图 7-14 天线的有效长度

由此可得如下结论：

（1）有效长度与参考电流的乘积 $I_A L_e$ 等于图 7-14 中虚线所围矩形的面积，这个面积与实际电流 $I(z)$ 曲线所围面积相等。

（2）天线的有效长度与参考电流的选择有关。对于电流分布近似呈正弦分布的振子天线来说，参考电流的选择根据振子的电长度决定：当天线的电长度较短（对称天线的一个臂长 $l=L/2<\lambda/4$ 时），天线输入电流的幅度为一适中值，此时以输入电流 I_A 做参考电流即可；当天线的电长度很长，尤其是当其臂长 L 接近或等于 $\lambda/2$ 的整数倍时，输入电流接近或等于零，若用它作为参考，则导出的 L_e 将趋于无穷大，这是不切实际的，此时宜采用波腹电流作为参考电流。

5. 天线的极化特性

天线向周围空间辐射的电磁波由交变的电场和磁场构成，电磁波的极化是指在垂直于传播方向的波阵面上，电场强度矢量端点随时间变化形成的轨迹。如果轨迹为直线，则称为线极化波；如果轨迹为圆形或者椭圆形，则称为圆极化波或者椭圆极化波。根据定义，天线的极化是指辐射形成的电场强度方向，换句话说，天线的极化方向与电场的方向相同。

（1）线极化

线极化波的电场矢量只是大小随时间变化而方向不变，其端点的轨迹为一直线。对于线极化波，电场矢量在传播过程中总是在一个确定的平面内，这个平面就是电场矢量的振动方向和传播方向两者共同形成的平面，常称为极化平面。因此线极化又称为平面极化。

线极化又分为垂直极化、水平极化和倾斜极化，如图 7-15 所示。当电磁波的电场矢量与地面垂直时，称为垂直极化，如图 7-15(a)所示；当电场方向与地面平行时，称为水平极化，如图 7-15(b)所示。

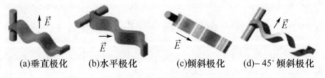

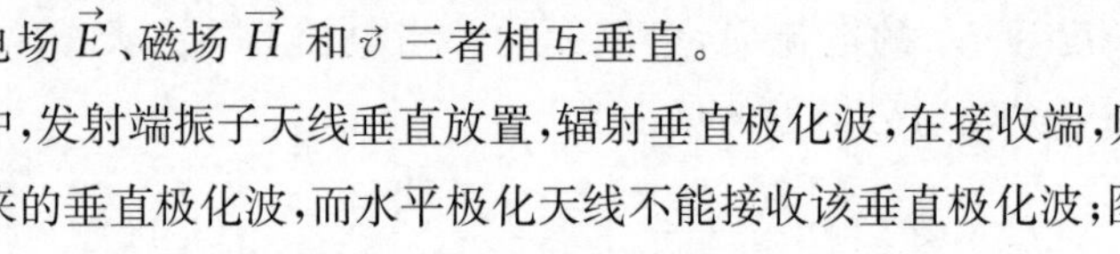

(a)垂直极化　　(b)水平极化　　(c)倾斜极化　　(d)−45°倾斜极化

图 7-15　线极化天线示意图

图 7-16 详细描述了垂直极化波和水平极化波的电场方向分布规律。图中 $\vec{v}$ 表示电磁波传播方向，电场 $\vec{E}$、磁场 $\vec{H}$ 和 $\vec{v}$ 三者相互垂直。

图 7-16(a)中，发射端振子天线垂直放置，辐射垂直极化波，在接收端，则只有垂直极化天线能接收发射过来的垂直极化波，而水平极化天线不能接收该垂直极化波；图 7-16(b)中，发射端振子天线水平放置，辐射水平极化波，在接收端，则只有水平极化天线能接收发射过来的水平极化波，而垂直极化天线不能接收该水平极化波。

（2）圆极化

当电场振幅不变而电场方向以角速度围绕传播方向旋转时，称为圆极化。在圆极化的情况下，如果在垂直于传播方向的某一固定平面上观察电场的方向，则其端点随时间的变化轨迹在该平面上是一个圆，如图 7-17(a)所示。

如果在某一时刻沿传播方向把各处的电场矢量画出来，则电场矢量端点的轨迹为螺

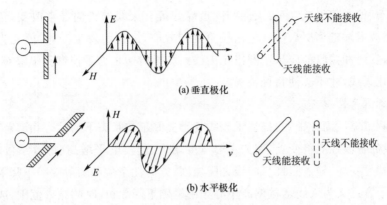

图 7-16　垂直极化波和水平极化波的电场方向

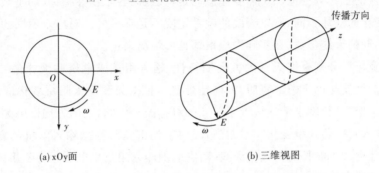

(a) xOy面　　　　　　(b) 三维视图

图 7-17　圆极化波示意图

旋线,如图 7-17(b)所示。矢量端点旋转方向与传播方向满足右手螺旋法则的叫右旋圆极化波,满足左手螺旋法则的叫左旋圆极化波。如图 7-16(b)所示是右旋圆极化波。

(3)椭圆极化

在一个周期内,电场矢量的大小和方向都在变化,在垂直于传播方向的平面内,电场矢量端点的轨迹为一椭圆,则称为椭圆极化波。椭圆极化波可以看作是两个频率相同,但振幅不等、相位不同的互相垂直的线极化波合成的结果。

极化问题具有重要的工程应用指导意义。例如在水平极化的电磁场中放置垂直的振子天线,则天线不会感应出电流;接收天线的振子方向与极化方向愈一致(也叫极化匹配),则在天线上产生的感应电动势愈大。否则将产生"极化损耗",使天线不能有效地接收电磁波。

不同极化形式的天线也可以互相配合使用,如线极化天线可以接收圆极化波,但效率较低,因为只接收到两分量之中的一个分量。圆极化天线可以接收任意取向的线极化波,也可以有效地接收旋向相同的圆极化波或椭圆极化波;若旋向不一致则几乎不能接收。

当圆极化波入射到一个对称目标上时,反射波是反向旋转的。在传播电视信号时,利用这一特性可以克服由反射引起的重影。一般来说,圆极化天线难以辐射纯圆极化波,其实际辐射的是椭圆极化波,这对利用天线的极化特性实现天线间的电磁隔离是不利的,所以对圆极化通常又引入椭圆度参数。

为简化设计和降低成本,通常使用线极化天线。但如果通信的一方处于剧烈摆动或高速运动状态(如通信卫星、宇宙飞船和弹道导弹等),天线的指向经常改变,考虑到地磁的影响,电磁波通过电离层后会产生法拉第旋转效应,极化面发生变化,因此为了提高通信的可靠性,发射和接收都应采用圆极化天线。如果雷达是为了侦察和跟踪对方目标,也要使用圆极化天线,才不会使目标丢失。

6. 天线的频带宽度

天线的频带宽度简称带宽,描述了天线处于良好工作状态下的信号频率范围,超出这个范围,天线的各项性能将变差,例如主瓣宽度增大、副瓣电平增高、增益系数降低、输入阻抗和极化特性变坏、输入阻抗与馈线失配加剧、方向性系数和辐射效率下降等。

天线的带宽定义为天线增益偏离中心频率两侧下降 3 dB 时的频率范围,或在规定的驻波比下信号的工作频率范围。需要注意的是,天线的各个特性指标(均是工作频率的函数)随频率变化的规律不同,所以天线的频带宽度不是唯一的。对应于不同的特性指标参数,可能有不同的天线带宽,在实际中应根据具体情况来定。

工作带宽可以分别根据天线的方向图特性、输入阻抗或电压驻波比的要求来确定。根据天线方向性变化确定的带宽叫“方向性带宽”,根据天线输入阻抗变化确定的带宽叫“阻抗带宽”。例如,长度小于或接近于 $\lambda/2$ 的对称振子天线,它的方向图随频率变化很缓慢,但它的输入阻抗随频率变化非常剧烈,因而它的带宽常根据输入阻抗的变化来确定;对于几何尺寸远大于波长的天线或天线阵,它们的输入阻抗可能对频率不敏感,天线的带宽主要根据波瓣宽度的变化、副瓣电平的增大及主瓣偏离主辐射方向的程度等因素确定;对于圆极化天线,其极化特性常成为限制频宽的主要因素。

对宽带天线来说,天线的带宽常用保持所要求特性指标的最高与最低频率之比表示,例如 10∶1 的带宽表示天线的最高可用频率为最低的 10 倍。对于窄带天线,常用最高、最低可用频率的差($2\Delta f$)与中心频率(f_0)之比即相对带宽的百分数表示。

7.4 对称振子天线

两段长度相等而中心断开并接以馈电的导线,可用作发射和接收天线,这样构成的天线叫作对称振子天线,又称对称天线、振子天线或偶极天线,如图 7-18 所示。总长度为半个波长($L = 2l = \lambda/2$)的对称振子,叫作半波振子,也叫作半波偶极天线。对称振子天线是最简单的线天线($a \ll l$,a 为导线半径),也是最基本的单元天线,使用十分广泛,可以由它构建结构复杂的天线。

7.4.1 对称振子上的电流分布

对于中心点馈电的对称振子天线,其结构可看作一段开路传输线张开而成的。根据传输线理论,终端开路的平行传输线(开路线),其上电流呈驻波分布,如果两线末端张开,辐射将逐渐增强。当两线完全张开时,张开的两臂上电流方向相同,辐射明显增强,后面

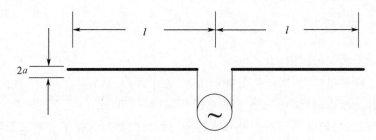

图 7-18　对称振子天线的结构

未张开的部分就作为天线的馈电传输线。

　　根据对称振子天线的结构特点,工程上近似把它看成一段两臂向外张开的开路线,并假设张开前、后的电流分布相似,如图 7-19 所示。

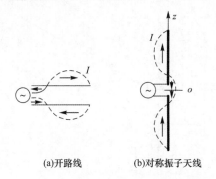

(a)开路线　　　(b)对称振子天线

图 7-19　开路传输线与对称振子天线上的电流分布

　　设开路线上的电流按正弦规律分布,如图 7-19(a)所示。取对称振子天线的中心为坐标原点,天线轴为 z 轴,如图 7-19(b)所示,则天线上的电流振幅分布表示式为

$$I_z = \begin{cases} I_m \sin \beta(l-z), & \text{上臂 } z>0 \\ I_m \sin \beta(l+z), & \text{下臂 } z<0 \end{cases} \tag{7-43}$$

式中 I_m 为波腹点电流,$\beta = 2\pi/\lambda$ 是射频电流波的相移常数。

　　可见,振子上的电流分布随振子长度变化,图 7-20 给出了四种不同长度的振子天线的电流分布。

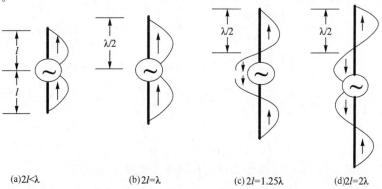

(a)$2l<\lambda$　　　(b)$2l=\lambda$　　　(c)$2l=1.25\lambda$　　　(d)$2l=2\lambda$

图 7-20　振子总长度 $L=2l$ 不同时的电流分布

7.4.2 对称振子天线的辐射场及方向特性

1. 对称振子天线的辐射场

对称振子在馈电时,两臂产生射频电流,此电流将产生辐射场。由于对称振子的长度 L 可以与波长 λ 相比拟,因而振子上的电流(包括幅度和相位)已不能看作处处相等,所以,对称振子的辐射场显然不同于电基本振子。但可以将对称振子分割成无数小段(线元 dz),由于 $dz \ll \lambda$,故每一小段都可以看成一个电基本振子,这样,对称振子的辐射场就是这些无数小段电基本振子辐射场的叠加,如图 7-21 所示。

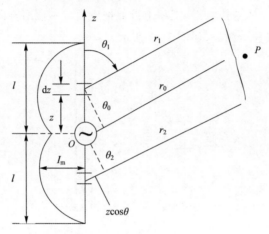

图 7-21 对称振子天线的辐射场计算

将线元 dz 看成电基本振子,则由单元电流 $I_z dz$ 产生的辐射场强为

$$dE_\theta = j \frac{60\pi I_z dz}{r\lambda} \cdot \sin\theta \cdot e^{-j\beta r} \tag{7-44}$$

式中 r 为由观察点 P 至单元电流 $I_z dz$ 的距离,θ 为射线与天线轴线间的夹角。

r_0 是对称振子的中点 O 与 P 点的距离。由于观察点 P 是在远区,r_1、r_2 和 r_0 基本上是平行的,因而 $\theta_1 = \theta_2 = \theta_0$。于是这两个电流元在 P 点的场可认为都是在 r_0 方向。这样,天线上 z 处的单元电流 $I_z dz$ 在观察点 P 处的辐射电场为

$$dE_\theta = \begin{cases} j \dfrac{60\pi I_m \sin\beta(l-z)}{r_1\lambda} \cdot \sin\theta \cdot e^{-j\beta r_1} dz, & \text{上臂 } z>0 \\[3mm] j \dfrac{60\pi I_m \sin\beta(l+z)}{r_2\lambda} \cdot \sin\theta \cdot e^{-j\beta r_2} dz, & \text{下臂 } z<0 \end{cases} \tag{7-45}$$

对远区场而言,可以认为 $\theta_1 = \theta_2 = \theta_0$,并假设它等于 θ,则有

$$\begin{cases} r_1 = r_0 - z\cos\theta, & \text{上臂 } z>0 \\ r_2 = r_0 + z\cos\theta, & \text{下臂 } z<0 \end{cases} \tag{7-46}$$

将式(7-46)代入式(7-45),叠加求得对称振子天线的辐射场为

$$E_\theta = j \frac{60\pi I_m}{r_0\lambda} e^{-j\beta r_0} \cdot \sin\theta \left[\int_0^l \sin[\beta(l-z)] \cdot e^{j\beta z\cos\theta} dz + \int_{-l}^0 \sin[\beta(l+z)] \cdot e^{j\beta z\cos\theta} dz \right]$$

$$
= \mathrm{j}\frac{60I_m}{r_0}\left[\frac{\cos(\beta l\cos\theta)-\cos(\beta l)}{\sin\theta}\right]\mathrm{e}^{-\mathrm{j}\beta r_0} \tag{7-47}
$$

2. 对称振子天线的方向特性

根据对称振子天线的辐射场表达式(7-47)可以推导出天线的方向特性,通常用方向性函数 $F(\theta,\varphi)$ 和方向图来表示。

略去式(7-47)的相位因子,得对称振子天线的辐射场强方向性函数为

$$
F(\theta,\varphi)=\frac{|E(\theta,\varphi)|}{|E_{\max}|}=\frac{|E_\theta|}{60I_m/r_0}=\frac{\cos(\beta l\cos\theta)-\cos(\beta l)}{\sin\theta} \tag{7-48}
$$

可见,对称振子辐射场的大小与方向有关,它向各个方向的辐射是不均匀的。

方向性函数 $F(\theta,\varphi)$ 不含 φ,表明对称振子的辐射场与 φ 无关,对称振子在与它垂直的平面(H 面)内是无方向性的。当 $\theta=90°$ 时,$F(\theta)$ 是一个常数,方向图是一个圆,且与天线的电长度 l/λ 无关。在子午面(E 面)即包含振子轴线的平面内,对称天线的方向性比电流元复杂,方向性函数不仅含有 θ,而且含有对称振子的半臂长度 l,这表明不同长度的对称振子有不同的方向性。对称振子的 E 面方向图随电长度 l/λ 变化的情况如图 7-22 所示。

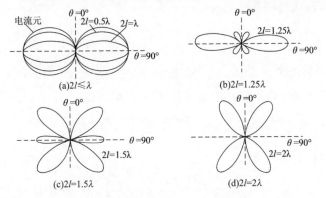

图 7-22 对称振子天线的方向图

由图 7-22 可得如下结论:

(1)当振子长度 $2l\leqslant\lambda$ 时,E 面方向图只有两个大波瓣,没有小波瓣,其辐射最大值在对称振子的垂直方向($\theta=90°$)。而且振子越长,波瓣越窄,方向性越强。如图 7-22(a)所示。

(2)当振子长度 $2l>\lambda$ 时,天线上出现反向电流,方向图中出现副瓣。在 $2l=1.25\lambda$ 时,与振子垂直方向的大波瓣两旁出现了小波瓣,如图 7-22(b)所示。

(3)随着电长度 l/λ 的增加,当 $2l=1.5\lambda$ 时,原来的副瓣逐渐变成主瓣,而原来的主瓣则变成了副瓣,如图 7-22(c)所示。

(4)当振子长度 $2l=2\lambda$ 时,原来的主瓣消失变成同样大小的四个波瓣,如图 7-22(d)所示。

对称振子天线在子午面(E 面)内的方向图随电长度 l/λ 变化的物理原因是不同长度的对称振子上的电流分布不同。在 $2l\leqslant\lambda$,振子上的电流都是同相的,其辐射场叠加时因

为同相相加而加强,即有最大的辐射;$2l > \lambda$ 后,振子上的电流出现了反相部分,其辐射场叠加时因为反相相加而削弱,于是便得到了比最大值小的其他值。当 $2l = 1.5\lambda$ 时,最大辐射方向已经偏离了振子的垂直方向;当 $2l = 2\lambda$ 时,振子垂直方向没有辐射。

最常用的对称振子天线是 $2l = \lambda/2$ 的半波振子,由式(7-48)得其方向性函数为

$$F(\theta,\varphi) = \frac{\cos\left(\dfrac{\pi}{2}\cos\theta\right)}{\sin\theta} \tag{7-49}$$

$2l = \lambda$ 时的对称振子天线叫作全波振子,它的方向性函数是

$$F(\theta,\varphi) = \frac{1 + \cos(\pi\cos\theta)}{\sin\theta} \tag{7-50}$$

7.4.3 对称振子天线的辐射功率及阻抗特性

1. 对称振子的辐射功率 P_Σ

辐射功率的物理意义是指:以天线为中心,在远区范围内的一个球面上,单位时间内所通过的能量。辐射功率的表示式为

$$P_\Sigma = \oiint_{\text{远区}} S\,dA = \int_{\varphi=0}^{2\pi} \frac{E_0^2}{2Z_0} r^2 \sin\theta\,d\theta\,d\varphi \tag{7-51}$$

式中 $S = E_0^2/(2Z_0)$ 是功率密度,E_0 是远区辐射电场的幅度,$Z_0 = 120\pi$ 为波阻抗。

根据对称振子的远区辐射电场表达式(7-47),其幅度是

$$E_0 = \frac{60 I_m}{r_0} \cdot \frac{\cos(\beta l \cos\theta) - \cos(\beta l)}{\sin\theta} \tag{7-52}$$

得对称振子天线的辐射功率为

$$P_\Sigma = 30 I_m^2 \int_0^\pi \frac{\left[\cos(\beta l \cos\theta) - \cos(\beta l)^2\right]}{\sin\theta}\,d\theta \tag{7-53}$$

2. 对称振子的辐射电阻 R_Σ

辐射电阻定义为将天线向外所辐射的功率 P_Σ 等效为在一个辐射电阻 R_Σ 上的损耗,即

$$P_\Sigma = \frac{1}{2} I_m^2 R_\Sigma \tag{7-54}$$

由于对称振子上的电流呈正弦分布,沿线电流幅度随坐标位置变化,即

$$I(z) = I_m \sin\left[\beta(l - |z|)\right] \tag{7-55}$$

通常选择正弦分布的波腹电流 I_m 为参考电流,则得辐射电阻为

$$R_\Sigma = \frac{2P_\Sigma}{I_m^2} = 60 \int_0^\pi \frac{\left[\cos(\beta l \cos\theta) - \cos(\beta l)\right]^2}{\sin\theta}\,d\theta \tag{7-56}$$

积分过程很复杂,积分结果为

$$R_\Sigma = 30\big[2(C + \ln(2\beta l) - \mathrm{Ci}(2)\beta l) + \sin 2\beta l\,(\mathrm{Si}(4)\beta l - 2\mathrm{Si}(2)\beta l) + \cos 2\beta l\,(C + \\ \ln(\beta l) + \mathrm{Ci}(4)\beta l - 2\mathrm{Ci}(2)\beta l)\big]$$

式中 $C = 0.5772$ 为欧拉常数，$Ci(x)$ 和 $Si(x)$ 分别为余弦积分和正弦积分，即

$$
\begin{cases}
Ci(x) = -\int_x^\infty \dfrac{\cos u}{u} du = C + \ln x - \dfrac{1}{2} \cdot \dfrac{x^2}{2!} + \dfrac{1}{4} \cdot \dfrac{x^4}{4!} - \dfrac{1}{6} \cdot \dfrac{x^6}{6!} + \cdots \\
Si(x) = \int_0^x \dfrac{\sin \mu}{u} du = x - \dfrac{1}{3} \cdot \dfrac{x^3}{3!} + \dfrac{1}{5} \cdot \dfrac{x^5}{5!} - \cdots
\end{cases}
\tag{7-57}
$$

　　根据上述公式计算对称振子的辐射电阻过程烦琐，且其与振子电长度 l/λ 之间的关系很不直观，为此作出 R_Σ 随电长度 l/λ 变化的关系曲线，工程上常常以此来查出对称振子的辐射电阻值，如图 7-23 所示。

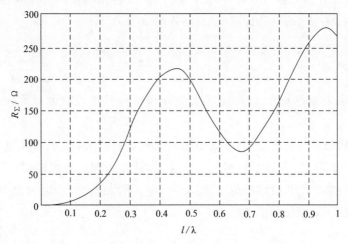

图 7-23　对称振子的辐射电阻与电长度的关系曲线

3. 对称振子的平均特性阻抗

　　由传输线理论可知，导线半径为 a、间距为 D 的平行双线的特性阻抗是沿线不变化的，它的值为 $120\ln(D/a)$，而对称振子两臂上对应线段之间的距离是变化的，如图 7-24 所示，因而其特性阻抗是沿线变化的。

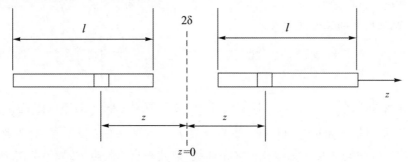

图 7-24　对称振子特性阻抗的计算

　　图 7-24 中，2δ 为对称振子馈电端的间隙。设对称振子两臂上对应线段（对应单元）之间的距离为 $2z$，则对称振子在坐标 z 处的特性阻抗为

$$
Z_0(z) = 120\ln \frac{2z}{a}
\tag{7-58}
$$

将 $Z_0(z)$ 沿 z 轴取平均值,即得对称振子的平均特性阻抗 $\overline{Z}_0$ 为

$$\overline{Z}_0 = \frac{1}{l}\int_\delta^l Z_0(z)\mathrm{d}z = 120\left(\ln\frac{2l}{a}-1\right) \tag{7-59}$$

可见,平均特性阻抗 $\overline{Z}_0$ 随 l/a 的变化而变化,在振子长度 l 一定时,振子半径 a 越大,平均特性阻抗越小。

4. 对称振子的输入阻抗 Z_{in}

平行双线用来传送能量时是非辐射系统,几乎没有辐射和损耗,对称振子由平行双线演变而来,是一种开放的辐射系统,因此可看作具有损耗的平行双线。根据传输线理论可知,对称振子(长度为 l 的有耗传输线)的输入阻抗为

$$Z_{\mathrm{in}} = \overline{Z}_0\frac{\sinh(2al)-\dfrac{\alpha}{\beta}\sin(2\beta l)}{\cosh(2al)-\cos(2\beta l)}-\mathrm{j}\overline{Z}_0\frac{\dfrac{\alpha}{\beta}\sinh(2al)+\sin(2\beta l)}{\cosh(2al)-\cos(2\beta l)} \tag{7-60}$$

式中 α 和 β 分别为对称振子上等效衰减常数和相移常数,$\overline{Z}_0$ 为对称振子的平均特性阻抗。

假设传输线的单位长度电阻(分布电阻)为 R_1,由传输线的理论可知,有耗传输线的衰减常数为 $\alpha = R_1/2Z_0$。对于对称振子而言,损耗是由辐射造成的,所以对称振子的单位长度电阻就是其单位长度的辐射电阻,记为 $R_{\Sigma 1}$,再根据沿线的电流分布 $I(z)$,可求出整个对称振子的等效损耗功率 P_L 为

$$P_L = \int_0^l \frac{1}{2}I^2(z)R_{\Sigma 1}\mathrm{d}z \tag{7-61}$$

而对称振子的辐射功率为 $P_\Sigma = I_m^2 R_\Sigma/2$,令 $P_L = P_\Sigma$,并将电流分布 $I(z)$ 的表达式代入,即得

$$R_{\Sigma 1} = R_1 = \frac{2R_\Sigma}{l\left(1-\dfrac{\sin(2\beta l)}{2\beta l}\right)} \tag{7-62}$$

因此,对称振子的等效衰减常数 α 为

$$\alpha = \frac{R_1}{2\overline{Z}_0} = \frac{R_\Sigma}{\overline{Z}_0 l\left(1-\dfrac{\sin(2\beta l)}{2\beta l}\right)} \tag{7-63}$$

有了等效参数 $\overline{Z}_0$ 和 α,就可以根据式(7-60)来计算对称振子的输入阻抗了。但计算过程很烦琐,而且输入阻抗与对称振子的电长度 l/λ 之间的关系很不直观,为此以 $\overline{Z}_0$ 为参变量,作出 Z_{in} 随电长度 l/λ 变化的多条曲线,以此来求输入阻抗,如图 7-25 所示。

由图 7-25 可以得到下列结论:

(1)对称振子的平均特性阻抗 $Z_{\mathrm{in}} = R_{\mathrm{in}}+jX_{\mathrm{in}}$ 越小,输入电阻 R_{in} 和输入电抗 X_{in} 随频率的变化越平缓,其频率特性越好。所以为了展宽对称振子的带宽,就必须减小 $\overline{Z}_0$。常采用的方法是加粗振子的直径,如短波波段使用的笼形振子天线就是基于这一原理。

(2)$l=\lambda/4$ 时,对称振子处于串联谐振状态;而 $l=\lambda/2$ 时,对称振子处于并联谐振状

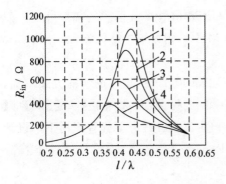 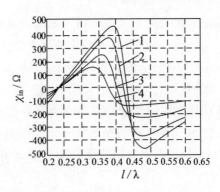

$1:\overline{Z}=455\ \Omega\quad 2:\overline{Z}=405\ \Omega\quad 3:\overline{Z}=322\ \Omega\quad 4:\overline{Z}=240\ \Omega$

图 7-25　对称振子的输入阻抗与电长度的关系曲线

态。无论是串联谐振还是并联谐振,对称振子的输入阻抗都为纯电阻。但在串联谐振点 $l=\lambda/4$ 附近,输入电阻随频率变化平缓,且 $R_{\mathrm{in}}=R_{\Sigma}=73.1\ \Omega$。这就是说,当 $l=\lambda/4$ 时,对称振子的输入阻抗是一个不大的纯电阻,且具有较好的频率特性,也有利于同馈线的匹配,这是半波振子被广泛采用的一个重要原因。而在并联谐振点附近,$R_{\mathrm{in}}=\overline{Z}_0^2/R_{\Sigma}$ 是一个高阻抗且频率变化剧烈,频率特性并不好。

按式(7-60)计算对称振子的输入阻抗很烦琐,对于半波振子,在工程上可按下式做近似计算:

$$Z_{\mathrm{in}}=\frac{R_{\Sigma}}{\sin^2(\beta l)}-\mathrm{j}\overline{Z}_0\cot(\beta l) \tag{7-64}$$

当振子电长度在 $0\sim0.35$ 和 $0.65\sim0.85$ 时,计算结果与实验结果比较一致。在天线工程中,最常用的是半波对称振子,与全波对称振子比较,其输入电阻受 β 的影响较小且随频率的变化较平缓,频带较宽。

【例 7-5】　设对称振子的长度为 $2l=1.2\ \mathrm{m}$,半径为 $a=10\ \mathrm{mm}$,工作频率为 $f=120\ \mathrm{MHz}$,试近似计算其输入阻抗。

解　对称振子的工作波长为 $\lambda=c/f=3\times10^8/(120\times10^6)=2.5\ \mathrm{m}$,则其电长度为 $l/\lambda=0.6/2.5=0.24$。查图 7-23 得辐射电阻 $R_{\Sigma}=65\ \Omega$。

又根据式(7-59)求得对称振子的平均特性阻抗为

$$\overline{Z}_0=120\left(\ln\frac{2l}{a}-1\right)=454.5\ \Omega$$

将以上所得的 R_{Σ}、$\overline{Z}_0$ 及 $\beta=2\pi/\lambda$ 一并代入对称振子输入阻抗计算公式(7-64),则得

$$Z_{\mathrm{in}}=\frac{R_{\Sigma}}{\sin^2(\beta l)}-\mathrm{j}\overline{Z}_0\cot(\beta l)\approx65-\mathrm{j}1.1\ \Omega$$

7.4.4　HFSS 仿真对称振子天线

对称振子天线是一种应用广泛且结构简单的基本线天线,它由两根粗细和长度都相同的导线或导体杆构成,中间为馈电端,如图 7-18 所示。由图 7-22 知,对称振子的方向

性随振子长度变化。下面采用电磁设计软件 HFSS 仿真半波振子的辐射性能。假设工作波长 $\lambda = 500$ mm(对应天线中心频率为 600 MHz),则振子半壁长 $l = \lambda/4 = 125$ mm。

1. 新建 HFSS 天线设计工程

(1)运行 HFSS 并新建天线设计工程。双击桌面 HFSS 软件的快捷方式图标,启动 HFSS 设计软件;HFSS 运行后,会自动新建一个工程文件,选择主菜单【File】→【Save As】命令,将工程文件另存为"Dipole_antenna. hfss",然后右击工程管理树下的设计文件 "HFSSDesign1",在弹出的快捷菜单中选择【Rename】命令项,将设计文件重新命名为 "Dipole"。

(2)设置求解类型。单击主菜单【HFSS】→【Solution Type】命令,在弹出的对话框中选择"Driven Modal",再单击 OK 按钮。

(3)设置模型的长度单位。为天线建立模型需要设置合适的单位,单击主菜单【Modeler】→【Units】命令,在弹出的 Set Model Units 对话框中选中 mm(毫米)项作为长度单位。

2. 定义变量

单击主菜单【HFSS】→【Design Properties】命令,弹出定义变量对话框。单击 Add 按钮后,在弹出的对话框中添加变量,在"Name"处输入变量名"lambda"(工作波长),在 "Value"处输入变量值 500 mm,再单击 OK 按钮,这样就定义好了波长变量 lambda。

与此类似,再定义如图 7-26 所示的各个变量。"dip_rad"表示振子导线半径,其值设为"lambda/500";"radiation_rad"表示辐射圆柱体(辐射边界)半径,其值设为"dip_rad+ (lambda/4)";"gap_src"表示振子馈电端间隙,其值固定设为"0. 125 mm";"res_length" 表示考虑末端效应后的振子天线总长度,其值设为"0. 485 * lambda";"dip_length"表示振子实际长度,其值设为"res_length/2-(gap_src)";"radiation_height"表示辐射圆柱体高度,其值设为"gap_src/2+dip_length+lambda/10"。

前面章节中对对称振子天线的电流分析是在假定天线上电流分布与相应传输线的电流分布相同的基础上得出的结论。事实上,由于这两种系统的结构差异,电流分布不可能一样。一般来讲,天线的终端电流总是不为零的,这又叫作天线的"末端效应"。它对于方向性来讲可忽略不计,但在计算天线的输入阻抗时需予以考虑。对于半波振子,实践表明,振子越粗,末端效应越明显。为和馈线匹配,希望输入阻抗呈纯阻性,考虑到天线的"末端效应",所以会要求天线的长度稍短于 $\lambda/2$。

3. 创建天线的 3D 模型

(1)绘制对称振子天线的上臂

绘制棍状圆柱体作为天线的上臂。单击主菜单【Modeler】→【Draw】→【Cylinder】命令,先绘制一个任意尺寸的圆柱体,再在操作记录树中双击"Cylinder1",在弹出的窗口中定义圆柱体的属性:"Name"设置为"Dipl","Material"设置为理想导体"pec"。再在操作记录树中双击"CreateCylinder"命令项,在弹出的对话框中设置圆柱体中心点坐标为 "(0 mm,0 mm,gap_src/2)",圆柱体半径设置为"dip_rad",圆柱体高度设置为"dip_

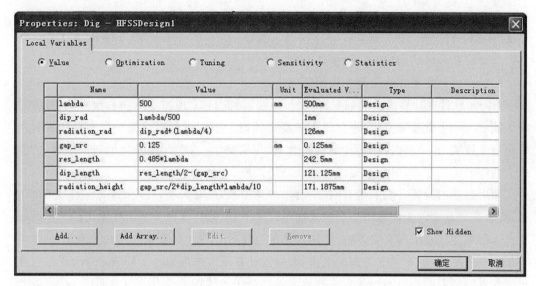

图 7-26　添加工程设计所需的所有变量

length"。

(2)绘制对称振子天线的下臂

绘制棍状圆柱体作为天线的下臂。单击主菜单【Modeler】→【Draw】→【Cylinder】命令,先绘制一个任意尺寸的圆柱体,再在操作记录树中双击"Cylinder2",在弹出的窗口中定义圆柱体的属性:"Name"设置为"Dip2","Material"设置为理想导体"pec"。再在操作记录树中双击"CreateCylinder"命令项,在弹出的对话框中设置圆柱体中心点坐标为"(0 mm,0 mm,−gap_src/2)",圆柱体半径设置为"dip_rad",圆柱体高度设置为"−dip_length"。

4.设置天线的馈电端口

绘制矩形块作为天线的馈电端口。将网格平面设为 yOz 平面,选择菜单项【Draw】→【Rectangle】,绘制一个任意尺寸的矩形,在操作记录树中找到并双击"CreateRectangle",在弹出的对话框中进行如下操作:

(1)设置矩形块的左上角顶点坐标为(0 mm,−dip_rad,−gap_src/2);

(2)设置矩形块 y 轴方向长为 dip_rad * 2;

(3)设置矩形块 z 轴方向长为 gap_src;

(4)定义矩形块的属性:在操作记录树中双击"Cylinder1",在弹出的窗口中设置"Name"为 Source。

5.设置天线的集总端口激励

在操作记录树中选中矩形块"Source",单击鼠标右键,在弹出的快捷菜单中选择相应选项。在弹出的 Lumped Port 对话框中将该端口命名为 P1,端口阻抗值设置为 75 Ω。

单击"Modes"标签页,在该对话框中,单击"None"下拉按钮,在其下拉菜单中选择"New Line..."，进入积分线设置状态。分别在端口的上、下边缘的中点位置单击鼠标左键确定积分线的起点和终点,设置好积分线后自动回到"端口设置"对话框,此时"None"变成"Defined"。

设置好积分线后,最后单击"确认"按钮。

6. 创建空气盒子作为天线的辐射边界

HFSS 软件在计算天线的辐射特性时,通过辐射边界来模拟实际的自由空间,类似于将天线放入一个微波暗室,它辐射出去的能量理论上不应该反射回来。对称振子天线的辐射边界设置为一个圆柱体形状的空气盒子,在模型中,该空气盒子就相当于暗室,它吸收天线辐射的能量,同时可以提供计算远场的数据。

辐射边界的设置一般来说有两个关键,一是形状,二是大小。形状要求反射尽可能的低,要求空气盒子的表面应该与模型表面尽可能平行,这样能保证从天线发出的波尽可能垂直入射到空气盒子内表面,尽可能地防止发生反射。理论上来说空气盒子越大,越接近理想的自由空间,但如果空气盒子太大,会导致计算量大大增加。工程中一般要求空气盒子离最近的辐射面距离不小于 1/4 波长。本设计中天线中心频率在 0.6 GHz,对应波长为 500 mm。设置完毕后,同时按下 Ctrl 和 D 键(Ctrl+D),将视图调整一下后,再将空气盒子 Air 设置成辐射边界条件;在操作记录树中选中"Air",单击鼠标右键,在弹出的快捷菜单中选择"Assign Boundary"项。单击"Radiation"选项,此时 HFSS 系统提示用户为此边界命名。把此边界命名为"Air",此时绘图窗口显示如图 7-27 所示。

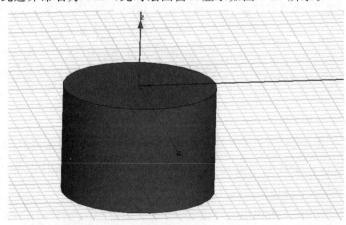

图 7-27 空气盒子效果图

7. 设置求解条件

(1)在"Project"工作区选中"Analysis"项,单击鼠标右键,在弹出的快捷菜单中选择 Add Solution Setup,系统弹出求解设置对话框,在此对话框中设置参数:求解频率为 0.6 GHz,最大迭代次数为 20,最大误差为 0.02。

(2)在点频基础上进行扫频设定。在"Project Manager"窗口中点开"Analysis"前的"+"号,选中点频设置"Setup1",单击鼠标右键,在弹出的快捷菜单中选择"Add Sweep"项。确定扫频方式为"Fast",起始频率为 0.1 GHz,终止频率为 1 GHz,计算 80 个频点;保留场。

8. HFSS 仿真及结果分析

上述步骤完成后,利用 HFSS 的 Validation Check 功能来检查前期工作是否合乎规范要求。单击 HFSS 菜单栏上的"Validation Check"或直接单击工具栏中的 ![icon] 图标。若没有错误,所有的项目都通过验证,如图 7-28 所示。

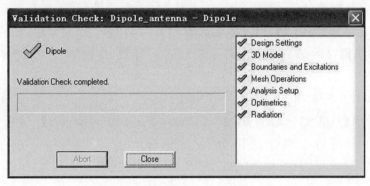

图 7-28　设计规范检查对话框

再次选中"Project Manager"窗口中的"Analysis",单击鼠标右键,在弹出的快捷菜单中选中"Analyze"即可开始求解。经过求解后,来看天线的增益方向图。

(1)选择菜单项【HFSS】→【Radiation】→【Insert Far Field】→【Setup】→【Infinite Sphere】。

(2)在弹出的对话框中,选择"Infinite Sphere"标签,设置"Phi:(Start:0,Stop:360,Step Size:2);Theta:(Start:0,Stop:180,Step Size:2)"。

(3)选择菜单项【HFSS】→【Results】→【Create Far Fields Report】→【3D Polar Plot】,在弹出的对话框中设置"Solution:Setup1 Last Adaptive;Geometry:Infinite Spherel"。单击"确认"按钮后,得到振子天线的 3D 增益方向图,如图 7-29 所示。

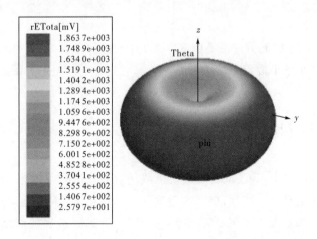

图 7-29　振子天线的 3D 增益方向图

方向图是方向性函数的图形表示,它可以形象地描绘天线辐射特性随着空间方向坐标的变化关系。辐射特性有辐射强度、场强、相位和极化。通常讨论在远场半径为常数的大球面上，天线辐射（或接收）的功率或者场强随位置方向坐标的变化规律，并分别称为功率方向图和场方向图。由图 7-29 可以很形象地看出半波振子天线沿着 z 轴对称辐射的情况，电场以 z 轴为对称轴分布，且沿四周均匀辐射，z 方向无辐射，方向函数与坐标 φ 无关。

（4）选择菜单项【HFSS】→【Radiation】→【Insert Far Field】→【Setup】→【Infinite Sphere】，在弹出的对话框中，选择"Infinite Sphere"标签，设置第二个"Infinite Sphere2"如下：

Phi：（Start：0，Stop：0，Step Size：0）；Theta：（Start：−180，Stop：180，Step Size：2）

选择菜单项【HFSS】→【Results】→【Create Far Fields Report】→【Radiation Pattern】，在弹出的对话框中设置"Solution：Setup1 LastAdaptive；Geometry：Infinite Sphere2"。在"Families"标签中将"Phi"设为"0 deg"，得到 E 面方向图，如图 7-30 所示。

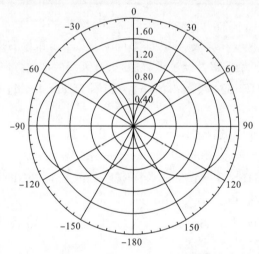

图 7-30　振子天线的 E 面方向图

可见，半波振子的 E 面方向图呈倒 8 字形，最大辐射方向为 $\theta=90°$，在 $\theta=0°$ 方向上无辐射。同理可以观察半波振子的 H 面方向图，它是一个以振子为中心的圆。

7.5　阵列天线

在现代无线电系统中，为了获得较高的天线增益和较强的方向性，同时获得符合实际需求的波束宽度和副瓣电平特性，根据电磁波在空间相互干涉的原理，把若干个具有相同结构和尺寸的某种基本天线按照一定规律排列起来，并通过适当的激励达到预定的辐射特性，这种多个辐射源的结构称为阵列天线或者天线阵（Antenna Array）。组成天线阵的独立单元称为天线单元或阵元。阵元可以是任何类型的天线，如对称振子、缝隙天线、环天线或其他形式的天线。但同一天线阵的阵元类型应该是相同的，且在空间摆放的方向相同。

根据阵元的排列形式,阵列天线可以分为直线阵列、平面阵列、立体阵列(空间阵列)和共形阵列等。直线阵列和平面阵列形式的天线常作为扫描阵列,使其主波瓣指向空间的任一方向。当考虑到空气动力学以及减小阵列天线的雷达散射截面等方面的要求时,需要阵列天线与某些形状的载体(如飞行器)共形,即把阵元配置在飞机或导弹实体的表面上,与飞行器表面共形,从而形成非平面的共形天线阵。

根据天线的工作机理,阵列天线又可分为一般阵列天线、相控阵天线、自适应阵天线和信号处理阵天线等几类。本节只讨论一般阵列天线。

阵列天线由于有着高增益、高功率、低旁瓣、波束扫描或波束易于控制等优点,在雷达、通信和导航等领域得到了广泛的应用。

天线阵的辐射特性取决于阵元的数目、分布形式、单元间距、激励幅度和相位,控制这五个因素就可以控制天线阵的辐射特性。辐射特性包括辐射强度、场强、相位和极化。

7.5.1　二元天线阵

二元天线阵(简称二元阵)是最简单的阵列天线。为分析方便起见,以点"1"和点"2"来表示这 2 个阵元,如图 7-31 所示。2 个阵元间距为 d,激励电流分别为 I_1 和 I_2,且 $I_2 = mI_1 e^{j\xi}$,其中 m 为 2 个阵元激励电流的幅度比,ξ 为阵元 2 电流超前阵元 1 电流的相位差。

不失一般性,设天线单元为对称振子,则由式(7-47)可知,2 个阵元在远区某点 M 处产生的电场是沿 θ 方向的,分别为

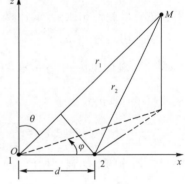

$$\begin{cases} E_{\theta 1} = j \dfrac{60 I_1}{r_1} e^{-jkr_1} F_1(\theta,\varphi) \\ E_{\theta 2} = j \dfrac{60 I_2}{r_2} e^{-jkr_2} F_2(\theta,\varphi) \end{cases} \tag{7-65}$$

设 2 个振子等长且平行或共轴放置,方向性函数满足 $F_1(\theta,\varphi) = F_2(\theta,\varphi) = F(\theta,\varphi)$,则二元阵总辐射场为

图 7-31　二元天线阵的辐射

$$\begin{aligned} E_T &= E_{\theta 1} + E_{\theta 2} = E_m F(\theta,\varphi) \left(\frac{e^{-jkr_1}}{r_1} + \frac{I_2}{I_1} \frac{e^{-jkr_2}}{r_2} \right) \\ &= E_m F(\theta,\varphi) \left(\frac{e^{-jkr_1}}{r_1} + m \frac{e^{-jkr_2} e^{j\xi}}{r_2} \right) \end{aligned} \tag{7-66}$$

式中 $E_m = j60 I_1$ 是电场强度振幅。由于观察点通常距离天线很远,可近似认为 2 个阵元至观察点的射线相互平行,故对远场可做如下近似:对于幅度,有 $1/r_1 \approx 1/r_2$;对于相位,有 $r_2 = r_1 - d\sin\theta\cos\varphi$。当 $m=1$ 时(2 个阵元的激励电流等幅),式(7-66)可改写为

$$E_T = \frac{E_m}{r_1} e^{-jkr_1} F(\theta,\varphi) [1 + e^{j(kd\sin\theta\cos\varphi + \xi)}] = \frac{2E_m}{r_1} F(\theta,\varphi) \cos\frac{\psi}{2} e^{-j(kr_1 + \varphi/2)} \tag{7-67}$$

式中 $\psi = kd\sin\theta\cos\varphi + \xi$。由此可得，二元阵辐射场的电场强度模值为

$$|E_T| = |E_\theta| = \frac{2E_m}{r_1}|F(\theta,\varphi)|\left|\cos\frac{\psi}{2}\right| \tag{7-68}$$

式中，$|F(\theta,\varphi)|$ 称为元因子(Primary Pattern)，$|\cos(\psi/2)|$ 称为阵因子(Array Pattern)。元因子表示天线阵的单个辐射元的方向性函数，其值仅取决于阵元本身的类型和尺寸，它体现了阵元的方向性对阵列天线方向性的影响。阵因子表示由阵元组成的阵列天线的方向性，其值取决于阵列天线的排列方式及阵元激励电流的相对振幅和相位，与天线本身的类型及尺寸无关。

对于对称振子，元因子(阵元方向性系数)为

$$F(\theta,\varphi) = \frac{\cos(kh\cos\theta) - \cos(kh)}{\sin\theta} \tag{7-69}$$

当 2 个阵元的激励电流振幅相等，即 $m = 1$ 时，二元阵的阵因子为

$$F_a(\theta,\varphi) = 2\cos\left(\frac{\psi}{2}\right) = 2\cos\left(\frac{kd}{2}\sin\theta\cos\varphi + \frac{\xi}{2}\right) \tag{7-70}$$

由式(7-68)可以得到如下结论：在各阵元结构相同的条件下，阵列天线的方向性函数是元因子和阵因子乘积。这个特性称为方向图乘积定理(Pattern Multiplication)。

【例 7-6】 两个尺寸相同的半波振子平行于 z 轴放置且沿 x 轴排列，其间距为 $\lambda/2$，对其进行等幅同相激励，试计算该二元阵的 E 面和 H 面方向性函数。

解 由题意知，$h = \lambda/4$，$d = \lambda/2$，$m = 1$，$\xi = 0$。由式(7-70)算出阵因子为

$$F_a(\theta,\varphi) = 2\cos\left(\frac{kd}{2}\sin\theta\cos\varphi + \frac{\xi}{2}\right) = 2\cos\left(\frac{\pi}{2}\sin\theta\cos\varphi\right)$$

由式(7-69)算出元因子为

$$F(\theta,\varphi) = \frac{\cos(kh\cos\theta) - \cos(kh)}{\sin\theta} = \frac{\cos(0.5\pi\cos\theta)}{\sin\theta}$$

故得二元阵的电场强度模值为

$$|E_\theta| = \frac{2E_m}{r_1}\left|\frac{\cos(0.5\pi\cos\theta)}{\sin\theta}\right|\left|\cos\left(\frac{\pi}{2}\sin\theta\cos\varphi\right)\right|$$

(1)上式中，令 $\varphi = 0$，即得二元阵的 E 面方向性函数为

$$|F_E(\theta)| = \left|\frac{\cos(0.5\pi\cos\theta)}{\sin\theta}\right||\cos(0.5\pi\sin\theta)|$$

(2)令 $\theta = \pi/2$，即得二元阵的 H 面方向性函数为

$$|F_H(\varphi)| = |\cos(0.5\pi\cos\varphi)|$$

【例 7-7】 计算两个平行于 z 轴放置且沿 x 方向排列的半波振子在 $d = \lambda/4$、$\xi = -\pi/2$ 时的 H 面和 E 面方向性函数，并画出 E 面方向图。

解 由式(7-68)和式(7-69)知对称振子二元阵的电场强度模值为

$$|E_\theta| = \frac{2E_m}{r_1}\left|\frac{\cos(0.5\pi\cos\theta)}{\sin\theta}\right|\left|\cos\left(\frac{\psi}{2}\right)\right|$$

式中 $\psi=kd\sin\theta\cos\varphi+\xi$。令 $\theta=\pi/2$，得到对称振子二元阵的 H 面方向性函数为

$$|F_H(\varphi)|=\left|\cos\frac{1}{2}(kd\cos\varphi+\xi)\right| \tag{1}$$

令 $\varphi=0$，得到对称振子二元阵的 E 面方向性函数为

$$|F_E(\theta)|=\left|\frac{\cos(0.5\pi\cos\theta)}{\sin\theta}\right|\left|\cos\frac{1}{2}(kd\sin\theta+\xi)\right| \tag{2}$$

将 $d=\lambda/4,\xi=-\pi/2$ 代入式(1)，得到 H 面方向性函数为

$$|F_H(\varphi)|=\left|\cos\frac{\pi}{4}(\cos\varphi-1)\right|$$

将 $d=\lambda/4,\xi=-\pi$ 代入式(2)，得到 E 面方向性函数为

$$|F_E(\theta)|=\left|\frac{\cos(0.5\pi\cos\theta)}{\sin\theta}\right|\left|\cos\frac{\pi}{4}(\sin\theta-1)\right|$$

E 面方向性函数由元因子和阵因子两部分相乘而得，采用 MATLAB 软件绘出 E 面方向图，如图 7-32 所示。

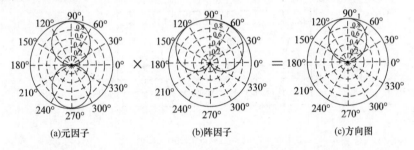

(a)元因子　　　　　　(b)阵因子　　　　　　(c)方向图

图 7-32　对称振子二元阵的 E 面方向图

由图 7-32 可见，单个振子的零值方向在 $\theta=0°$ 和 $\theta=180°$ 处，阵因子的零值在 $\theta=270°$ 处，所以阵方向图共有三个零值方向，即 $\theta=0°$、$\theta=180°$ 和 $\theta=270°$，阵方向图包含了一个主瓣和两个旁瓣。

7.5.2　均匀直线阵

均匀直线阵(Uniform Linear Arrays)是指将激励电流幅度相等、相位依次等量递增或递减的各阵元沿某个方向等距离直线排列，如图 7-33 所示。

假设阵元数量为 N，相邻阵元间隔为 d，相邻阵元之间的相位差为 ε。由于阵元的类型及排列方式相同，所以天线阵的方向性函数依据方向图乘积定理，等于元因子与阵因子的乘积。此处只讨论阵因子。

类似二元阵的分析，可得 N 元均匀直线阵的辐射场为

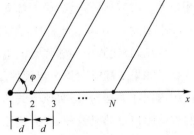

图 7-33　均匀直线阵

$$E_\theta = E_m \frac{F(\theta,\varphi)}{r} e^{-jkr} \sum_{i=0}^{N-1} e^{j*i(kd\sin\theta\cos\varphi+\xi)} \tag{7-71}$$

在上式中令 $\theta=\pi/2$，得到 H 面方向图函数即阵因子方向性函数为

$$|A(\psi)| = \frac{1}{N}|1+e^{j\psi}+e^{j2\psi}+\cdots+e^{j(N-1)\psi} \tag{7-72}$$

式中 $\psi=kd\cos\varphi+\xi$。

式(7-72)右边的多项式为一等比级数，其和为

$$|A(\psi)| = \frac{1}{N}\left|\frac{1-e^{jN\psi}}{1-e^{j\psi}}\right| = \frac{1}{N}\left|\frac{\sin(N\psi/2)}{\sin(\psi/2)}\right| \tag{7-73}$$

这就是均匀直线阵的归一化阵因子的一般表达式。令 $N=5$，采用 MATLAB 即可绘出五元直线阵阵因子曲线 $|A(\psi)|\sim\psi$，如图 7-34 所示。

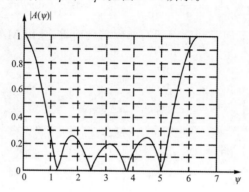

图 7-34 五元直线阵的归一化阵因子

讨论图 7-32 可得如下结论：

(1)最大辐射方向

$A(\psi)$ 的最大值发生在 $\psi=kd\cos\varphi+\xi=0$ 处，由此得

$$\cos\varphi_{\max} = -\frac{\xi}{kd} \tag{7-74}$$

对边射阵来说，最大辐射方向在垂直于阵轴方向上，即 $\varphi_{\max}=\pm\pi/2$，由式(7-74)得 $\xi=0$，也就是说，在垂直于阵轴方向上，各元到观察点没有波程差，所以各元电流不需要有相位差。对端射阵来说，最大辐射方向在阵轴方向上，即 $\varphi_{\max}=0$ 或 π，得 $\xi=-kd$($\varphi_{\max}=0$ 时)或 $\xi=kd$($\varphi_{\max}=\pi$ 时)。也就是说，阵的各元电流沿阵轴方向依次滞后 kd 相位。

可见，直线阵中相邻阵元的电流相位差 ξ 的变化，会导致天线的最大辐射方向做相应变化。如果 ξ 随时间按一定规律重复变化，则最大辐射方向连同整个方向图就能在一定空域内做往返运动，即实现天线的方向图扫描。这种通过改变相邻阵元的电流相位差控制方向图扫描的天线阵，称为相控阵。

(2)零辐射方向

在阵方向图的零点处有 $|A(\psi)|=0$，根据式(7-73)得

$$N\psi = \pm m\pi/2 \tag{7-75}$$

这里 $m=1,2,3\cdots$。显然,边射阵与端射阵相应的零点方位(用 φ 来表示)是不同的。

(3)主瓣宽度

当 N 很大时,头两个零点之间的主瓣宽度可近似确定。令 ψ_{01} 表示第一个零点,实际就是令式(7-75)中的 $m=1$,则 $\psi_{01}=\pm2\pi/N$。下面以边射阵($\xi=0,\varphi_{max}=\pi/2$)为例来计算主瓣宽度。

设第一个零点发生在 φ_{01} 处,则头两个零点之间的主瓣宽度为

$$2\Delta\varphi=2(\varphi_{01}-\varphi_{max})$$

由此得

$$\cos\varphi_{01}=\cos(\varphi_{max}+\Delta\varphi)=\frac{\psi_{01}}{kd}$$

因而有

$$\sin\Delta\varphi=\frac{2\pi}{Nkd}\text{ 或者 }2\Delta\varphi=2\arcsin\left(\frac{\lambda}{Nd}\right)$$

当 $Nd\gg\lambda$ 时,主瓣宽度为

$$2\Delta\varphi\approx\frac{2\lambda}{Nd}\tag{7-76}$$

该式表明,很长的均匀边射阵的主瓣宽度(以弧度计)近似等于以波长量度的阵长度的两倍。

同理可以推导出,当 $\Delta\varphi$ 很小时,端射阵($\xi=-kd,\varphi_{max}=0$)的主瓣宽度为

$$\Delta\varphi\approx\sqrt{\frac{2\lambda}{Nd}}\tag{7-77}$$

可见,均匀端射阵的主瓣宽度大于同样长度的均匀边射阵的主瓣宽度。

【例 7-8】 已知的十二元均匀直线阵的间距为 $d=\lambda/2$,求:①归一化阵方向性函数。②边射阵主瓣的零功率波瓣宽度。③端射阵主瓣的零功率波瓣宽度。

解 ①由式(7-73)知,十二元均匀直线阵方向性函数为

$$|A(\psi)|=\frac{1}{2}\left|\frac{\sin6\psi}{\sin(\psi/2)}\right|\text{,其中 }\psi=kd\cos\varphi+\xi$$

$A(\psi)$ 的零点发生在 $\psi=\pm\pi/6,\pm\pi/3,\pm\pi/2,\pm2\pi/3,\pm5\pi/6,\pm\pi$ 处。因 $d=\lambda/2$,得 $\psi=\pi\cos\varphi+\xi$。

②对边射阵有 $\xi=0$,故 $\psi=\pi\cos\varphi$。第一零点位置为

$$\pi\cos\varphi_{01}=\pi/6$$

故主瓣的零功率波瓣宽度为

$$2\Delta\varphi=90°-\arccos(1/6)=19.2°$$

③对端射阵有 $\xi=-\pi$,故 $\psi=\pi\cos\varphi$。第一零点位置为

$$\pi\cos\varphi_{01}-\pi=-\pi/6$$

故主瓣的零功率波瓣宽度为

$$2\Delta\varphi=68°$$

7.6 移动通信天线简介

移动通信是指通信双方或至少一方是处于运动中的信息传输与交换方式,是现代通信中应用最广泛、发展最迅速、技术最前沿的一种通信方式。移动通信于 20 世纪 20 年代开始应用于军事及某些特殊领域,20 世纪 40 年代逐步向民用扩展,从 20 世纪 80 年代开始,移动通信发展非常迅猛,应用前景十分广阔。

40 多年来,移动通信延续着每十年一代技术的发展规律,已历经 1G、2G、3G、4G、5G 的发展,如图 7-35 所示。

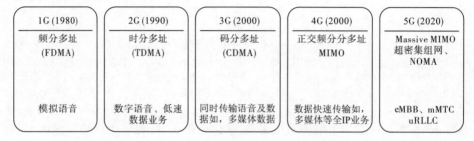

图 7-35   1G~5G 移动通信标准的发展

1G 是"模拟话音"时代,采用的主要技术是模拟 FM、FDMA,主要向用户提供模拟话音业务,至今已被数字系统取代;2G 是"数字语音"时代,采用的主体技术是 DMA、CDMA,主要向用户提供数字话音和低速数据业务;3G 是"语音+数据+互联网"时代,采用的主要技术是 CDMA,可向用户提供 2~10 Mbit/s 的多媒体业务;4G 是"数据主导+Apps+高速移动"时代,采用 OFDM、多天线等新技术,可向用户提供 100 Mbit/s 甚至 1 Gbit/s 的数据速率;5G 是"全连接"时代,不仅解决了人与人的通信问题,为用户提供增强现实、虚拟现实、超高清(3D)视频等更加身临其境的极致业务体验,而且解决了人与物、物与物的通信问题,满足移动医疗、车联网、智能家居、工业控制、环境监测等物联网应用需求。它采用了 Massive MIMO、超密集组网、NOMA 等技术,可向用户提供 10~20 Gbit/s 的数据速率。

伴随着每一次技术更新和换代,通信的标准及关键技术在不断变化,处理的信息量都成倍增长,而天线是实现这一跨越式提升不可或缺的组件。

7.6.1 基站天线

1. 基站天线的发展历程

基站天线是伴随着移动通信网络发展起来的,工程人员根据网络需求来设计不同的天线。在 1G~5G 移动通信技术中,天线技术也一直在演进,如图 7-36 所示。

第一代(1G)移动通信属于模拟系统,几乎都使用全向天线,这时候用户数量很少,传输速率也较低。到了第二代(2G),移动通信技术进入了蜂窝时代,2G 的基站天线逐渐演变成了定向天线,一般波瓣宽度包含 60°、90°和 120°,以 120°为例,它有三个扇区。

20 世纪 80 年代的基站天线主要以单极化天线为主,开始引入阵列天线的概念。虽

图 7-36　1G～5G 移动通信基站天线的演进及发展

然全向天线也有阵列,但只是垂直方向的阵列,单极化天线就出现了平面和方向性的天线。从形式来看,现在的天线和第二代的天线非常相似。1997 年,双极化天线(±45°交叉双极化天线)开始走上历史舞台。这时候的天线性能相比上一代有了很大的提升,不管是 3G 还是 4G,主要潮流都是双极化天线。

到了 2.5G 和 3G 时代,出现了多频段天线。因为这时候的系统很复杂(如 GSM、CDMA 等不同系统需要共存),考虑到系统兼容,同时为了降低成本和节约空间,这一阶段的多频段天线成了主流。

到了 2013 年,首次引入了 MIMO(多入多出,Multiple-Input Multiple-Output)天线系统,最初使用的是 4×4 MIMO 天线。MIMO 技术提升了通信容量,这时候的天线系统就进入了一个新的时代,即从最初的单个天线发展到了阵列天线。

到了 5G 时代,采用 Massive MIMO 天线,核心网组网有八种选型结构,从 Option1 到 Option8。其中,1/2/5/6 为独立组网架构(SA),Option3/4/7/8 为非独立组网架构(NSA)。5G 网络的愿景是实现三大商业目标:高达 10 Gbit/s 的峰值速度、1 ms 的空口延时和 10 ms 的端到端延时,满足增强型移动宽带(eMBB)、可靠低延时通信(uRLLC)和机器通信(mMTC)的业务需求。

2.基站天线的类型及其选取

移动通信基站天线的类型有很多。

按照技术原理来分,有智能天线和普通天线。智能天线可以在中心机房根据网络需求,实现俯仰角的调整或者功率的增加;普通天线只能依靠人工机械调整俯仰角,功率增加则采用功率放大器来实现。现在很多 3G 天线都可以实现这个功能,只是出于成本考虑,很少使用智能天线。

根据覆盖方式来分,有定向天线和全向天线。定向天线使用范围比较广,可以根据需要调整俯仰角和方位角,以达到覆盖需求,功率相对较大。全向天线的使用比较少,一般用于覆盖乡镇等人口稀少的地方,功率相对较小。

依据覆盖区域来分,有室外天线和室内天线。顾名思义,室外天线是在室外使用的,室内天线是在室内使用的。在室内,因为建筑物的遮挡,比如电梯、办公室、写字楼里,信号相对较差,可能出现断话、掉话或串话的情况,所以需要在室内增加天线,覆盖每一层楼。一般在楼道里可以看见圆锥形的吸顶天线,这就是典型的室内天线。BTS 也能在弱电井或者地下室找到,用功率放大器来放大信号,一般一个写字楼只有一个 BTS,馈线较长,损耗大,故需要功率放大器。

根据天线外观来分,有美化天线和普通天线。普通天线外形多为长方体(定向天线)和圆柱体(全向天线)。美化天线形状不定,多为水塔、空调室外机,也有特殊的形状比如动物、灯等。

在移动通信网络工程设计中,应该根据网络的覆盖要求、话务量分布、抗干扰要求和网络服务质量等实际情况来合理地选择基站天线。由于天线类型的选择与地形、地物,以及话务量分布紧密相关,可以将天线使用环境大致分为五种类型:城区、密集城区、郊区、农村地区和交通干线。以城区基站天线为例,由于基站密度较高,单站预期覆盖范围较小,选择基站天线时应考虑以下几方面:

(1)为减少干扰,应选用水平半功率角接近于 60° 的天线。这样,天线所构成的辐射方向图就接近于理想的三叶草型蜂窝结构,与现网适配性较好,有助于控制越区切换。

(2)城区基站一般不要求大范围覆盖,而更注重覆盖的深度。由于中等增益天线的有效垂直波束相比于高增益天线较宽,覆盖半径内有效的深度覆盖范围较大,可以改善室内覆盖效果,所以选用中等增益天线较好。

(3)城区基站天线安装空间往往有限,适宜选用双极化天线。

综上所述,城区基站宜选用水平半功率角为 60° 左右的中等增益的双极化天线。例如水平半功率角为 65° 的 15 dBi 双极化天线。

密集城区基站天线的选择与一般城区基站类似。但由于密集城区基站站距往往只有400 米到 600 米,在使用水平半功率角为 65° 的 15 dBi 双极化天线,且天线有效挂高 35 米的情况下,天线下倾角可能设置在 14.0 度和 11.5 度之间。此时如果单纯采用机械下倾的方式,倾角过大将引起水平波束变宽,干扰增大,同时上副瓣也会引入较大干扰;而采用电子式倾角天线,则可以较好地解决波形畸变的问题,产生的干扰相对较小。所以密集城区基站选用电子式倾角的水平半功率角为 60° 左右的中等增益双极化天线较为合适。

在农村地区,鉴于话务量较小,预期覆盖面积较大的特点,选择基站天线时应考虑以下几方面:

(1)对于 CDMA 网络而言,为提高定向基站两扇区天线服务交叠区间的通信质量(交叠区内有宏观分集的效果),增大交叠区面积,宜选用水平半功率角较大的天线。例如水平半功率角为 90° 的天线。

(2)对于 GSM 网络而言,为提高覆盖质量,在平原地区使用水平半功率角较大的天线效果较好,但同时会产生切换区域增大的问题;而在山区和丘陵地带使用水平半功率角较小的天线易于控制覆盖方向和范围,效果较好。

(3)为保证覆盖半径,应选择高增益天线。

(4)由于极化分集依赖于移动台周围反射体和散射体的分布,对于地物分布相对较稀疏的农村地区,极化分集效果不如空间分集。因此在安装条件具备的情况下,应尽可能使用单极化天线。

(5)如果基站周围各方向上都没有明显阻挡,话务需求较小,预期覆盖范围也较小,可以选用全向天线。

综上所述,CDMA 网络农村地区定向基站宜选用水平半功率角较大的高增益单极化天线,例如水平半功率角为 90° 的 17 dBi 单极化天线;GSM 网络农村地区定向基站宜选用水平半功率角适配的高增益单极化天线,例如水平半功率角为 90° 或 65° 的 17 dBi 单极化天线。全向基站则可以选用 11 dBi 的全向天线。

郊区的情况介于城区和农村地区之间。对于站距较大的基站,可以参照农村地区基站天线的选用原则;反之则参照城区基站天线的选用原则。

交通干线基站天线如果覆盖目标仅为高速公路或铁路等交通干线,可以考虑使用8 字形天线。8 字形天线有如下特点:

(1)8 字形天线的辐射方向图与交通干线需覆盖区域的形状匹配较好;

(2)8 字形天线实际上是全向天线的变形,因此无须采用功分器;

(3)使用一根天线代替两扇区天线,成本较低。

如果覆盖目标为交通干线及其一侧的村镇,则可采用方向角为 210° 的天线。这种天线的辐射方位特性使得天线波瓣能够同时顾及交通干线和村镇,它具有与 8 字形天线类似的特点。

3. 基站天线的馈电

VHF 和 UHF 移动通信基站天线一般是由馈源和角形反射器两部分组成,为了获得较高的增益,馈源一般采用并馈共轴阵列和串馈共轴阵列两种形式。而为了承受一定的风荷,反射器可以采用条形结构,只要导线的间距 $d < 0.1\lambda$,它就可以等效为反射板。两块反射板构成 120° 反射器,如图 7-37 所示。反射器与馈源组成扇形定向天线,3 个扇形定向天线组成全向天线。由功分器将输入信号均分,再用相同长度的馈线将其分别送至各振子天线上,并馈共轴阵列如图 7-38 所示。

由于各振子天线激励的电流等幅同相,根据阵列天线原理,其远区场同相叠加,因而方向性得到加强。

串馈共轴阵列如图 7-39 所示,关键是利用 180° 移相器,使各振子天线上的电流分布相位接近同相,以达到提高方向性的目的。

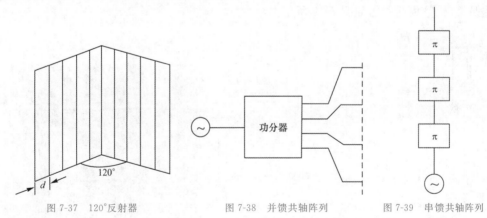

图 7-37 120°反射器　　图 7-38 并馈共轴阵列　　图 7-39 串馈共轴阵列

为了缩短天线的尺寸,实际中还采用填充介质的垂直同轴天线,其结构原理如图 7-40 所示。

辐射振子就是同轴线的外导体,而在辐射振子与辐射振子的连接处,同轴线的内外导体交叉连接成如图 7-40 所示的结构。为使各辐射振子的电流等幅同相分布,则每段同轴线的长度为

$$l = \lambda_g / 2 \tag{7-78}$$

式中,λ_g 为工作波长。若同轴线内部填充以介电常数为 $\varepsilon_r = 2.25$ 的介质,则每段同轴线的长度为

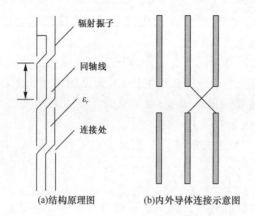

图 7-40　同轴高增益天线

$$l=\frac{\lambda_g}{2}=\frac{\lambda}{2\sqrt{\varepsilon_r}}=\frac{\lambda}{3} \tag{7-79}$$

式中,λ 为自由空间波长。

可见,这种天线具有体积小、增益高、垂直极化、水平面内无方向性等特点。加角形反射器后,增益将更高。

4. 基站天线使用举例

2G～3G 时代,基站天线多为 2 端口(1T1R),采用抱杆方式安装,如图 7-41 所示。

到了 4G 时代,随着 MIMO 技术、多频段天线的大量使用,我们看到,铁塔上的天线就像是长出了"大胡子",如图 7-42 所示。

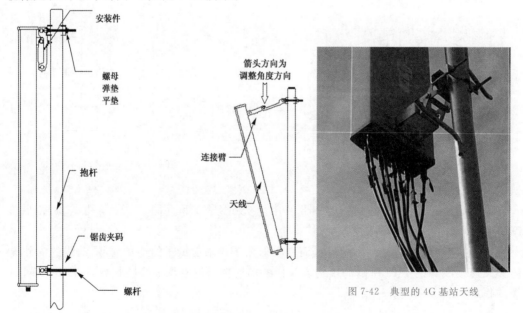

图 7-42　典型的 4G 基站天线

图 7-41　2 端口板状天线及安装方式

5. 基站天线技术的发展趋势

基站天线技术是伴随移动通信网络一起发展起来的,如图 7-43 所示。

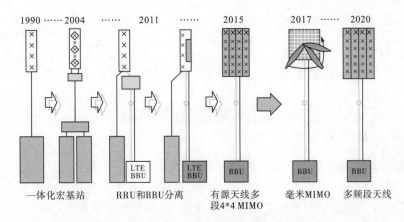

图 7-43　基站天线伴随移动通信网络的发展轨迹

由图 7-43 可见,为适应移动通信的发展,未来的基站天线技术发展呈现两大趋势:

(1)从无源到有源

2G 时代,基站天线是无源的,天线的工作不需要供电。从 3G 时代开始,人们开始使用有源基站天线,一般是 DC 48V 供电。使用有源天线意味着天线的设计可能会朝着智能化、小型化(共设计)和定制化发展,因为未来的移动通信网络覆盖区域会变得越来越细,很多场合需要根据周围的场景来进行定制化的设计,例如在城市区域内布站会更加精细,而不是简单的覆盖。5G 通信会应用频率更高的毫米波频段,障碍物会对通信产生很大的影响,定制化的天线可以提供更好的网络质量。

(2)天线设计的系统化和复杂化

未来基站天线设计在技术上更加复杂,典型表现是阵列天线、多频段天线和多波束天线,俗称基站天线发展的"魔术三角"。阵列天线(如 4X-Array、Massive MIMO)实现多天线空分复用,如图 7-44 所示;多频段天线(如 10 端口、12 端口)实现频谱扩展,满足多制式多模式兼容。

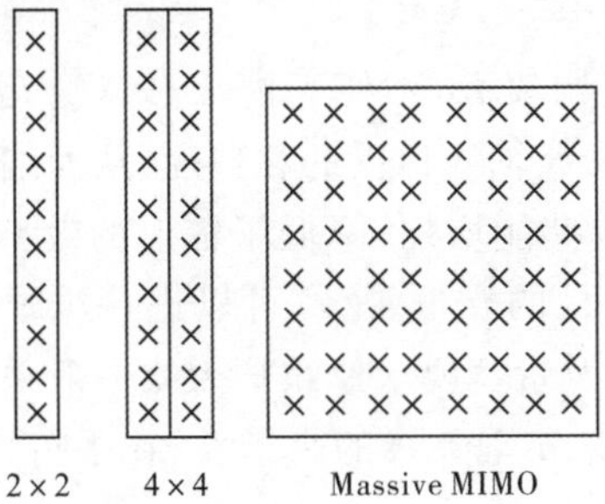

MIMO	700	800	900	1500	1800	2100	2400	2600	3500
2×2	X	X	X	X					
4×4					X	X	X	X	X
端口	700	800	900	1500	1800	2100	2400	2600	3500
16					X	X	X	X	
18	X	X	X		X	X	X	X	
20	X	X	X	X	X	X	X	X	
24	X	X	X	X	X	X	X	X	
28	X	X	X	X	X	X	X	X	X

2×2　　4×4　　Massive MIMO

图 7-44　各种 MIMO 天线示意图

多波束(Multibeam)天线实现网络致密化,如图 7-45 所示。

阵列天线、多波束以及多频段天线的设计跟传统基站天线的一个重要区别是,它会涉及整个系统以及互相兼容的问题,在这种情况下天线技术已经超越了元器件的概念,逐渐进入了系统的设计。

| 2束×35° | 3束×24° | 5束×12° | 9束×6° | 2×9束5° |

图 7-45　多波束天线

7.6.2　手机天线

1. 手机天线的类型

手机天线即安装在手机上用于收发电磁波信号的设备。传统的手机天线有内置天线和外置天线两种类型。早期手机受制作水平限制,只能采用外置天线,制作工艺简单,能稳定接收信号,且有较宽的带宽,但由于天线暴露在手机外部,容易遭到破坏,且天线与人体靠得太近对性能有影响,对人有辐射。因此,内置天线随着制造工艺水平的提高问世了,内置天线有效解决了外置天线的缺点,并且可以做得非常小,不仅不会影响天线的性能,还能减弱对人体的辐射。

（1）手机外置天线

手机外置天线常用的是单极子天线、螺旋天线、PCB 印制天线和拉杆天线。如图 7-46 所示。

图 7-46　常用外置天线

单极子天线是传统的外置天线,制作简单,但结构较大,不便于携带。螺旋天线是一种慢波结构,螺旋天线的作用是减小电磁波沿螺旋天线轴线传播的相速度,从而缩短天线的长度,但慢波结构同时会减小天线的带宽,使天线储能增加,降低了辐射的效率。PCB印制天线可以看成一种变形的螺旋天线,利用 PCB 板的介电常数,可以进一步减小天线的尺寸,同时可以制成多种不同的形状,满足多频段及带宽要求。拉杆天线一般采用一节 λ/4 螺旋和一节 λ/2 螺旋构成,利用介质棒去耦,用来实现天线的高增益,在手持情况下,增益可增加 6 dB 以上。

目前来看,螺旋天线仍是手机外置天线应用的主流和首选,但 PCB 印制天线因使用和设计灵活,将是外置天线的发展方向,应用越来越广。

（2）手机内置天线

手机内置天线主要有:PIFA 天线、单极子（Monopole）天线、Chipset 天线,如图 7-47所示。此外还有微带贴片天线、陶瓷天线等。其中最常用的是 PIFA 天线,具有设计简单、尺寸较小、对手机结构要求不高等优点。

图 7-47 常用内置天线

微带贴片天线尺寸较小,但是其介质基片会对天线的性能有所影响,并且频带窄,效率低;PIFA 天线的带宽目前只能做到覆盖 3 个频段;陶瓷天线价格昂贵,制作工艺复杂,并且由于介电常数高而天线增益偏低;单极子天线的体积更小,带宽更宽。为了广泛应用于超薄机型,需要在更低的剖面实现低姿态、低剖面的天线形式,并且保证有着良好的辐射接收效果。

随着 5G 智能手机的问世,手机天线的设计愈加智能化和小型化。

2. 常用手机天线简介

(1)内置 PIFA 天线

PIFA 意为平面倒 F 形天线,其形状像一个倒写的 F,如图 7-48 所示。

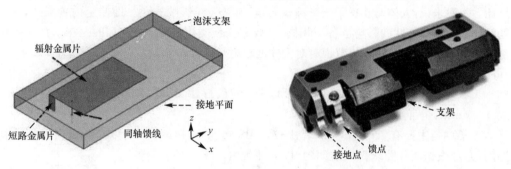

图 7-48 PIFA 天线结构示意图与实物图

PIFA 天线的发展次序是:顶加载→倒 L 天线→倒 F 天线→PIFA 天线,其基本结构包括接地平面、辐射金属以及金属体上的两个引脚——分别是短路金属片和同轴馈线,前者用于接地,后者用于信号传输。PIFA 天线的优点是增益高、体积小、剖面低。

PIFA 天线相当于大量 IFA 天线的并联,其阻抗相当于许多线型天线的并联,因此面型天线的输入阻抗低于线型天线,不但产生了宽带谐振特性,而且缩小了尺寸。

(2)微带天线

在一个薄介质基片的其中一面附上金属薄层作为接地板,另一面用金属贴片,然后用微带线对贴片(即微带辐射器)馈电,这就是一条最基本的微带天线,如图 7-49 所示。

由图 7-49 可见,微带天线由介质基片、馈线、贴片辐射器和接地板组成。介质基片的厚度一般远小于波长。导体贴片可以做成任意形状,比如方形、矩形、圆形和椭圆形等,一般是金或铜做成的。在现代通信中,微带天线普遍工作在 100 MHz～50 GHz 频率范围。

3. 手机天线设计与应用中需要注意的问题

(1)与射频前端的匹配问题

手机天线与射频前端相连时,为了提高传输效率,减小反射,它们之间必须考虑阻抗匹配。对单频手机天线,一般方法是在天线与射频前端之间预留 T 型或 π 型匹配电路,该匹配电路使得二者在中心频率处的阻抗匹配。对双频或多频天线,由于匹配电路在不同的频段下具有不同的阻抗特性,共用的匹配电路需折中多频段的阻抗特性进行匹配,一般有两种方法:一是只对天线主频段进行匹配,二是分别对各个频段分别匹配。

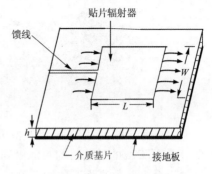

图 7-49 微带天线示意图

(2)金属器件对天线的影响问题

手机天线工作时,周边接地金属面、电路板上的地线、防静电用的屏蔽金属片、体积较大元器件的金属外壳及某些孤立的金属结构件等,都会严重影响天线的辐射特性,因此,手机天线必须进行抗金属设计。

(3)人体影响

人体对天线的远区辐射方向图、输入阻抗、辐射效率、反射系数均有一定影响。人体对辐射功率的吸收主要取决于人脑与天线之间的距离,距离越近,吸收的功率越多,吸收功率随距离的增大而急剧减少。在近场区,场强与距离的平方成反比;在远场区,场强与距离成反比。一般来说,人体对外置天线影响较大,对内置天线影响较小。即使是内置天线,其所处的位置对天线特性的影响也各不相同,并且跟天线类型相关,比如 PIFA 天线,放在手机侧面时性能最好,但放在手机背面时对人体的辐射最小,这些因素需要综合考虑。

(4)天线材料的选取问题

天线材料一般采用铍铜、磷青铜,硬度分为 H、$H/2$ 和 $H/4$,厚度一般采用 0.2 mm 或 0.15 mm;也可用不锈钢片和 FPC。

支架材料主要有 ABS、PC,两者比较,ABS 塑性好,PC 材料硬度高。材料根据结构选用,亦可根据硬件要求做成透明的,以方便观察支架下的元器件。

4. 手机天线测试

(1)测试项目

手机天线的测试包括两个方面:电性能测试和可靠性测试。

电性能测试需要在全频段范围内进行,测试内容包括驻波测试、方向图测试(包括 E 面和 H 面)、平均增益测试、平均效率测试和 SAR 测试等。其中驻波测试不仅用于天线的研发设计,也作为天线生成时质量控制的通用指标。

可靠性测试包括拉力测试、压力测试、扭力测试、跌落测试、高低温循环测试和烟雾霉变测试等。

(2)测试设备

①微波暗室

微波暗室又称吸波室、电波暗室,它是由吸波材料和金属屏蔽体组建的特殊房间,通过模拟人为空旷的"自由空间"条件,用于排除测试过程中来自外界的电磁干扰,提高天线的测试精度和测试效率。由于微波暗室提供了一个纯净的电磁环境,所以在暗室中测试天线一方面可以屏蔽外界的干扰,另一方面不会引起电磁散射,避免了电磁波的多径传播效应。

②标准喇叭天线

标准喇叭天线是使用最广泛的一种微波天线(面天线),具有精确的增益、较宽的带宽、较大的功率容量、简单易控的方向性等许多突出的优点，是一种常见的测试用天线。天线测试中一般采用标准喇叭天线作为发射天线，提供标准的发射射频信号。

③矢量网络分析仪

矢量网络分析仪是一种电磁波能量测试设备，既能测量单端口网络或双端口网络的各种参数幅值，又能测量相位，并能用史密斯圆图显示测试数据。

矢量网络分析仪被称为"仪器之王"，是射频微波领域的万用表。手机天线测试中使用矢量网络分析仪，一方面用来测试手机天线的驻波，另一方面通过测量传输参数 S21 来测量手机天线的方向图。

④手机综合测试仪

⑤SAR 测试仪

习题7

7-1　简述天线的功能。

7-2　天线的特性参数有哪些？分别是怎样定义的？

7-3　按极化方式划分，天线有哪几种？

7-4　从接收角度讲，对天线的方向性有哪些要求？

7-5　设某天线的方向图如图题 7-5 所示，试求主瓣零功率波瓣宽度、半功率波瓣宽度和第一旁瓣电平。

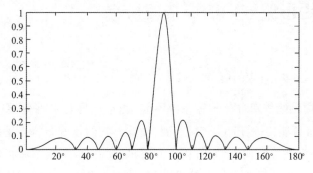

图题 7-5　天线方向图

7-6　长度为 $2h(h \ll \lambda)$、沿 z 轴放置的短振子，中心馈电，其电流分布为

$$I(z) = I_m \cdot \sin\left[\beta(h - |z|)\right]$$

式中，$\beta = 2\pi/\lambda$。试求短振子的如下参数：

（1）辐射电阻；

（2）方向系数；

（3）有效长度（归于输入电流）。

7-7　有一个位于 xOy 平面的很细的矩形小环，环的中心与坐标原点重合，环的两边尺寸分别为 a 和 b，并分别与 x 轴和 y 轴平行，环上电流为 $i(t) = 10\cos(\omega t)$。假设 $a \ll \lambda$、$b \ll \lambda$，试求小环的辐射场及两主平面的方向图。

7-8　有一长度为 dl 的电基本振子，载有振幅为 I_0、沿 y 轴正方向的时谐电流，试求其方向性函数，并画出在 xOy 面、xOz 面和 yOz 面的方向图。

第8章

电磁场与电磁波工程设计与应用案例

本章通过矩形波导内的场与波仿真、手机双频 PIFA 天线设计、耦合线带通滤波器设计等三个具有代表性的典型案例，介绍电磁场与电磁波在电磁工程中的应用情况，领会采用 HFSS 软件设计微波传输线、手机天线和微波器件的详细过程。

8.1 矩形波导内的场与波仿真

8.1.1 矩形波导内的场与波传输特性

跟平行双线、同轴线等双导体传输系统不同，矩形波导是一种单导体传输系统，它不能传输 TEM 波，而只能传输 TE_{mn}/TM_{mn} 波（模式），它的场分布特点是沿波导轴向（z 方向）呈行波分布，而沿波导横向（x 方向和 y 方向）呈驻波分布，其中波指数 m 表示该波沿宽边 a（即 x 方向）出现的场最大值个数或半驻波数，波指数 n 表示该波沿窄边 b（即 y 方向）出现的场最大值个数或半驻波数。

TE_{mn}/TM_{mn} 波的传输具有以下两大特性：

（1）截止特性

TE_{mn}/TM_{mn} 波的截止波长为

$$\lambda_c = \frac{2}{\sqrt{(m/a)^2 + (n/b)^2}} \tag{8-1}$$

式中 a、b 分别是矩形波导的宽边、窄边尺寸。m、n 是波指数，对 TE_{mn} 模，m、n 可取 0,1,2…，但不能同时为 0；对 TM_{mn} 模，m、n 可取 1,2,3…。

对矩形波导内的场来说，不同的模式均有相应的截止波长，只有满足 $\lambda < \lambda_c$ 的波才能在波导中传输，这就是波导传输的高通特性。以标准波导 BJ-32 为例，根据式（8-1）绘出

各个模式的截止波长分布图,如图 8-1 所示。

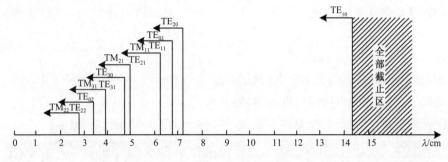

图 8-1　BJ-32 波导中各模式截止波长分布图

(2)简并特性

由式(8-1)或图 8-1 可见,对相同的波指数 m、n,TE_{mn} 波与 TM_{mn} 波具有相同的截止波长,两种场分布不同的模式具有相同的传输特性,这种现象称为模式之间的简并。比如 TE_{11} 模与 TM_{11} 模互为简并模。

为了避免出现简并现象,减少信号传输的失真,矩形波导通常需要保证单模工作。因为同一频率的电磁波在波导中传输时,如果用几种不同模式的波共同传输能量,各模式的波在传输过程中因传输特性的差异可能导致信号的包络失真;其次,单模传输通常又是主模传输,即使不是主模,也是比较靠近主模的高次模,这些模式可以使波导尺寸做得最小,传输功率最大或衰减常数最低。

矩形波导中,TE_{10} 模的截止波长最长,它是矩形波导的主模。由于并不存在 TM_{10} 模,所以,TE_{10} 模没有简并。

8.1.2　仿真内容与要求

给定要仿真的矩形波导型号为 BJ-48,材质为铜制金属,波导宽边尺寸 $a=47.55$ mm,波导窄边尺寸 $b=22.15$ mm,工作在 5 cm 波段(3.94～5.99 GHz)。

要求:观察主模 TE_{10} 模的电磁场分布、表面电流分布、S_{21} 传输特性参数及色散特性曲线。

8.1.3　仿真步骤

1.新建 HFSS 设计工程

(1)运行 HFSS 并新建设计工程。双击桌面上 HFSS 软件的快捷方式图标,启动 HFSS 设计软件;HFSS 运行后,会自动新建一个工程文件,选择主菜单【File】→【Save As】命令,将工程文件另存为"waveguide.hfss",然后右击工程管理树下的设计文件"HFSSDesign1",在弹出的快捷菜单中选择【Rename】命令项,将设计文件重新命名为"waveguide1"。

(2)设置求解类型。单击主菜单【HFSS】→【Solution Type】,在弹出的对话框中选择"Driven Modal",再单击 OK 按钮。

（3）设置模型的长度单位。为天线建立模型需要设置合适的单位，单击主菜单【Modeler】→【Units】命令，在弹出的 Set Model Units 对话框中选中"mm（毫米）"项作为长度单位。

2. 创建 3D 模型并设置边界

单击"draw box"图标按钮，在工作区域内建立一段标准波导，波导尺寸由起始点（0，0，0）位置处 x、y、z 三个方向的长度决定，如图 8-2 所示。也可以将波导的尺寸参数（长、宽、高）设置为变量，通过改变变量的参数值，快速修改模型，便于性能的优化。

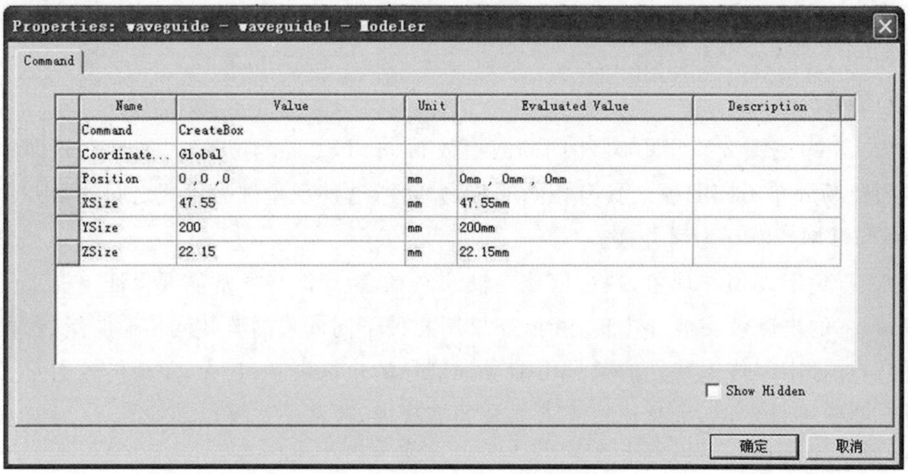

Name	Value	Unit	Evaluated Value	Description
Command	CreateBox			
Coordinate...	Global			
Position	0 ,0 ,0	mm	0mm , 0mm , 0mm	
XSize	47.55	mm	47.55mm	
YSize	200	mm	200mm	
ZSize	22.15	mm	22.15mm	

图 8-2　标准矩形波导的模型尺寸

创建的矩形金属波导模型是一个长方体，同时按"Ctrl＋D"键，即可浏览该长方体矩形金属波导的全貌。因波导四壁均为金属铜，所以需要将长方体除了左、右端口面之外的其他四个面都设置为"Perfect E"。将鼠标停留在矩形波导的某一个壁上，单击鼠标右键，将"Select Objects"改为"Select Faces"，在该壁上任意一点单击鼠标左键，即可选中矩形波导的一个壁，并且高亮显示该壁。然后单击鼠标右键，选择"assign boundary"→"Perfect E"，在弹出的"Perfect E Boundary"窗口中，命名"name：Perf E1"，单击 OK 按钮，即可定义矩形金属波导的一个面为理想导体。同理设置矩形金属波导的另外 3 个面，并分别命名为 Perf E2、Perf E3、Perf E4。

应该注意，矩形波导的 Perf E3 和 Perf E4 两个面是隐藏的，不能直接选中，这时需单击"Rotate around model center"，旋转波导中心轴，即可选中这两个面。矩形波导的上下左右 4 个壁设置好后，在"Project Manager"窗口和设计窗口中的显示如图 8-3 所示。

3. 设置端口

矩形波导在传输微波信号时有相应的输入端和输出端，因此需要设置输入和输出端口。如图 8-4 所示，将鼠标停留在长方体的末端并单击鼠标左键选取输出端口面，单击鼠标右键，在弹出的快捷菜单中选择"Assign Excitation"→"Wave Port"选项，此时系统自动弹出 Wave Port 设置对话框，命名端口号"name：1"，单击"下一步"按钮，弹出 Modes 页面，选择"None"→"New Line..."定义积分线。积分线的两端选取为波导宽边的中心（注

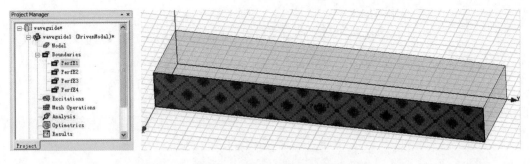

图 8-3　矩形波导四壁金属材质的设置（边界设置）

意鼠标停留在宽边中心时显示形状变为三角形），代表在端口所在面处的电场方向，然后选择"DO Not Renormalize"（不要归一化），积分线画好后显示如图 8-4 所示。

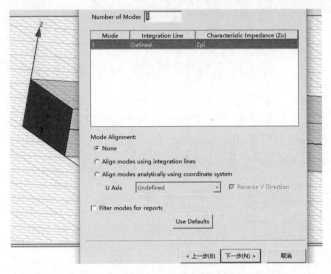

图 8-4　输入、输出端口设置

同理设置端口 2（需要单击"Rotate around current axis"选取端口面）。两个端口设置好后，在"Project Manager"窗口和设计窗口中的显示如图 8-5 所示。

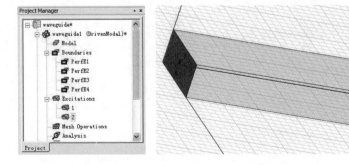

图 8-5　积分线的画法

4. 设置求解条件

在"Project Manager"窗口中选中"Analysis"项，单击鼠标右键，在弹出的快捷菜单中选择"Add Solution Setup"，在弹出的"Solution Setup"对话框中设置求解频率，如图 8-6 所示。

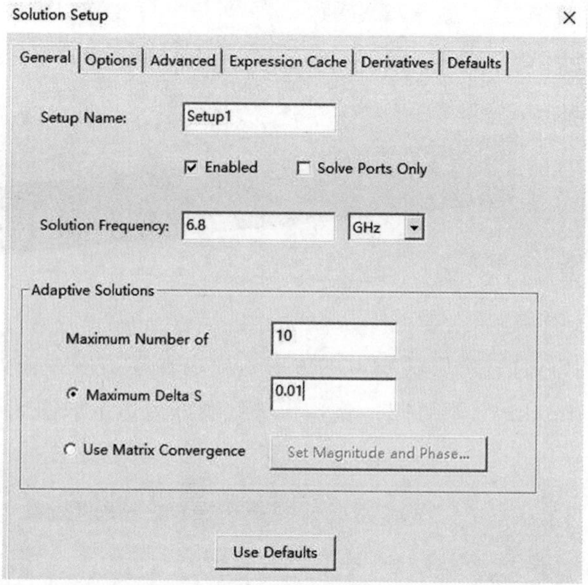

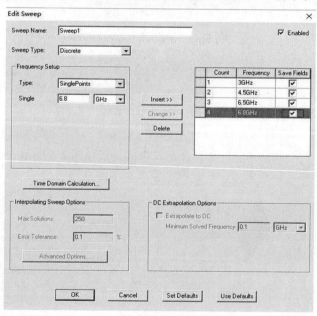

图 8-6 设置求解频率

在点频基础上进行扫频设定。在"Project Manager"窗口中点开"Analysis"前的"＋"号，选中点频设置"Setup1"；单击鼠标右键，在弹出的快捷菜单中选择"Add Frequency Sweep"项，弹出"Edit Sweep"窗口，然后设置相关选项，如图 8-7 所示。

图 8-7 扫频设置

5. 观察与分析仿真结果

在运行仿真之前，先检验设计的模型的正确性，检查 HFSS 的前期工作是否完成。单击合法性检查按钮 ✐，验证模型的正确性，如图 8-8 所示。

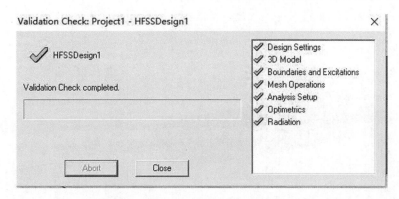

图 8-8　仿真模型的合法性检查(仿真模型无误)

确定无误后,单击仿真按钮 ,运行仿真。在仿真过程中,工作窗口的右下角是进程窗口,用于显示仿真的进程,左下角是信息管理窗口给出的仿真结果说明,若有错误,则显示错误的原因。

(1)观察 TE_{10} 波的电场分布。选中长方体,再选择【HFSS】→【Fields】→【Plot Fields】→【E】→【Vector_ E】,系统弹出"Create Field Plot"窗口,选取"Solution:Setup1:Sweep1,Freq:4.5 GHz",观察工作频率为 4.5 GHz 时波导内 TE_{10} 波的电场分布,如图 8-9 所示。

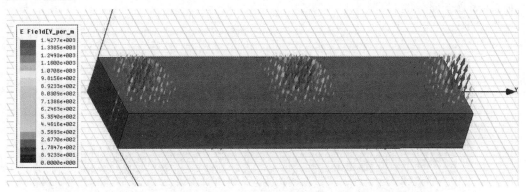

图 8-9　观察工作频率为 4.5 GHz 时波导内的电场分布

由图 8-9 可见,TE_{10} 波的电场只有 z 方向的分量 E_z,在 x 方向分布中心最强,两边为 0,呈现半个驻波;在 z 方向处处相等,与 z 没有关系;在 y 方向(传播方向)相位发生变化,波导波长是 λ_g。

(2)观察 TE_{10} 波的磁场分布。选中长方体,再选择【HFSS】→【Fields】→【Plot Fields】→【H】→【Vector_ H】,系统弹出"Create Field Plot"窗口,选取"Solution:Setup1:Sweep1,Freq:4.5 GHz",观察工作频率为 4.5 GHz 时波导内 TE_{10} 波的磁场分布,如图 8-10 所示。

TE_{10} 波的磁场有 x 方向的分量 H_x 和 y 方向的分量 H_y,但没有 z 方向的分量 H_z。磁场分量 H_x 和 H_y 在 xOy 平面上合成形成闭合回路。磁场分量 H_x 和 H_y 在 y 方向(传播方向)相位均发生变化,呈现的波导波长是 λ_g。

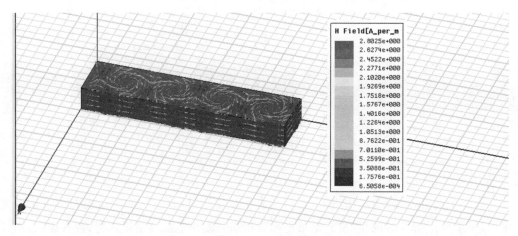

图 8-10　观察工作频率为 4.5 GHz 时波导内的磁场分布

（3）观察某个面上的电流分布。选中上表面，再选择【HFSS】→【Fields】→【Plot Fields】→【J】→【Vector_ Jsurf】，系统弹出"Create Field Plot"窗口，选取"Solution：Setup1：Sweep1，Freq：4.5 GHz"，观察工作频率为 4.5 GHz，波导内传输 TE_{10} 波时的上表面电流密度矢量分布，如图 8-11 所示。

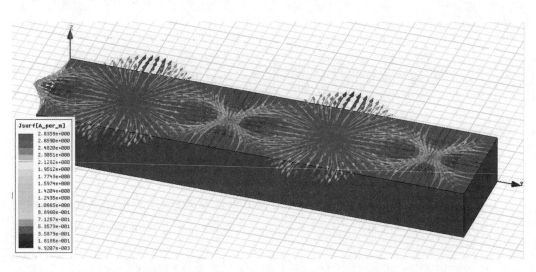

图 8-11　观察工作频率为 4.5 GHz 时波导上表面的电流密度矢量分布

（4）观察 TE_{10} 波的单模传输特性参数 S_{21}。在工程管理窗口右击"Result"，在弹出的快捷菜单上选择"Create""Modal Solution Data Report"→"Rectangular Plot"，在弹出的"Report"窗口中依次选择 S Parameter、S(2,1)、dB，如图 8-12 所示。

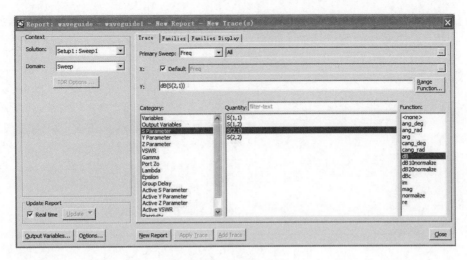

图 8-12　S_{21} 参数设置

单击"New Report"按钮,系统自动生成 S_{21} 传输曲线,如图 8-13 所示。

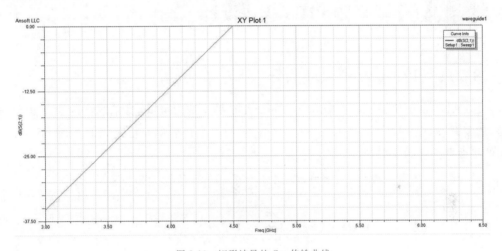

图 8-13　矩形波导的 S_{21} 传输曲线

由图 8-13 可见,该矩形波导在传输信号的频率高于 4.5 GHz 后,基本可以实现无衰减传输,而在频率低于 4.5 GHz 时,传输系数的分贝值随频率的降低直线衰减。

(5)观察矩形波导的色散曲线图。在工程管理窗口右击"Result",在弹出的快捷菜单上选择"Create Modal Solution Data Report"→"Rectangular Plot",在弹出的"Report"窗口中,"Category"项选择"Gamar"(传播常数),"Function"项选择"im"(Gamar 的虚部),最后单击"New Report"按钮,系统生成色散曲线,如图 8-14 所示。

我们知道,产生色散的根本原因是介电常数和磁导率会随频率的变化而变化。当电磁波传播频率高于截止频率时,电磁波在色散介质中的波数是一个复数,其虚部的大小随频率的增大而增大。仿真结果图的趋势与理论一致。

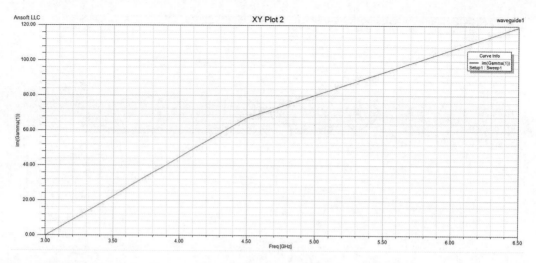

图 8-14　矩形波导的色散曲线

8.2　手机双频 PIFA 天线设计

8.2.1　PIFA 天线原理简介

PIFA(Planar Inverted-F Antenna)的全称是平面倒 F 天线,其基本结构如图 8-15 所示,从侧面看,像一个倒置的英文字母 F。它采用一个辐射单元作为辐射体,采用一个较大的接地平面作为反射面。

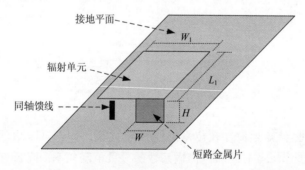

图 8-15　PIFA 天线的基本结构

PIFA 天线的辐射体上有 2 个靠得较近的引脚,一个作为馈点连接信源,一个作为短路点(或短路片)连接天线的辐射单元与接地平面。一方面,可以把 PIFA 天线看成是由许许多多的线性倒 F 天线(IFA 天线)并联叠加而构成的,通过增大分布电容和减小分布电感从而增加天线的带宽;另一方面,因为 PIFA 天线本身含有接地平面,所以可以看出它是一种具有短路连接的矩形微带天线,都共振在 TM_{10} 模式,其中短路金属片的作用一是可以减小矩形辐射单元的长度,从而缩小天线的尺寸,二是可以通过改变它的宽度 W

来调节谐振的频率。

PIFA 天线制作成本低，而且可以通过短路金属片直接与 PCB 板焊接在一起。目前，手机内置天线 60％以上都是采用 PIFA 天线设计方案。

1. PIFA 天线的谐振频率与带宽

PIFA 天线的谐振频率和辐射单元(矩形金属片)的宽度 W_1、长度 L_1、高度 H 及短路片的宽度 W 密切相关。根据谐振原理，当 $W = W_1$ 时，谐振频率 f_0 为

$$H + L_1 = \frac{\lambda}{4} \tag{8-2}$$

即 $f_0 = \dfrac{c}{4(H + L_1)}$。式中 $c = 3 \times 10^8$ m/s，是光速。当 $W = 0$ 时，谐振频率 f_0 的

$$H + W_1 + L_1 = \frac{\lambda}{4} \tag{8-3}$$

即 $f_0 = \dfrac{c}{4(H + W_1 + L_1)}$。对于任意宽度 W 的短路片，谐振频率 f_0 的计算公式为

$$f_0 = \begin{cases} r f_1 + (1 - r) f_2, & W_1 \leqslant L_1 \\ r^k f_1 + (1 - r^k) f_2, & W_1 > L_1 \end{cases} \tag{8-4}$$

式中，$r = \dfrac{W}{W_1}$，$k = \dfrac{W_1}{L_2}$，$f_1 = \dfrac{c}{4(H + L_1)}$，$f_0 = \dfrac{c}{4(H + W_1 + L_1 - W)}$。

辐射单元的高度 H 对 PIFA 天线的带宽起着决定性的作用，增加 H 可以展宽天线的相对带宽，但会增大天线的体积，因此天线设计时需要兼顾带宽和高度的要求。短路金属片的宽度 W 也会影响天线的相对带宽，W 越小，相对带宽越窄。PIFA 天线接地平面的大小也会影响天线的相对带宽，通常，减小接地平面的面积，可以展宽天线的带宽。

2. PIFA 天线的多频工作及实现方式

现在的手机都需要同时工作在多种模式下，故手机天线需要实现多频段工作。对 PIFA 天线而言，通常有两种方式实现多频段工作，一是采用双馈点馈电，二是在辐射单元上采用开槽技术。采用双馈点馈电时，调谐频率和调谐范围受到一定的限制，难以满足实际需求，因此 PIFA 天线在实际应用中一般采用开槽的方式来实现多频段工作。

在辐射单元上开槽又有多种实现方案，如图 8-16 所示。

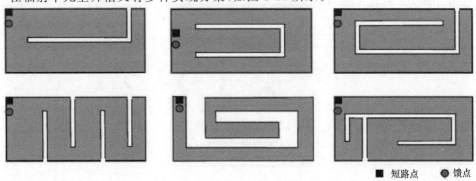

■ 短路点　● 馈点

图 8-16　PIFA 天线的多种开槽方案实现双频或多频工作

如图 8-17 和图 8-18 所示，L 形开槽和 U 形开槽都可以实现双频工作。

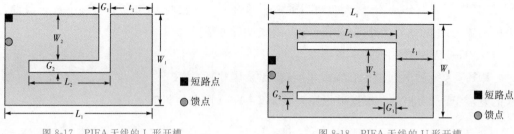

图 8-17　PIFA 天线的 L 形开槽　　　　　　　　图 8-18　PIFA 天线的 U 形开槽

其基本原理都是通过改变辐射单元上原来的电流分布，形成两个相对独立的电流回路，从而实现双频工作。

以 U 形开槽的 PIFA 天线为例，可近似认为，长度为 L_1、宽度为 W_1 的矩形金属片构成辐射单元 1，产生低频谐振频率 f_{01}；长度为 L_2、宽度为 W_2 的矩形金属片构成辐射单元 2，产生高频谐振频率 f_{02}。两个谐振频率的近似计算式为

$$f_{01} \approx \frac{c}{4(H+L_1+W_1)} \tag{8-5}$$

$$f_{02} \approx \frac{c}{4(H+L_2+W_2)} \tag{8-6}$$

上面的计算并不严格，只具有近似的指导意义。实际设计时，除 H、L_1、L_2、W_1、W_2 之外，G_1、G_2、t_1 等多个参数也会影响谐振频率的大小，需要通过多次调试和优化。

8.2.2　双频 PIFA 天线设计要求与参数取值

要求设计的手机 PIFA 天线可以工作在 GSM900 和 DCS1800 两个频段，如表 8-1 所示。

表 8-1　　　　GSM900 和 DCS1800 两个频段的工作频率

工作频段	GSM900 频段	DCS1800 频段
上行频率范围	880～915 MHz	1 710～1 785 MHz
下行频率范围	925～960 MHz	1 805～1 880 MHz
中心工作频率	920 MHz	1 800 MHz

单频 PIFA 天线的 HFSS 模型参数如图 8-19 所示。

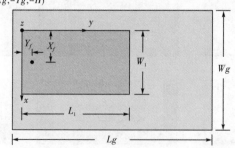

图 8-19　单频 PIFA 天线 HFSS 模型参数

H 为天线高度,取 10 mm;L_1 和 W_1 表示辐射单元的长度和宽度,分别为 53 mm 和 32 mm;L_g 和 W_g 表示接地平面的长度和宽度,分别为 120 mm 和 60 mm;X_f 和 Y_f 表示同轴馈线分别到金属片上边缘和左边缘的距离,分别为 16 mm 和 5 mm;还有一些变量,图中并不能标出来,比如短路金属片的宽度 W 为 6 mm,它到金属片上边缘的距离 X_s 为 0,同轴馈线的内径半径 r_1 为 0.25 mm,外径 r_2 为 0.59 mm。

本设计采用 U 形开槽方案,双频 PIFA 天线的 HFSS 模型参数如图 8-20 所示。

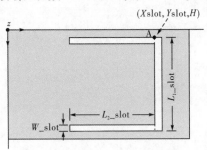

图 8-20　双频 PIFA 天线 HFSS 模型参数

L_1_slot、L_2_slot 表示槽的宽度和长度,分别为 27 mm 和 25 mm;W_slot 表示槽的缝隙宽度,为 2 mm;A 点坐标用 (Xsolt,Ysolt,H) 表示,Xsolt 取值为 2.5 mm,Ysolt 取值为 43 mm;改变 L_1_slot、L_2_slot 和 W_slot 三个变量可改变该槽的大小;改变 A 可改变该槽的位置。

8.2.3　PIFA 天线的设计过程

1. 新建 HFSS 设计工程

(1)运行 HFSS 并新建设计工程。双击桌面上 HFSS 软件的快捷方式图标,启动 HFSS 设计软件;HFSS 运行后,会自动新建一个工程文件,选择主菜单【File】→【Save As】命令,将工程文件另存为"PIFA.hfss",然后右击工程管理树下的设计文件"HFSSDesign1",在弹出的快捷菜单中选择"Rename"命令项,将设计文件重新命名为"PIFA1"。

(2)设置求解类型。单击主菜单【HFSS】→【Solution Type】,在弹出的对话框中选择"Driven Modal",再单击 OK 按钮。

(3)设置模型的长度单位。为天线建立模型需要设置合适的单位,单击主菜单【Modeler】→【Units】,在弹出的"Set Model Units"对话框中选中"mm"(毫米)项作为长度单位。

2. 定义变量并添加介质材料

单击主菜单【HFSS】→【Design Properties】,在弹出的"Properties"窗口中定义并添加变量,变量的取值如图 8-21 所示。

辐射单元的支架材质是 $\varepsilon_r = 1.06$、$tg\delta = 0.005$ 的 Rohacell 射频泡沫,在 HFSS 中默认材料库里并无该种介质,在材料库中需添加此介质材料,方便后期选取。单击主菜单【Tools】→【Edit Configured Libraries】→【Materials】,在弹出的"Edit Libraries"对话框中

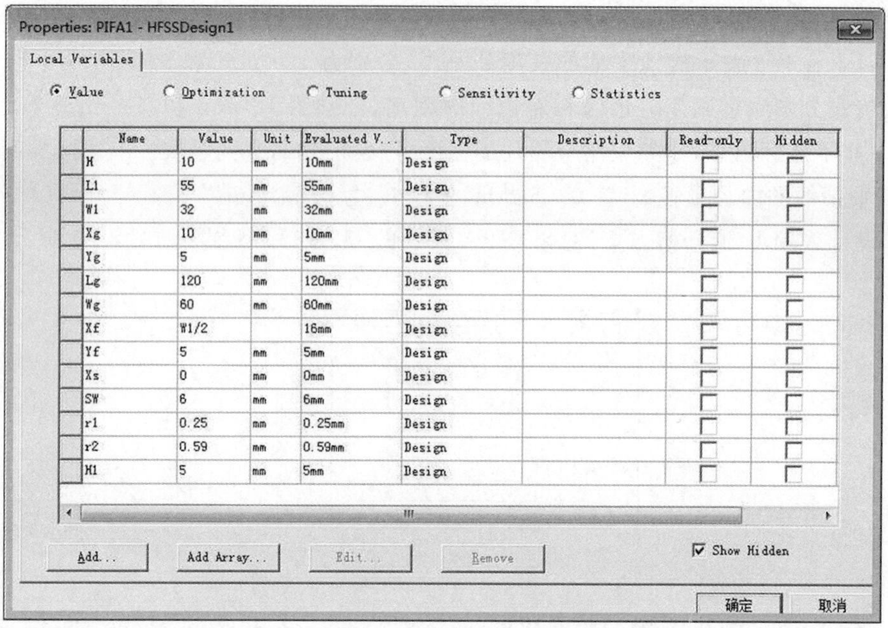

Name	Value	Unit	Evaluated V...	Type	Description	Read-only	Hidden
H	10	mm	10mm	Design			
L1	55	mm	55mm	Design			
W1	32	mm	32mm	Design			
Xg	10	mm	10mm	Design			
Yg	5	mm	5mm	Design			
Lg	120	mm	120mm	Design			
Wg	60	mm	60mm	Design			
Xf	W1/2		16mm	Design			
Yf	5	mm	5mm	Design			
Xs	0	mm	0mm	Design			
SW	6	mm	6mm	Design			
r1	0.25	mm	0.25mm	Design			
r2	0.59	mm	0.59mm	Design			
H1	5	mm	5mm	Design			

图 8-21　定义变量(1)

单击“Add Material”按钮，打开“View/Edit Material”对话框，在“Material Name”文本框中输入“foam”，在“Relative Permittivity”文本框中输入“1.0”，在“Dielecture Loss Tangent”文本框中输入“0.005”，单击 OK 按钮即可。

3. 单频 PIFA 天线建模

(1)创建辐射单元

创建一个矩形辐射金属片，它的一个顶点设置在坐标原点。先单击主菜单【Draw】→【Rectangle】，在 3D 模型窗口的 xOy 平面上创建一个长 $L_1=55$ mm、宽 $W_1=32$ mm 的矩形面(辐射单元不考虑厚度)，在“name”文本框中输入“Patch”，顶点坐标设为(0,0,0)；然后设置矩形面的属性，把它的边界设置为有限导体边界：选中刚创建的“Patch”，单击鼠标右键选择【Assign Boundary】→【Finite Conductivity】，打开边界设置对话框，在该对话框中将“Name”选项改为“FiniteCond_Patch”，然后选中“Use Material”复选框，单击复选框右侧的“vacuum”按钮，打开“Select Definition”对话框，在它的“Search by Name”文本框中输入“copper”，则其下方的材质列表中会高亮显示选中了“copper”。设置完成后，有限导体边界的名称“FiniteCond_Patch”会自动添加到工程管理树的“Boundaries”节点下。

(2)创建接地平面

接地平面的创建与辐射单元类似，它平行于辐射单元。同样先建一个长 $L_g=120$ mm、宽 $W_g=60$ mm 的矩形面，顶点坐标设为($-X_g$，$-Y_g$，$-H$)，并命名为“Gnd”。然后，把它的边界设置为有限导体边界。

(3)创建接地金属片

接地金属片用来连接上面已经创建好的辐射单元与接地平面，接地金属片的创建与辐射单元类似,设置长 $H=10$ mm、宽 $W=6$ mm 矩形面,顶点坐标设为 $(X_s,0,0)$,命名为"Short",并且设置它的边界为有限导体边界。需要注意的是,该平面位于 xz 平面,所以需要先设置当前平面为 xOz 平面。

(4)创建泡沫支架

泡沫支架为一个长方体模型,位于接地平面正上方,大小与接地平面相同。选中 xOy 平面为当前工作平面,选择【Draw】→【Box】,创建长 $W_g=60$ mm(Xsize)、宽 $L_g=120$ mm(Ysize)、高 $H=10$ mm(Zsize)的长方体,顶点位于 $(-X_g,-Y_g,-H)$,材质选为前设的"foam",模型命名为"Shelf"。

(5)创建同轴馈线

同轴馈线用于传输信号能量,其内径 $r_1=0.25$ mm,外径 $r_2=0.59$ mm,圆心坐标为 $(X_f,Y_f,0)$。它的内芯穿过接地平面连接辐射单元,所以长为 H_1+H;它的外圈在接地平面下面,侧表面用理想导体条件作为边界条件,长为 H_1。因为同轴线需要穿过接地平面,所以先在接地平面上开一个圆孔,圆心坐标为 $(X_f,Y_f,-H)$,半径为 r_2;然后再建两个半径分别为 r_1 和 r_2 的圆柱体,作为同轴线的内芯和外圈。

①在接地平面 Gnd 上开一个半径为 r_2、圆心坐标为 $(X_f,Y_f,-H)$ 的圆孔

首先在主菜单选择【Draw】→【Circle】,在接地平面 Gnd 上创建一个半径为 r_2、圆心坐标为 $(X_f,Y_f,-H)$ 的圆面,"Name"默认为"Circle1"。其次,展开历史操作树"Sheet"节点下的"Finite Conductivity"和"Unassiged"节点,按住 Ctrl 键,再依次单击"Finite Conductivity"节点下的"Gnd"选项和"Unassiged"节点下的"Circle1"选项,同时选中这两个平面,再从主菜单选择【Modeler】→【Boolean】→【Substrate】,打开"Substract"对话框,确认对话框中的"Blank Parts"列表框中显示为"Gnd"、"Tool Parts"列表框中显示为"Circle1",表明使用 Gnd 平面减去 Circle1 平面。最后单击 OK 按钮,执行减法操作,即可从 Gnd 平面模型中挖出 Circle1 模型的圆孔。

②创建同轴线内芯

从主菜单选择【Draw】→【Cylindar】,创建一个半径为 r_1、长度为 $(H+H_1)$、顶部圆心坐标为 $(X_f,Y_f,0)$ 的圆柱体作为同轴线内芯模型,它的顶部与辐射单元相连,材质为"copper",模型命名为"inner"。注意此处 H_1 是未定义变量,需打开 H_1 定义对话框,在"Value"文本框中输入"$H_1=5$ mm"的初始值。

③创建同轴线外圈

从主菜单选择【Draw】→【Cylindar】,创建一个半径为 r_2、长度为 H_1、顶部圆心坐标为 $(X_f,Y_f,-H)$ 的圆柱体作为同轴线外圈模型,该圆柱体材质默认是"vacuum"(真空),模型命名为"outer",侧表面边界为 pec(理想导体)边界。

Pec 边界设置方法:在 3D 模型窗口中单击鼠标右键,选择"Select Face",切换到选择物体表面操作状态,然后旋转和移动物体模型,使圆柱体表面"outer"不被其他模型遮挡,选中"outer"的侧表面,再单击鼠标右键,选择【Assign Boundary】→【Pefect E】,打开理想导体边界设置对话框,设置"outer"侧表面边界为理想导体边界。边界设置完成后,理想

导体边界的名称"PerfE1"会自动添加到工程管理树的"Boundaries"节点下。

创建的单频 PIFA 天线的 HFSS 模型如图 8-22 所示。

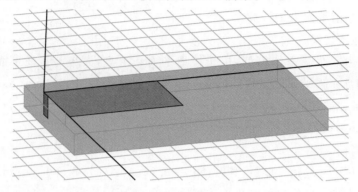

图 8-22　单频 PIFA 天线的 HFSS 模型

4. 设置端口激励和建立辐射边界

将同轴线的底面圆设置为集总端口激励。通过旋转、放大等操作选中"outer"的底面,单击鼠标右键弹出快捷菜单,选择【Assign Excitation】→【Wave Port】,打开波端口设置对话框,在"Name"文本框中输入"P1"作为端口名,单击"下一步"按钮打开"Modes"对话框,单击"Integration Line"下方的"None",在其下拉列表中选择"New Line"选项设置端口的积分线:点(16.25,5,−15)和点(0.34,0,0)之间的线段。积分线设置完成后,"Modes"对话框中"Integration Line"选项由"None"变成"Defined"。单击"下一步"按钮,打开"Post Processing"对话框,选中"Renormalized All Modes"单选按钮,并设置"Full Port Impedance"为"50",完成波端口激励设置,其名称"P1"自动添加至工程管理树的"Excitations"节点下。

创建一个长方体模型作为辐射边界,要求该表面到天线的距离大于 $\lambda/4$(约 81.5 mm),所以可以把它们之间的距离设置为 100 mm。从主菜单中选择【Draw】→【Box】,创建一个长方体,顶点坐标为($-X_g-100$ mm,$-Y_g-100$ mm,$-H-100$ mm),Xsize(宽)、Ysize(长)、Zsize(高)分别设置为(W_g+200 mm)、(L_g+200 mm)、($H+200$ mm),并命名为"Airbox"。然后选中"Airbox",单击鼠标右键,在快捷菜单中选择【Assign Boundary】→【Radiation】,打开辐射边界条件设置对话框,默认设置不变,最后单击 OK 按钮,即可将该长方体的表面设置为辐射边界条件,模型如图 8-23 所示。

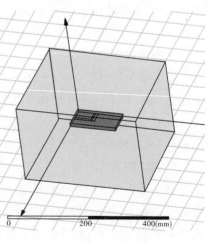

图 8-23　添加了辐射边界的天线模型

5. 设置求解频率和扫频类型

为了使前面设计的天线能工作在 GSM900 频段,把求解频率设置为该频段的中心频率 920 MHz。右击工程管理树下的"Analysis"节点，在快捷菜单中选择"Add Solution Setup"，在"Solution Setup"对话框的"Solution Frequency"文本框中输入"0.92 GHz"，在"Maximum Number of Passes"文本框中输入最大迭代次数"15"，在"Maximum Delta S"文本框中输入收敛误差"0.02"，完成求解频率设置，求解设置项名称"Setup1"会自动添加至工程管理树的"Analysis"节点下。

选择插值扫频类型，把频率范围设置为 500 MHz 至 1 500 MHz，频率步进为 10 MHz。展开工程管理树的"Analysis"节点，右击"Setup1"，在快捷菜单中选择【Add Frequency Sweep】，打开"Edit Sweep"对话框，"Sweep Name"设为"Sweep1"，"Sweep Type"选择"Interpolating"，"Type"选择"LinearStep"，"Start"设为"0.5 GHz"，"Stop"设为"1.5 GHz"，"Step Size"设为"0.001 GHz"，单击 OK 按钮，完成扫频设置，其名称"Sweep1"会自动添加至工程管理树的"Setup1"节点下。

6. 检查设计和排除错误

在运行仿真分析之前，通常需要进行设计检查，确认设计的完整性和合法性。从主菜单中选择【HFSS】→【Validation Check】，打开"Validation Check"对话框，如果对话框的每一个选项前面都打钩，表示当前 HFSS 设计正确且完整，如图 8-8 所示。

接下来开始仿真。从主菜单中选择【HFSS】→【Analyze All】，发现在运行仿真时弹出如图 8-24 所示的出错信息。

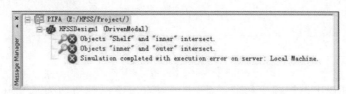

图 8-24　信息管理窗口中显示的出错信息 1

根据错误提示，发现是天线建模时同轴线内芯模型"inner"分别与泡沫支架模型"Shelf"、同轴线外圈模型"outer"发生了重叠。利用相减操作，将重叠部分挖掉，即可解决此类错误。按住 Ctrl 键，依次选中"Solid"节点下的"Shelf"、"outer"和"inner"三个模型，从主菜单中选择【Modeler】→【Boolean】→【Substrate】，打开"Substract"对话框，移动"Shelf"和"outer"模型至"Blank Parts"列表框中，"inner"模型在"Tool Parts"列表框中，同时勾选"Clone tool objects before optation"复选框，表明仍旧保留"inner"模型本身，单击 OK 按钮完成相减操作。

删除信息管理窗口的出错信息，再次运行仿真分析，此时前面的模型重叠错误已经解决，但又出现了如图 8-25 所示的出错信息，提示激励端口 P1 设置不正确。

在 HFSS 中，端口激励有 Wave Port（波端口）激励和 Lumped Port（集总端口）激励两种常用方式，它们的主要区别是波端口激励的端口面通常位于模型的背景面上，而集总端口激励的端口面通常位于模型的内部。如果在模型内部使用波端口激励，则需要在波端口面无信号进出的一侧添加一段理想导体，告知 HFSS 激励信号的方向。本错误有两种解决办法：一是删除原先设置的波端口，重新设置为集总端口激励；二是保留原先的波

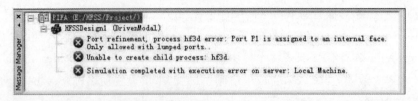

图 8-25　信息管理窗口中显示的出错信息 2

端口设置,在波端口面同轴线的外端添加一段理想导体,使其截面与波端口面大小一致。此处采用前一种方法即可。

7. 仿真分析

(1)天线的谐振频率

天线的回波损耗可以在工程管理树下的"Result"节点处设置,结果如图 8-26 所示。

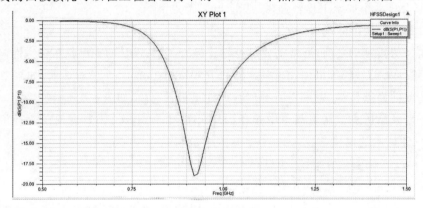

图 8-26　回波损耗的扫频结果

由回波损耗得出谐振频率和带宽,图中可以看出谐振频率约为 0.92 GHz,满足该频段的工作要求。

(2)天线的输入阻抗

同样在工程管理树下的"Result"节点处设置,可以得出直角坐标下的输入阻抗,如图 8-27 所示。

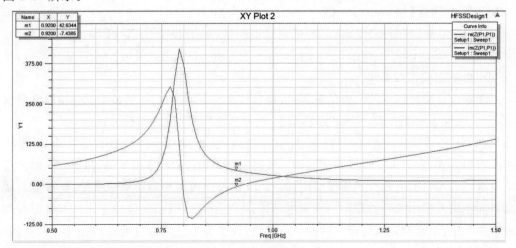

图 8-27　输入阻抗的结果

如果选择"Smith Chart"命令,则可以得到 Smith 圆图,同样也可以得到输入阻抗的结果,如图 8-28 所示,当工作在 0.92 GHz 频段的时候,输入阻抗为 $(42+j7)\Omega$。

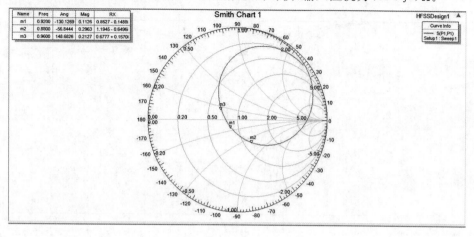

图 8-28　输入阻抗 Smith 圆图

(3)天线的方向图

由于要在远场区确定方向图,所以首先在工程管理树的"Radiation"节点下定义辐射表面,它是基于球坐标系定义的,因此,xOz 平面:$\psi<0°,0°<\theta<360°$,yz 平面:$\psi=90°$,$0°<\theta<360°$。然后在工程管理树的"Results"节点下设置得到 xOy、yOz 截面的增益方向图,如图 8-29 所示。可以看到,天线的最大增益约为 3.40 dB,最小增益约为 0.51 dB。

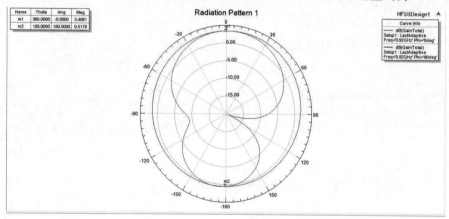

图 8-29　天线的增益方向图

8. 结构参数优化

众所周知,天线的工作频率和带宽能够决定天线性能的好坏,因此为了得出更符合要求的工作频率和带宽,就要研究一些结构参数对天线工作频率和带宽的影响,比如天线的高度 H、接地平面的宽度 W_g、短路金属片的大小等,接下来分别研究这几个参数取值的不同对天线性能的影响,优化天线的性能。

(1)改变天线的高度 H

首先,在工程管理树下找到"Optimetrics"节点,在这里完成对高度 H 扫描变量的添加,设置三个参考值分别为 8 mm、10 mm、12 mm。然后进行扫描分析,查看在不同高度下天线的工作频率和带宽的变化,单击查看回波损耗的扫频曲线,如图 8-30 所示。

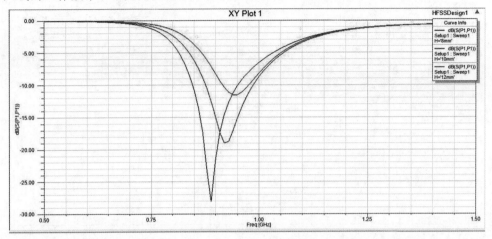

图 8-30　三种高度下的扫频曲线

可以看到,H 为 10 mm 时,谐振频率为 0.92 GHz,带宽居中,正好符合工作频率的要求;H 降低至 8 mm 时,谐振频率为 0.95 GHz,带宽变窄;H 增高至 12 mm 时,谐振频率为 0.89 GHz,带宽变宽。由此可以得出,随着天线高度 H 的增加,谐振频率越来越小,对应的带宽逐渐增大,但是 H 越大,天线的尺寸也会越来越大,不能符合小型化的要求。因此,天线的高度 H 选取 10 mm 最合适。

（2）改变短路金属片的宽度 W

在"Optimetrics"节点中添加短路金属片的宽度 W 扫描变量,分别设置三个值为 6 mm、8 mm、10 mm。然后进行扫描分析,查看回波损耗的扫频曲线,如图 8-31 所示。

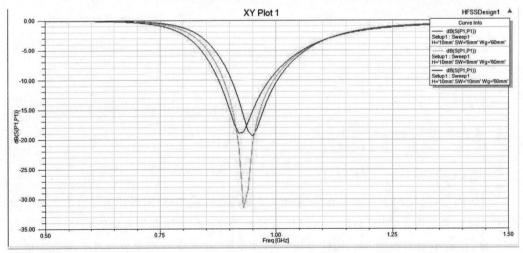

图 8-31　三种宽度 W 下的扫频曲线

可以看到,当 W 为 6 mm 的时候,谐振频率为 0.92 GHz,带宽较窄;当 W 为 8 mm 的时候,谐振频率为 0.94 GHz,带宽较宽;当 W 为 10 mm 的时候,谐振频率为

0.95 GHz,带宽又变窄了;因此,随着短路金属片宽度 W 的增加,天线的工作频率会跟着小幅度变化,当带宽 $W<8$ mm 时,会随着 W 的增加而增加,当宽度 $W>8$ mm 后,带宽又减小了。因此,选择短路金属片的宽度 W 为 6 mm,既能使谐振频率保持在 0.92 GHz,也能使天线处于较小的尺寸,满足小型化的要求。

(3)改变接地平面的宽度 W_g

在"Optimetrics"节点下添加扫描变量是接地平面的宽度 W_g 扫描变量,分别设置三个值为 50 mm、55 mm、60 mm。在扫描分析结束后,用同样的方式查看回波损耗的扫频曲线,如图 8-32 所示。

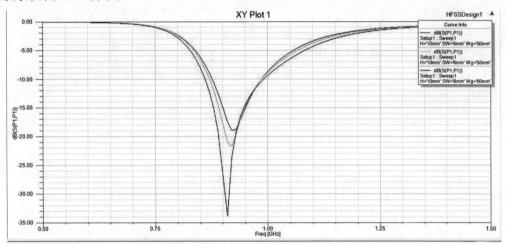

图 8-32 三种宽度 W_g 下的扫频曲线

可以看到,三条曲线的谐振频率是差不多的,说明接地平面的大小对天线的工作频率没有显著的影响,但是,随着接地平面的宽度逐渐变宽,天线的带宽越来越小。

9. U 形开槽技术实现双频工作

(1)添加变量

添加 W_slot、L_1_slot、L_2_slot、$X slot$、$Y slot$ 等变量。

(2)开槽建模

先在辐射单元上建 3 个矩形面,摆成 U 形,然后合并,之后再应用相减操作,将金属片和已合并的矩形面进行相减,U 形槽就被开出来了。

(3)修改求解设置

因为开槽后的天线还可以工作于 DCS1800 频段,所以将频率设置为 1.8 GHz,扫频范围设置为 0.5～2.3 GHz。

10. 双频 PIFA 天线仿真结果及分析

设置工程管理树下的"Result"节点,得出 S 参数扫频结果如图 8-33 所示。

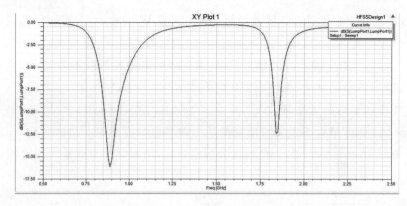

图 8-33　S 参数扫频结果

从图 8-33 中可以看到,在开槽之后,设计的天线出现了两个谐振频率,多了一个 1.8 GHz 的高频谐振点,但是,高频谐振点比 1.8 GHz 稍高,并且之前的低频谐振点受到了影响,比之前下降了,为了使它恢复到 GSM900 频段,可以适当减小 L_1 的值,即减少贴片的长度,取值为 53 mm。同时为了使高频谐振点在 1.8 GHz,可以将槽的长度适当增加,取值为 25 mm。最后再次仿真,得到 S 参数扫频结果如图 8-34 所示。

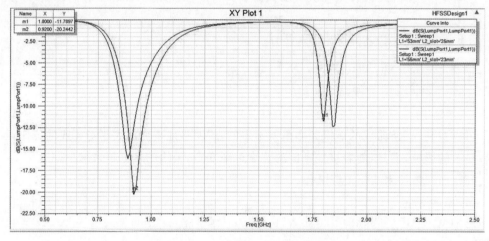

图 8-34　尺寸微调后的 S 参数扫频结果

此时,可以看到,低频谐振点回到了 0.92 GHz,并且高频谐振点也在 1.8 GHz 左右。因此,天线既可以工作在 GSM900 频段,又可以工作在 DCS1800 频段,符合设计要求。

8.3　耦合线带通滤波器设计

8.3.1　微波滤波器原理简介

滤波器是射频微波系统中必不可少的关键部件之一,它本质上是一个选频器件——让需要的频率信号通过而抑制不需要的干扰频率信号。

滤波器的分类有很多种方法。按照频率选择的特性可以分为低通、高通、带通和带阻滤波器等,其中低通和带通滤波器最为常用;依据不同的频率响应函数可以分为切比雪夫型、巴特沃斯型、高斯型、贝塞尔函数型和椭圆函数型等;根据实现方式可以分为 LC 滤波器、声表面波/体声波滤波器、螺旋滤波器、介质滤波器、腔体滤波器、高温超导滤波器和平面结构滤波器等,其中耦合线带通滤波器就是一种平面结构的微波滤波器。

滤波器是一个二端口器件,图 8-35 给出了几种常见的微波滤波器外形结构。

描述滤波器电性能的技术指标参数有很多,包括阶数(级数)、绝对带宽/相对带宽、截止频率、驻波系数、带外抑制、纹波、损耗、通带平坦度、相位线性度、绝对群时延、群时延波动、功率容量、相位一致性、幅度一致性、工作温度范围等。对微波带通滤波器来说,损耗是一个重要的技术指标参数,包括插入损耗和回波损耗,定义及计算如下:

插入损耗 $L_i = -20\lg|S_{21}|$,表示信号通过带通滤波器后能量减少的比例值(dB);

回波损耗 $L_r = -20\lg|S_{11}|$,表示带通滤波器输入能量与反射能量的比例值(dB)。

因为滤波器是一个二端口器件,故 S 参数有 4 个。其中 S_{11} 表示 1 端口的电压反射系数,代表了 1 端口的匹配情况;而 S_{21} 表示 1 端口至 2 端口的电压传输系数,即正向传输系数。

基于耦合线结构的带通滤波器的一般电路组成如图 8-35 所示,包括两对耦合线,中间为公共连接点。两对耦合线的偶模特性阻抗、奇模特性阻抗、电长度分别为 Z_{ie}、Z_{io}、θ_i($i=1,2$),端口特性阻抗为 Z_0。

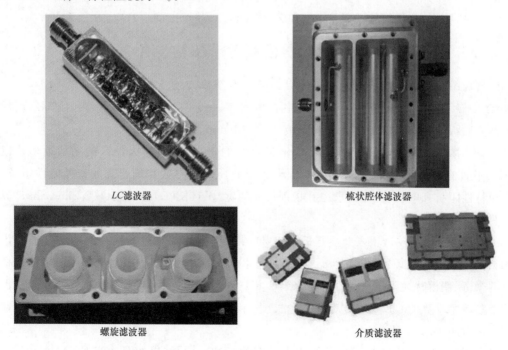

LC滤波器   梳状腔体滤波器

螺旋滤波器   介质滤波器

图 8-35 几种常见的微波滤波器外形结构

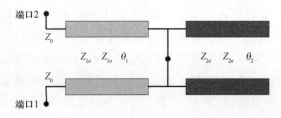

图 8-36 耦合线带通滤波器的一般电路组成

理想的耦合线带通滤波器的 S 参数应满足：$S_{11}=0$（通带内），$S_{21}=0$（通带外）。由此推导出设计参数应满足如下公式

$$Z_{1e}^2 Z_{1o}\sin^2\theta_1\sin^2\theta_2+Z_{2e}(Z_0^2-Z_{1e}Z_{1o})\sin\theta_1\cos\theta_1\cos\theta_2+Z_0^2 Z_{1e}\cos^2\theta_1\sin\theta_2=0 \quad (8\text{-}7)$$

$$(Z_{1e}^2-Z_{1e})Z_{1o}\sin\theta_1\cos\theta_1\sin\theta_2+Z_{1e}Z_{2e}\cos^2\theta_1\cos\theta_2+Z_{1o}Z_{2e}\sin^2\theta_1\cos\theta_2=0 \quad (8\text{-}8)$$

当带通滤波器中心频率 $f_0=2\,\text{GHz}$，对应电长度 $\theta_1=\theta_2=\pi$ 时，可求得第一个反射零点频率 f_p 和第三个传输零点频率 f_z 分别为

$$f_p=1-\left(\text{arctg}\sqrt{\dfrac{Z_{1e}Z_{1o}Z_{2e}-Z_0^2(Z_{2e}+Z_{1e})}{Z_{1e}Z_{1o}Z_{2o}}}\,\right)/\pi \quad (8\text{-}9)$$

$$f_z=1-\left(\text{arctg}\sqrt{\dfrac{Z_{1e}Z_{2e}}{Z_{1e}^2-Z_{1o}Z_{1e}-Z_{1o}Z_{2e}}}\,\right)/\pi \quad (8\text{-}10)$$

可见，指定奇、偶模特性阻抗 Z_{io} 和 $Z_{ie}(i=1,2)$，就可以确定对应的 f_p 和 f_z。

8.3.2 耦合线带通滤波器设计要求及初步计算

假设给定的耦合线带通滤波器的电性能技术参数为：$Z_{1e}=123\ \Omega$，$Z_{1o}=67\ \Omega$，$Z_{2e}=69\ \Omega$，$Z_{2o}=40\ \Omega$，电长度 $E_{\text{Eff}}=180°$，中心频率 $f_0=2\,\text{GHz}$，带宽 $\Delta f=100\,\text{MHz}$；使用 F4B 介质板，相对介电常数 $\varepsilon_r=2.65$，板厚 $H=1\,\text{mm}$。

采用微带线专用计算工具即可求出耦合线的物理尺寸，作为设计的初始取值。以 ADS 软件自带的 LineCalc 计算工具为例，给出介质基板参数和耦合线的奇模特性阻抗、偶模特性阻抗和电长度，即可求出其物理尺寸的宽(W)、长(L)和间隔(S)，LineCalc 计算工具窗口如图 8-37 所示。

在图 8-37 中，左边填入介质基板的参数，在中间下半部分填入耦合线的电性能技术参数，其中 Z_e 为偶模特性阻抗，Z_o 为奇模特性阻抗，Z_0 为端口特性阻抗（其大小可以根据两个奇、偶模特性阻抗自动计算出来），C_dB 是耦合系数（微带线之间的距离 S 是根据这个参数来计算的），E_Eff 是对应的电长度；单击转换按钮，即可算出物理尺寸，显示在图 8-38 的中间上半部分。

由于带通滤波器包含两段耦合线，故需计算两次，计算结果如图 8-38 所示。

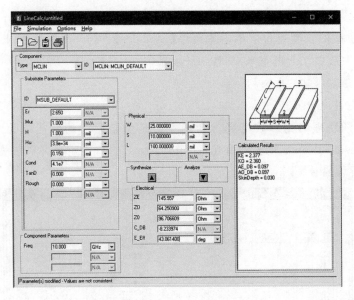

图 8-37　LineCalc 计算工具窗口

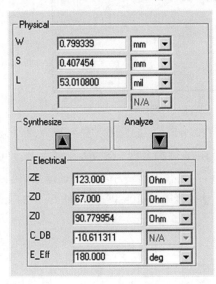
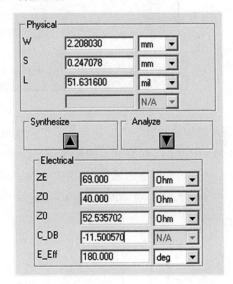

图 8-38　两段耦合线的物理尺寸计算结果

8.3.3　耦合线带通滤波器详细设计步骤

1. 新建 HFSS 设计工程

（1）运行 HFSS 并新建设计工程。启动 HFSS 设计软件，新建一个工程和设计文件：选择主菜单【File】→【Save As】命令，将工程文件另存为"BPF. hfss"，选择合适的路径保存；然后右击工程管理树下的设计文件"HFSSDesign1"，在弹出的快捷菜单中选择"Re-name"命令项，将设计文件重新命名为"BPF1"。

（2）设置求解类型。单击主菜单【HFSS】→【Solution Type】，在弹出的对话框中选择

"Driven Modal",再单击 OK 按钮。

(3)设置模型的长度单位。单击主菜单【Modeler】→【Units】,在弹出的"Set Model Units"对话框中选中"mm"(毫米)项作为长度单位。

2.定义变量并添加介质材料

(1)定义变量

将滤波器的物理结构参数定义为变量主要是便于后续的性能优化。单击主菜单【HFSS】→【Design Properties】,在弹出的"Properties"窗口中定义并添加变量,变量的取值如图 8-39 所示。

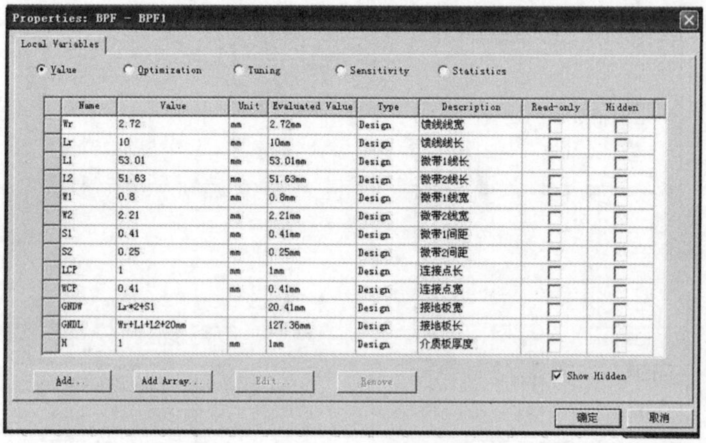

Name	Value	Unit	Evaluated Value	Type	Description	Read-only	Hidden
Wr	2.72	mm	2.72mm	Design	馈线线宽		
Lr	10	mm	10mm	Design	馈线线长		
L1	53.01	mm	53.01mm	Design	微带1线长		
L2	51.63	mm	51.63mm	Design	微带2线长		
W1	0.8	mm	0.8mm	Design	微带1线宽		
W2	2.21	mm	2.21mm	Design	微带2线宽		
S1	0.41	mm	0.41mm	Design	微带1间距		
S2	0.25	mm	0.25mm	Design	微带2间距		
LCP	1	mm	1mm	Design	连接点长		
WCP	0.41	mm	0.41mm	Design	连接点宽		
GNDW	Lr*2+S1		20.41mm	Design	接地板宽		
GNDL	Wr+L1+L2+20mm		127.36mm	Design	接地板长		
N	1	mm	1mm	Design	介质板厚度		

图 8-39 定义变量(2)

耦合线带通滤波器的贴片包括 7 个矩形模型:2 个馈线(长为 L_r,宽为 W_r)、2 个高阻平行耦合线(长为 L_1,宽为 W_1,间距为 S_1),2 个低阻平行耦合线(长为 L_2,宽为 W_2,间距为 S_2)和 1 个公共连接矩形贴片(长为 L_{CP},宽为 W_{CP}),这些矩形贴片均不考虑厚度,视为理想导体。贴片(接地板)总宽度 GNDW=$2L_r+S_1$,总长度 GNDL=$W_r+L_1+L_2+20$ mm,如图 8-40 所示。

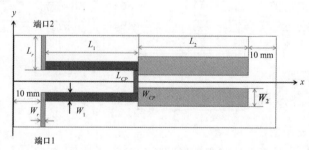

图 8-40 耦合线带通滤波器的贴片模型

(2)添加介质材料

金属贴片的支架材质是 F4B 介质板,相对介电常数 ε_r=2.65,板厚 H=1 mm。在 HFSS 中默认材料库里并无该种介质,故在材料库中需添加此介质材料,方便后期选取。单击主菜单【Tools】→【Edit Configured Libraries】→【Materials】,在弹出的"Edit Libraries"对话框中单击"Add Material"按钮,打开"View/Edit Material"对话框,在"Material Name"文本框中输入"F4B",在"Relative Permittivity"文本框中输入"2.65",单击 OK 按钮即可。

3. 耦合线带通滤波器建模

耦合线带通滤波器由厚度为 0 的接地板、材质为 F4B 的介质基板和如图 8-40 所示的 7 个金属贴片组成。建立的坐标系原点位于接地板的左边中心处。

(1)创建接地板

创建一个矩形金属接地板,它的一个顶点设置在(GNDW/2,0,0),长为 GNDL,宽为 GNDW。单击主菜单【Draw】→【Rectangle】,在 3D 模型窗口的 xOy 平面上创建一个矩形面(接地板不考虑厚度),在"name"文本框中输入"GND",顶点坐标设为(GNDW/2,0,0),"Xsize"和"Ysize"选项中分别输入"GNDL"和"GNDW";然后设置矩形面的属性,把它的边界设置为理想导体边界:选中刚创建的"GND",单击鼠标右键选择【Assign Boundary】→【Perfect E】,打开边界设置对话框,在该对话框中将"Name"选项改为"PerfE_GND",单击 OK 按钮保持。设置完成后,理想导体边界的名称"PerfE_GND"会自动添加到工程管理树的"Boundaries"节点下。

(2)创建介质基板

创建一个位于接地板平面正上方的长方体介质基板,其底部就是接地板,高为 H,材质是 F4B。选择【Draw】→【Box】,模型"name"命名为"Substrate",材质"Material"选为前设的 F4B;顶点"Position"设为(-GNDW/2,0 mm,0 mm),长方体的宽(Xsize)设为 GNDW、长(Ysize)设为 GNDL、高(Zsize)设为 H,单击"确定"按钮保存,同时按下"Ctrl +D"显示模型的全貌。

(3)创建矩形金属贴片

在介质基板 Substrate 的上表面(即 $Z=1$ mm 的 xy 平面)分别创建 7 个矩形贴片,然后进行合并,并将其边界条件设为理想导体边界。

创建端口 1 的馈线:单击主菜单【Draw】→【Rectangle】,在三维窗口的 xOy 平面上创建矩形贴片,名称"name"设为"Feedline1",顶点坐标"Position"设为(GND/2,10 mm,H),宽(Xsize)和长(Ysize)分别设为"$-L_r$"和"W_r";

创建端口 2 的馈线:单击主菜单【Draw】→【Rectangle】,在三维窗口的 xOy 平面上创建矩形贴片,名称"name"设为"Feedline2",顶点坐标"Position"设为(-GND/2,10 mm,H),宽(Xsize)和长(Ysize)分别设为"$-L_r$"和"W_r";

创建高阻耦合线的下方贴片:单击主菜单【Draw】→【Rectangle】,在三维窗口的 xOy 平面上创建矩形贴片,名称"name"设为"Tline1",顶点坐标"Position"设为($S_1/2$,10 mm $+W_r$,H),宽(Xsize)和长(Ysize)分别设为 W_1 和 L_1;

创建高阻耦合线的上方贴片:单击主菜单【Draw】→【Rectangle】,在三维窗口的 xOy 平面上创建矩形贴片,名称"name"设为"Tline2",顶点坐标"Position"设为($-S_1/2$,10 mm$+W_r$,H),宽(Xsize)和长(Ysize)分别设为$-W_1$ 和 L_1;

创建低阻耦合线的下方贴片：单击主菜单【Draw】→【Rectangle】，在三维窗口的 xOy 平面上创建矩形贴片，名称"name"设为"Tline3"，顶点坐标"Position"设为 $(S_2/2,10\,\text{mm}+L_1+W_r,H)$，宽（Xsize）和长（Ysize）分别设为 W_2 和 L_2；

创建低阻耦合线的上方贴片：单击主菜单【Draw】→【Rectangle】，在三维窗口的 xOy 平面上创建矩形贴片，名称"name"设为"Tline4"，顶点坐标"Position"设为 $(-S_2/2,10\,\text{mm}+L_1+W_r,H)$，宽（Xsize）和长（Ysize）分别设为 $-W_2$ 和 L_2；

创建公共连接矩形贴片：单击主菜单【Draw】→【Rectangle】，在三维窗口的 xOy 平面上创建矩形贴片，名称"name"设为"Connect"，顶点坐标"Position"设为 $(-S_1/2,10\,\text{mm}+L_1+W_r,-0.5\,\text{mm},H)$，宽（Xsize）和长（Ysize）分别设为 W_{CP} 和 L_{CP}。

然后合并以上 7 个矩形贴片。按住 Ctrl 键，依次选中历史树"Sheets"下的"Connect"、"Feedline1"、"Feedline2"、"Tline1"～"Tline4"节点，单击主菜单【Modeler】→【Boolean】→【Unite】，再双击历史树"Sheets"下的"Connect"节点，将合并后的联合体重命名为"BPF"。

右击历史树"Sheets"下的"BPF"节点，在弹出的快捷菜单中选择【Assign Boundary】→【Pefect E...】，打开边界设置对话框，把"name"修改为"PerfE_BPF"，单击 OK 按钮保持。边界设置完成后，理想导体边界的名称"PerfE_BPF"会自动添加到工程管理树的"Boundaries"节点下。创建的耦合线带通滤波器的 HFSS 模型如图 8-41 所示。

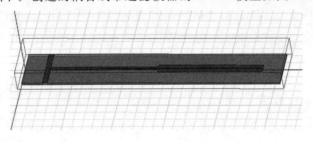

图 8-41 耦合线带通滤波器的 HFSS 模型

4. 设置端口激励

在平行于 yOz 的平面上创建输入端口 1 和输出端口 2，并将带通滤波器 2 个端口的激励方式均设置为集总端口激励。

首先选择 yOz 平面，从主菜单选择【Draw】→【Rectangle】，创建一个矩形面，名称"name"设为"Feedport1"，顶点坐标"Position"设为 $(GNDW/2,10\,\text{mm},H)$，长（Ysize）和高（Zsize）分别设为 W_r 和 $-H$，单击"确定"按钮保存。然后右击"Feedport1"，选择【Assign Excitation】→【Wave Port】，打开波端口设置对话框，在"Name"文本框中输入"P1"作为端口命名，单击"下一步"按钮打开"Modes"对话框，单击"Integration Line"下方的"None"，在其下拉列表中选择"New Line"选项设置端口的积分线：起点是"Feedport1"矩形面下边的中点（注意鼠标停留在该点时形状变为三角形），终点是"Feedport1"矩形面上边的中点。积分线设置完成后，"Modes"对话框中"Integration Line"选项由"None"变成"Defined"。单击"下一步"按钮，打开"Post Processing"对话框，选中"Renormalized All

Modes"单选按钮,并设置"Full Port Impedance"为"50",完成波端口激励设置,其名称"P1"自动添加至工程管理树的"Excitations"节点下。

通过旋转、放大等操作,按照同样的方法设置端口 2 的激励。不同的是矩形端口名称"name"设为"Feedport2",顶点坐标"Position"设为($-\text{GNDW}/2, 10 \text{ mm}, H$),长(Ysize)和高(Zsize)分别设为 W_r 和 $-H$,波端口设置对话框中"Name"文本框中输入"P2"作为端口名。

5. 建立辐射边界

创建一个长方体模型作为辐射边界。从主菜单中选择【Draw】→【Box】,创建一个长方体,顶点坐标"Position"为($-\text{GNDW}/2-2\text{ mm}, -2\text{ mm}, -H$),Xsize(宽)、Ysize(长)、Zsize(高)分别设置为 GNDW$+4$ mm、GNDL$+4$ mm、$10*H$,透明度"Transparent"改为"0.8",并命名为"Air"。然后选中"Air",单击鼠标右键,在快捷菜单中选择【Assign Boundary】→【Radiation】,打开辐射边界条件设置对话框,默认设置不变,最后单击OK 按钮,即可将该长方体的表面设置为辐射边界条件,模型如图 8-42 所示。

6. 设置求解频率和扫频类型

为了使前面设计的带通滤波器能工作 2 GHz频段,把求解频率设置为 2 GHz。右击工程管理树下的"Analysis"节点,在快捷菜单中选择"Add Solution Setup",在"Solution Setup"对话框的"Solution Frequency"文本框中输入"2 GHz",在"Maximum Number of Passes"文本框中输入最大迭代次数"20",在"Maximum Delta S"文本框中输入收

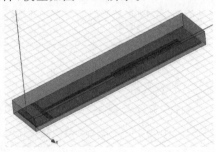

图 8-42　添加了辐射边界的滤波器模型

敛误差"0.02",完成求解频率设置,求解设置项名称"Setup1"会自动添加至工程管理树的"Analysis"节点下。

右击"Setup1",在快捷菜单中选择"Add Frequency Sweep",打开"Edit Sweep"对话框,"Sweep Name"设为"Sweep1","Sweep Type"选择"Fast",在"Frequency Setup"中将"Type"设为"LinearStep","Start"设为"0.01 GHz","Stop"设为"4 GHz","Step Size"设为"0.01 GHz",然后单击"Display＞＞",最后单击 OK 按钮,完成扫频设置,其名称"Sweep1"会自动添加至工程管理树的"Setup1"节点下。

7. 检查设计和排除错误

在运行仿真分析之前,通常需要进行设计检查,确认设计的完整性和正确性。从主菜单中选择【HFSS】→【Validation Check】,打开"Validation Check"对话框,如果对话框的每一个选项前面都打钩,表示当前 HFSS 设计正确且完整,如图 8-8 所示。

如果检查有错误,需要针对错误的原因逐一排除。

8. 运行仿真并分析仿真结果

从主菜单中选择【HFSS】→【Analyze All】,执行仿真。在仿真过程中,右下方的"Progress"窗口会显示求解进度,完成仿真后,左下方的"Message Manager"窗口会显示

仿真完成的提示信息。

（1）查看 S 参数

右击工程管理树"BPF1"下的"Results"节点，在弹出的快捷菜单中选择【Create Modal Solution Data Report】→【rectangular Plot】，打开报告设置对话框，左侧的"Solution"选项选择"Setup1：Sweep1"，"Domain"选项选择"Sweep"，在"Category"列表中选择"S Parameter"，然后按住 Ctrl 键，在"Quantity"列表中同时选中"S（1,1）"和"S（2,1）"，在"Function"列表中选择"dB"，单击 New Report 按钮，即可生成 S_{11} 和 S_{21} 曲线，如图 8-43 所示。

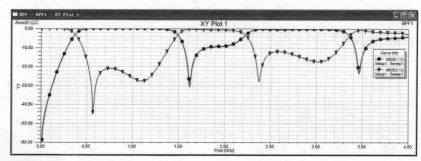

图 8-43　S_{11} 和 S_{21} 参数幅度仿真结果

（2）查看群时延曲线

右击工程管理树"BPF1"下的"Results"节点，在弹出的快捷菜单中选择【Create Modal Solution Data Report】→【rectangular Plot】，打开报告设置对话框，在"Category"列表中选择"Group Delay"，在"Quantity"列表中选择"Group Delay（2,1）"，在"Function"列表中选择"none"，单击 New Report 按钮，即可生成群时延曲线，如图 8-44 所示。

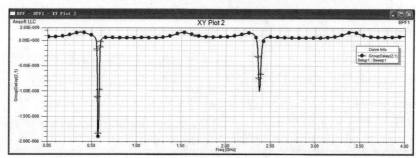

图 8-44　群时延曲线仿真结果

从 S 参数曲线可以看出，在中心频率 2 GHz 处，端口 1 的电压反射系数 S_{11} 很大，而 1 端口至 2 端口的电压传输系数却很小，这一结果不太理想，需要进行参数优化。

9. 参数优化

前面定义的参数较多，原则上都可以对其取值进行优化，因此，优化工作十分繁重。通过优化，找到对 S 参数变化比较敏感的参数，并取其最佳值。下面以耦合线长度 L_1 和 L_2 为例介绍优化的过程。

（1）复制设计文件

右击工程管理树下的"BPF1"设计文件，在弹出的快捷菜单中选择"Copy"，然后右击"BPF"项目文件，选择"Paste"粘贴，生成"BPF2"设计文件。

（2）选择优化参数

右击工程管理树"BPF2"下的"Optimetrics"节点，在弹出的快捷菜单中选择【Add】→【Parametric】，打开参数设置对话框。单击对话框右侧的 Add>>按钮，打开"Add/Edit Sweep"扫频设置对话框。在"Variable"的下拉列表中选择"L1"，在"Start"、"Stop"和"Step"文本框中分别输入"52"、"56"和"1"，然后单击 Add>>按钮；在"Variable"的下拉列表中选择"L2"，在"Start"、"Stop"和"Step"文本框中分别输入"49"、"53"和"1"，再次单击 Add>>按钮。最后单击 OK 按钮保存设置，此时"Optimetrics"节点下会自动添加"ParametricsSetup1"节点。

右击工程管理树"BPF2"下的"Optimetrics"节点，在弹出的快捷菜单中选择【Analyze】→【 All】，执行参数优化仿真。（注意：耗时较长，需耐心等待。）

优化仿真结束后，右击工程管理树"BPF2"下的"Results"节点，在弹出的快捷菜单中选择【Create Modal Solution Data Report】→【rectangular Plot】，打开报告设置对话框，在"Quantity"列表中同时选择"S(1,1)"和"S(2,1)"，在"Function"列表中选择"dB"，单击 New Report 按钮，即可生成 S 参数曲线，如图 8-45 所示。

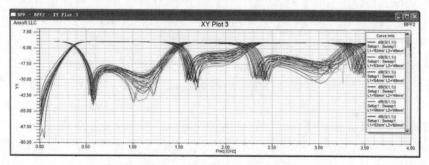

图 8-45　不同 L_1、L_2 取值情况下的 S 参数幅度仿真曲线

单击右上方"Curve Info"列表中的不同选项，可着重观察某条曲线。经过比较发现，选择结构参数为 $L_1=56$ mm、$L_2=49$ mm 时对应的 S_{11} 参数在中心频率为 2 GHz 时的幅值最小，亦即滤波器的回波损耗最小。

右击工程管理树"BPF2"下的"Results"节点，在弹出的快捷菜单中选择【Create Modal Solution Data Report】→【rectangular Plot】，打开报告设置对话框，在"Quantity"列表中同时选择"S(1,1)"和"S(2,1)"，在"Function"列表中选择"dB"。单击上方的"Families"选项卡，再单击 L_1 对应的按钮，按住 Ctrl 键，在弹出的对话框中同时选中 53.01 mm 和 56 mm，关闭对话框；单击 L_2 对应的按钮，按住 Ctrl 键，在弹出的对话框中同时选中 49 mm 和 51.63 mm，关闭对话框。单击 New Report 按钮，即可得到优化后的 S 参数曲线，如图 8-46 所示。

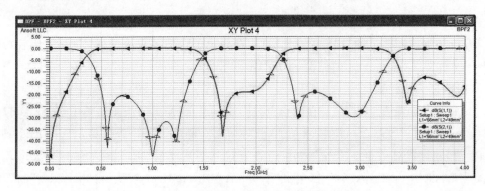

图 8-46　化后的 S 参数幅度仿真曲线

10. 生成 PCB 板图

至此,设计的带通滤波器尺寸已经得到优化。回到 HFSS 页面,在主菜单中选择【HFSS】→【Design Properties...】,打开设计变量属性对话框,将"L1"改为"56 mm",将"L2"改为"49 mm",单击"确定"按钮保存设置。

展开历史树下的"Solids"节点和"vacuum"节点,右击"Air"选项,选择【Edit】→【Delete】删除空气盒子。

单击工具栏上的"Offset Origin"按钮,然后单击介质基板上表面的左上角,新建一个相对坐标系(目的是导出新坐标系的 xOy 平面)。

从主菜单选择【Modeler】→【Export...】,打开"Export File"文件导出对话框,选择保存路径,文件名设为"BPF",文件类型选择"AutoCAD DXF Files(* . dxf)",保存。至此得到板图文件"BPF. dxf"。

返回桌面,启动 AutoCAD 软件,打开"BPF. dxf"文件,右击 AutoCAD 的绘图区域,在弹出的快捷菜单中选择"缩放";再次单击鼠标右键,在弹出的快捷菜单中选择"缩放范围",此时工作区显示完整的板图。

从主菜单选择【文件】→【另存为】,将保持路径设为桌面,文件名设为"BPF08. dxf",文件类型设为"AutoCAD2007/LT2007(* . dxf)",创建板图文件"BPF08. dxf",接下来可以直接在 Altium Designer Summer 软件中画出对应的 PCB 板图。

启动 Altium Designer Summer 09 软件,在主菜单中选择【File】→【New】→【PCB】,新建 PCB 工作界面。在新窗口中执行【File】→【Import...】,打开"Import File"对话框,选择文件"BPF08. dxf",单击"打开"按钮,导入"BPF08"文件。在弹出的"Import from AutoCAD"对话框中将"Scale"(单位)设为"mm",然后单击 Select 按钮,单击 PCB 板图的任意位置,确定导入文件的原点位置。最后单击 OK 按钮保存设置。

按下鼠标左键拖动光标,选中整个板图,从菜单选择【File】→【Move】→【Rotate Selection】,在打开的对话框中输入旋转角度"90°",单击 OK 按钮保存;接下来将光标移动至旋转位置确定旋转点;最后单击鼠标左键,完成旋转。

单击工具栏上的网格按钮,选择"Set Snap Grid...",在打开的对话框中输入网格精度"0.01 mm",单击 OK 按钮保存设置。

下面用矩形填充所有的微带线。单击工具栏上的按钮,光标变为十字形(使用"Ctrl +鼠标滚轮"可对板图进行缩放),单击左上方的微带线边界,然后拖至矩形填充位置。类似地,将所有的微带线都填充好。注意,部分矩形重叠不会影响制版,但不要超出边界。填充完成的带通滤波器 PCB 顶层效果示意图如图 8-47 所示。

图 8-47 填充完成的 PCB 顶层效果示意图

现在绘制接地板。在工作界面下方选择"Bottom Layer",按照矩形填充方法绘制一个矩形的接底层,如图 8-48 所示。

图 8-48 加上接地板后的带通滤波器完整 PCB 板图

从主菜单选择【File】→【Save】,设置保存路径,文件名为"BPF",文件类型不变。至此得到设计的带通滤波器 PCB 投板文件,交付 PCB 厂家加工可得 PCB 实物。

习题 8

8-1 请简要说明 HFSS 仿真的一般步骤。

8-2 请简要说明 PIFA 天线的工作原理和实现方法,以及结构参数对天线工作频率和宽带的影响规律。

8-3 请简要说明带通滤波器的工作原理,并说明 HFSS 软件中端口激励和辐射边界的物理含义。

8-4 在 HFSS 软件中,如何建立 PCB 板图。

8-5 微带天线体积小且重量轻,广泛用于卫星通信、雷达、遥感、制导武器等。为模拟计算某定向通信天线的性能参数,设置:地长度和地宽度均为 100 mm;介质层位于地的正上方,其长度和宽度均为 80 mm,厚度为 5 mm;同轴馈线的内芯为为理想导体的圆柱体,半径为 0.5 mm,垂直立于地面,与介质正方形表面两边的距离分别为 40 mm 和 10 mm,其底部与参考地相接处有一个半径为 1.5 mm 的圆孔,作为信号输入端,而顶部与微带贴片相连。当微带贴片尺寸为 48 mm×64 mm 时,请利用 HFSS 软件仿真计算天线的谐振频率点,以及天线的散射参数 S11,并判断该天线是否符合工程要求。

8-6 近年来,5G 技术迅速发展,但在频率资源紧张的当下,无线信号之间的干扰越来越多,要保证高速、稳定、可靠及容量大的移动通信网络,必须对无线信号进行相应的滤波处理,降低带外信号干扰和带内信号衰减。请结合滤波器原理,利用 HFSS 设计一款 5G 系统腔体,保证其插入损耗小于 0.5 dB,回波损耗大于 40 dB,驻波比 VSWR 小于 2。

参考文献

［1］ 杨德强，等. 电磁场与电磁波实验教程［M］.北京：高等教育出版社,2016.

［2］ 张洪欣，等. 电磁场与电磁波教学、学习与考研指导［M］.2 版 北京：清华大学出版社,2019.

［3］ 谢处方，等. 电磁场与电磁波［M］.4 版 北京：高等教育出版社,2006.

［4］ David M. Pozar 著；谭云华，等译. 微波工程［M］.4 版 北京：电子工业出版社,2019.

［5］ David K. Cheng 著. 何业军，等译. 电磁场与电磁波［M］.2 版 北京：清华大学出版社，2007.

［6］ Bhag Singh Guru，等著；周克定，等译. 电磁场与电磁波［M］.2 版 北京：机械工业出版社，2006.

［7］ 梅中磊，等. 电磁场与电磁波［M］.北京：清华大学出版社,2018.

［8］ 张洪欣，等. 电磁场与电磁波［M］.2 版 北京：清华大学出版社, 2016.

［9］ 陈立甲，等. 电磁场与电磁波［M］.哈尔滨：哈尔滨工业大学出版社, 2016.

［10］ 曹善勇，等. Ansoft HFSS 磁场分析与应用实例［M］.北京：中国水利水电出版社，2010.

［11］ 李明洋著. HFSS 电磁仿真设计应用详解［M］.北京：人民邮电出版社，2010.

［12］ 徐兴福编. HFSS 射频仿真设计实例大全［M］.北京：电子工业出版社,2015

［13］ Eugene I. Nefyodov, Sergey M. Smolskiy. Electromagnetic Fields and Waves［M］. Springer，Cham：2018.

［14］ 杨慧春，等. 基于 HFSS 的电磁场仿真实验课堂设计［J］.电气电子教学学报，2021，43(02)：157-159.

［15］ 刘亮元，等. 基于 OBE 理念的天线课程工程实践教学研究［J］.实验技术与管理，2020，v.37；No. 290(10)：197-200.

［16］ 罗兵，等.基于 HFSS 的 5G 系统腔体滤波器的设计与仿真［J］.电声技术，2021，45(07)：30-35.